园林植物栽培与养护

杜迎刚　著

北京工业大学出版社

图书在版编目（CIP）数据

园林植物栽培与养护 / 杜迎刚著 . — 北京 ： 北京工业大学出版社，2019.6（2021.5 重印）

ISBN 978-7-5639-6836-7

Ⅰ．①园… Ⅱ．①杜… Ⅲ．①园林植物－观赏园艺 Ⅳ．① S688

中国版本图书馆 CIP 数据核字（2019）第 102358 号

园林植物栽培与养护

著　　者：杜迎刚

责任编辑：邓梅菡

封面设计：点墨轩阁

出版发行：北京工业大学出版社

　　　　　（北京市朝阳区平乐园 100 号　邮编：100124）

　　　　　010-67391722（传真）　bgdcbs@sina.com

经销单位：全国各地新华书店

承印单位：三河市明华印务有限公司

开　　本：710 毫米 ×1000 毫米　1/16

印　　张：16.25

字　　数：325 千字

版　　次：2019 年 6 月第 1 版

印　　次：2021 年 5 月第 2 次印刷

标准书号：ISBN 978-7-5639-6836-7

定　　价：68.00 元

前　言

　　近年来，随着社会的进步和人们生活水平的提高，人类对生存环境的质量要求越来越高，园林作为生态环境建设的重要组成部分和提高人类生存环境质量的重要手段，越来越受到环境决策者和建设者的重视，特别是在城市，生态园林建设已成为解决社会快速发展所带来的环境问题的主要方式之一，因而以服务和改造室内外环境为基本内容的园林专业也随之迅速发展，新观念、新技术不断涌现，社会对园林工程专业高素质技能型人才的要求也不断提高。

　　园林植物栽培与养护是高职高专教育园林技术专业的一门专业核心课程。本书主要针对高职高专园林专业人才培养的需求，贯彻《国务院关于大力推进职业教育改革与发展的决定》文件精神，落实工学结合的高职高专教育培养模式，结合园林植物栽培与养护课程的特点和当前园林植物栽培与养护的特点，吸纳国内同类资料的精华和近年园林植物栽培与养护生产、科研、教学的最新成果，展现了当前国内园林植物栽培与养护的新技术、新成果。

目　录

第一章 园林植物栽培与养护的理论依据

园林植物种类繁多、习性各异，生态环境和栽培技术各不相同。本章主要讲述园林植物的概念及范围、园林植物的分类、园林植物的生长发育过程及园林植物与环境的关系。通过学习本章内容，将会为以后制定各类园林植物的栽培养护措施提供理论依据，为利用植物、改造植物奠基理论基础。

第一节 园林植物的概念及范围

园林植物是指能绿化、美化、净化环境，具有一定观赏价值、生态价值和经济价值，适用于布置人们生活环境、丰富人们精神生活和维护生态平衡的栽培植物，包括木本和草本两大类。它们是构成自然环境、公园、风景区、城市绿化的基本材料。园林植物和园林建筑、山石、水体共同构成园林的四大要素。随着科技的进步和社会的发展，现在将室内花卉及装饰用的植物也纳入了园林植物的范畴，因此，园林植物的范围会随时代的发展而不断拓展。

第二节 园林植物的分类

园林植物种类繁多、习性各异，栽培应用方式多种多样。园林植物的分类通常有以下几种方式。

一、按生物学特性分类

1. 木本园林植物

木本园林植物茎部高度木质化，质地坚硬。在园林绿化中起骨架作用，是构成风景园林的主要植物材料，也是发挥园林绿化效益的主要植物群落。根据其生长习性不同可分为：

乔木：植株主干明显，分枝点高，如雪松、香樟、悬铃木、广玉兰和榕树等。

按照树体高度不同又可分为：大乔木（高 20m 以上），如云杉、白桦、白杨等；中乔木（高 10 ～ 20m），如银杏、国槐、广玉兰等；小乔木（高 5 ～ 10m），如山桃、桂花、红叶李等。

灌木：无明显主干或主干短，为近地面处丛生的木本植物，如月季、牡丹、玫瑰、蜡梅、珍珠梅等。

藤木：以特殊的器官，如以吸盘、吸附根、卷须或缠绕茎、钩刺等攀缘其他物体向上生长的木本藤本植物，如凌霄、紫藤、葡萄、金银花等。

匍匐植物：植株的干和枝不能直立，只能匍地生长，如偃松、铺地柏等。

2. 草本园林植物

草本园林植物茎部木质化程度低，柔软多汁。在园林中起点缀、丰富园景和增加色调的作用，它可使园林充满生气。根据其生长环境不同可分为：

露地草本花卉：在露地自然条件下，可以完成其生长发育全过程的草本花卉。

以其生活周期长短的不同又可分为一年生草本花卉、二年生草本花卉和多年生宿根花卉、球根花卉。

一年生草本花卉：一般在春季播种，夏秋开花，秋后种子成熟，入冬植株会枯死。它们在 1 年内完成一个生命周期。如一串红、鸡冠花、百日草、凤仙等。

二年生草本花卉：一般在秋季播种，次年春、夏季开花，夏季种子成熟后枯死。它们跨年度生长，但不满二年。如金盏菊、瓜叶菊、三色堇、金鱼草等。

多年生宿根花卉：个体寿命超过二年，地下部分形态不发生变化，植物的宿根留存于土壤中，冬季可在露地越冬，能多次开花结实。如菊花、萱草等。

多年生球根花卉：其地下部分具有膨大的变形茎或根，有五种类型，分别为：

鳞茎类：具有多数肥大的鳞片，如水仙、百合、郁金香、风信子。

球茎类：外形如球，内部实心，如唐菖蒲。

块茎类：地下茎成块状，如马蹄莲、大岩桐等。

根茎类：地下茎肥大而形成粗长的根茎，其上有明显的节与节间，如美人蕉、鸢尾、荷花等。

块根类：由根膨大而成，如大丽菊、花毛茛等。

温室花卉：指原产于热带、亚热带及南方温暖地区的花卉。在北方寒冷地区栽培必须在温室内培养，或冬季需要在温室内保护越冬，如红掌、仙客来、仙人掌、兰花等。

水生花卉：指生长于水中或沼泽地的观赏植物。水生花卉，种类繁多，我国有 150 多个品种，是园林、庭院水景园林观赏植物的重要组成部分。主要有荷花、睡莲、百叶草、宝塔草、菖蒲、千屈菜等。

草坪植物：用于覆盖地面形成较大面积而又平整的草地，常用的有黑麦草、结缕草、早熟禾、狗牙根、绊根草、野牛草、马蹄金和三叶草等。

二、按观赏部位分类

观花类：以观花为主的园林植物，或花色艳丽，或花朵硕大，或花形奇异，或香气怡人。分为木本观花植物和草本观花植物两类。木本观花植物有玉兰、杜鹃、梅花、桂花、碧桃、海棠、牡丹等。草本观花植物有矮牵牛、水仙、菊花、一串红、三色堇、朱顶红、郁金香、风信子等。

观茎类：因茎秆色泽或形状异于其他植物而供作观赏的园林植物。如佛肚竹、红瑞木、榔榆、白皮松、白桦、悬铃木、仙人掌、光棍树等。

观叶类：以叶色光亮、色彩鲜艳、叶形奇特而供作观赏的园林植物。观叶植物观赏期长、观赏价值高。如龟背竹、红枫、八角金盘、黄栌、巴西铁、橡皮树、一叶兰、红叶石楠、紫叶桃、变叶木、银杏等。

观果类：为果实色泽美丽，经久不落或果形奇特、色形俱佳的园林植物。如佛手、石榴、山楂、金橘、五色椒等。

观芽类：以肥大而美丽的芽作为观赏部位的园林植物。如银芽柳、结香等。

观形类：以观赏植物的形状、姿态为主的园林植物。其树形、树姿或端庄，或高耸，或浑圆，或盘绕，或似游龙，或如伞盖。如雪松、龙爪槐、垂枝梅、龙游梅、黄山松、香樟、龙柏、银杏等。

三、按园林用途分类

行道树：是指在道路或街道两旁成行栽植的树木。落叶或常绿乔木均可作为行道树，但必须具有根系发达、抗性强、主干直、分枝点高的特性。如香樟、悬铃木、银杏、栾树、七叶树等。

庭荫树：是指孤植或丛植在庭院、公园、广场或风景区内，以遮阴为主要目的的树种。如香樟、榕树、梧桐、榉树、鹅掌楸等。

花灌木：以观花为主要目的而栽植的灌木。如牡丹、月季、紫薇、紫荆、山茶、杜鹃等。

绿篱植物：在园林中成行密集种植，代替篱笆、围墙等，起隔离、防护和美化作用的耐修剪植物。如珊瑚树、大叶黄杨、红叶石楠、金叶女贞、海桐、瓜子黄杨、小蜡等。

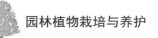

垂直绿化植物：是指栽植藤本植物、攀缘植物，以达到立体绿化和美化的植物。如紫藤、凌霄、木香、爬山虎、金银花、常春藤等。

花坛植物：采用观花、观叶草本植物及低矮的灌木，栽植在花坛内组成各种图案，供游人观赏的植物。一般多选用植株低矮、生长整齐、花期集中、株形紧凑而花色艳丽的种类。如金盏菊、羽衣甘蓝、一串红、矮牵牛、三色堇、地肤等。

草坪和地被植物：是指用于覆盖裸地、林下、空地，可以起到防尘降温作用的低矮植物或草类。如蔓长春花、狗牙根、酢浆草、三叶草、二月兰（诸葛菜）、牛筋草、结缕草等。

室内装饰植物：是指种植在室内墙壁或柱上专门设置的栽植槽内的植物。如常春藤、绿萝、蕨类等。

造型、树桩盆景：造型是指经过人工整形修剪而制成各种物像的单株或绿篱。如罗汉松、六月雪、日本五针松、叶子花（三角花）等。

树桩盆景是利用树桩在盆中再现大自然风貌或表达特定意境的艺术品。如五针松、枸骨、火棘、榔榆、雀梅、对节白蜡、榕树等。

片林：用乔木类作带状栽植在公园外围的隔离带，环抱的林带可组成一个封闭空间，稀疏的林带可供游人休息和游玩。如水杉、侧柏、红枫、香樟等。

第三节　园林植物的生长发育

一、园林植物的生命周期

园林植物不论是草本植物还是木本植物，其生命周期都是从种子发芽开始，经幼年期、青年期、壮年期、老年期直至衰老死亡。园林植物由于种类繁多，寿命差异很大。

下面分别就木本植物和草本植物两大类进行介绍。

1. 木本植物

园林树木在不同的生长发育时期，都有其不同的特点，对外界环境和栽培管理都有一定的要求，研究园林树木不同年龄时期的生长发育规律，采取相应的栽培措施，促进或控制各年龄时期的生长发育节律，可实现幼树适龄开花结实，延长盛花、盛果的观赏期，延缓树木衰老进程等园林树木栽培目的。根据实生园林树木生长过程的不同，可将其划分为以下几个时期：

种子期（胚胎期）：是从受精形成合子开始到种子萌发为止，是种子形成和以种子形态存在的一段时期。此阶段一部分是在母体内，借助于母体形成的激素和其他复杂的代谢产物发育成胚，以后胚的发育和种子养分的积累则在自然成熟或贮藏过程中完成。种子期的长短因植物而异。有些园林树木种子成熟后，只要条件适宜就能萌发，如枇杷，蜡梅等。有些即使给予适宜的条件，也不能立即萌发，必须经过一段时间后才能萌发，如银杏、白错、山植等。

幼年期：从种子萌发到植株第一次开花为幼年期。在这一时期树冠和根系的离心生长旺盛，光合作用面积迅速扩大，开始形成地上的树冠和骨干枝，逐步形成树体特有的结构、树高、冠幅，根系长度和根幅生长很快，同化物质积累增多，从形态和内部物质上为营养生长转向生殖生长做好了准备。有的植物幼年期仅 1 年，如月季、紫薇，而有的植物则要 3 ～ 5 年，如桃、杏、李，而银杏、云杉、冷杉却长达 20 ～ 40 年。总之，生长迅速的木本园林植物幼年期短，生长缓慢的则长。另外，幼年期树木遗传性尚未稳定，是定向育种的有利时期。

幼年时期的长短，因树木种类、品种类型、环境条件和栽培技术而异。这一时期的栽培措施是加强土壤管理，充分供应水肥，促进营养器官健康而匀称地生长，轻修剪，多留枝条，使其根深叶茂，形成良好的树体结构，制造和积累大量的营养物质，为早见成效打下良好的基础。对于观花、观果树木则应促进其生殖生长，在定植初期的 1 ～ 2 年中，当新梢生长至一定长度后，可喷布适当的抑制剂，促进花芽的形成，达到缩短幼年期的目的。

青年期：从植株第一次开花到大量开花之前为青年期。青年期是离心生长最快的时期，开花结果数量逐年上升，但花和果实尚未达到本品种固有的标准性状。为了促进多开花结果，一要勤修剪，二要合理施肥。对于生长过旺的树木，应多施磷肥、钾肥，少施氮肥，并适当控水，也可以使用适量的化学抑制物质，以缓和营养生长。相反，对于过弱的树木，应增加肥水供应，促进树体生长。

壮年期：从植株大量开花结实时开始，到结实量大幅度下降，树冠外围小枝出现干枯时为止为壮年期，是观花、观果植物一生中最具观赏价值的时期。此期花果性状已经完全稳定，并充分反映出品种固有的性状。为了最大限度地延长壮年期，较长期地发挥观赏效益，要充分供应肥水，早施基肥，分期追肥，并且还要合理修剪，使生长、结果和花芽分化达到稳定平衡状态。剪除病虫枝、老弱枝、重叠枝、下垂枝和干枯枝，以改善树冠通风透光条件，同时，要切断部分骨干根，促进根系更新。

衰老死亡期：从骨干枝及骨干根逐步衰亡，生长显著减弱到植株死亡为

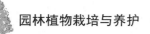

止为衰老死亡期。这一时期，营养枝和结果母枝越来越少，植株生长势逐年下降，枝条细且生长量小，树体平衡遭到严重破坏，对不良环境抵抗力差，树皮剥落，病虫害严重，木质腐朽。花灌木需通过截枝或截干，刺激萌芽更新，或砍伐重新栽植，古树名木需采取复壮措施，尽可能延长其生命周期。

以上对实生园林树木的生长特性进行了分析。无性繁殖园林树木的生命周期除了没有种子期外，也可能没有幼年期或幼年期相对较短。因此，无性繁殖树木的生命周期可分为幼年期、青年期、壮年期和衰老死亡期等四个时期，每一时期的特点及管理措施与实生园林树木相应的时期基本相同。

2. 草本植物

（1）一、二年生草本植物

一、二年生草本植物的生命周期很短，仅 1～2 年的寿命，但其一生也必须经过以下几个生长发育阶段。

胚胎期：从卵细胞受精发育形成胚开始至种子发芽时为止。

幼苗期：从种子发芽开始至第一个花芽出现为止，一般 2～4 个月。2 年生草本花卉多数需要通过冬季低温，第二年春才能进入开花期，营养生长期内应精心管理尽快达到一定的株高和株形，为开花打下基础。

成熟期：从植株大量开花到花量大量减少为止。这一时期植株大量开花，花色、花形最有代表性，是观赏盛期，自然花期 1～3 个月。除了水肥管理外，对枝条摘心、扭梢，使其萌发更多的侧枝并开花，如一串红摘心 1 次可以延长开花期 15 天左右。

衰老死亡期：从开花量大量减少，种子逐渐成熟开始，到植株枯死为止。这时期是种子的收获期，应及时采收，以免散落。

（2）多年生草本植物

多年生草本植物的生命周期与木本植物基本相同，只是其寿命只有 10 年左右，各生长发育阶段与木本植物相比相对短些。

植物各发育阶段是逐渐转化的，各时期之间无明显界限，各种植物由于遗传习性和生长环境的不同，各年龄阶段的长短不同。在栽培过程中，可通过合理的栽培措施，在一定程度上加速或延缓下一阶段的到来。

二、园林植物的年生长周期

园林植物的年生长周期（简称年周期）是指园林植物在一年中随着环境条件特别是气候的季节变化，在形态上和生理上产生与之相适应的生长和发育的规律性变化，如萌芽、抽枝、开花、结实、落叶、休眠等，也称为物候或物候现象。年周期是生命周期的组成部分，栽培管理年工作月历的制定是以植物的年生长发育规律为基础的。因此，研究园林植物的年生长发育规律对植物造景和防护设计以及制定不同季节的栽培管理技术措施具有十分重要的意义。

植物年生长周期性的变化，源于一年中气候的规律性变化。温带地区四季气候变化明显，由春至冬，气温由低到高、再由高到低。生长在这种气温下的植物，其生长呈现出明显的节律性变化，即冬季和早春植物处于休眠状态，其余时间则呈现出生长状态。

在赤道附近的树木，由于无四季气候变化，全年均可生长，无休眠期，但也有生长节奏表现。在离赤道稍远的雨林地区，因有明显的干、湿季，多数树木在雨季生长和开花，在干季因高温干旱落叶，被迫休眠。热带高海拔地区的常绿阔叶树，也受低温的影响而被迫休眠。

以下主要介绍温带地区植物的年生长周期及其特点。

1. 落叶树木的年周期

温带地区的气候在一年中有明显的四季，因此温带落叶树木的年周期最为明显，可分为生长期和休眠期，在生长期和休眠期之间又各有一个过渡期，即生长转入休眠期和休眠转入生长期。

休眠转入生长期：这一时期处于树木将要萌芽前，即当日平均气温稳定在5℃以上至芽膨大待萌发时止。通常是以芽的萌动、芽鳞片的开绽作为树木解除休眠的形态标志，实质上应该是树液开始流动这一生理活动现象的开始才是真正解除休眠的开始。树木从休眠转入生长，要求一定的温度、水分和营养物质。不同的树种，对温度的反应和要求不一样。北方树种芽膨大所需的温度较低，当日平均气温稳定在3℃以上时，经一定时期，达到一定的积温即可，原产温暖地区的树木，其芽膨大所需积温较高，花芽膨大所需积温比叶芽低。树体贮存养分充足时，芽膨大较早且整齐，进入生长期也快。

解除休眠后，树木抗冻能力明显降低，遇突然降温，萌动的花芽和枝干易受冻害。早春气候干旱时应及早浇灌，否则，土壤持水量较低时，易发生枯枝现象。当浇水过多时，也会影响地温的上升而导致发芽推迟。发芽前浇水配合施以氮肥可以弥补树体贮藏养分的不足而促进萌芽和生长。

生长期：从树木萌芽生长到落叶为止，包括整个生长季。是树木年周期中时间最长的一个时期。在此期间，树木随季节变化、气温升高会发生一系列极为明显的生命活动现象，如萌芽、抽枝、展叶或开花、结实等。

萌芽常作为树木开始生长的标志，其实根的生长比萌芽要早。不同树木在不同条件下每年萌芽次数不同，其中以越冬后的萌芽最为整齐，这与去年积累的营养物质的贮藏和转化有关，其为萌芽做了充分的准备。

每种树木在生长期中，都按其固定的物候顺序通过一系列生命活动。有的先萌花芽，而后展叶，也有的先萌叶芽，抽枝展叶，而后形成花芽并开花。树木各物候期的开始、结束和持续时间的长短，也因树种和品种、环境条件和栽培技术而异。

生长期是各种树木营养生长和生殖生长的主要时期。这个时期不仅能体现出树木当年的生长发育、开花结实的情况，也对树体养分的贮存和下一年的生长等各种生命活动有重要的影响，同时也是发挥其绿化功能作用的重要时期。因此，在栽培上，生长期是养护管理工作的重点。应该创造良好的环境条件，满足肥水的要求，以促进树体的良好生长。

生长转入休眠期：秋季叶片自然脱落是落叶树进入休眠的重要标志。在正常落叶前，新梢必须经过组织成熟过程才能顺利越冬，早在新梢开始自上而下加粗生长时，就逐渐开始木质化，并在组织内贮藏营养物质。新梢停止生长后这种积累过程继续加强，同时有利于花芽的分化和枝干的加粗等。结有果实的树木，在采、落成熟果实后，养分积累更为突出，一直持续到落叶前。

秋季日照变短是导致树木落叶进入休眠期的主要因素，气温的降低加速了这一过程的进展。树木开始进入此期后，由于枝条形成了顶芽，结束了伸长生长，依靠生长期形成的大量叶片，在秋高气爽，温、湿条件适宜，光照充足的环境中进行旺盛的光合作用，合成光合养料，供给器官分化、成熟的需要，使枝条木质化并将养分向贮藏器官或根部输送，进行养分的积累和贮藏。此时树体内细胞液浓度提高，树体内水分逐渐减少，提高了树体的越冬能力，为休眠和来年生长创造条件。过早落叶，生长期相对缩短，不利养分积累和组织成熟。干旱、水涝、病虫害都会造成早期落叶，甚至会引起再次生长，危害很大。该落不落，说明树木未做好越冬准备，易发生冻害和枯梢。在栽培中应防止这类现象发生。但个别秋色叶树种，为延长观赏期而使之延迟落叶，则另当别论。

不同树龄的树木进入休眠的早晚不同，一般幼年树晚于成年树，同一树体的不同器官和组织，进入休眠的早晚也不同。一般小枝、细弱短枝、早期形成的芽进入休眠早，地上部分主枝、主干进入休眠较晚，而以根颈最晚，故最易受冻害。生产上常用根颈培土的办法来防止冻害。

刚进入休眠的树木，处在浅休眠状态，耐寒力还不强，如初冬间断回暖会使休眠逆转，而使越冬芽萌动（如月季），又遇突然降温常遭受冻害，所以这类树木不宜过早修剪，在进入休眠期前也要控制浇水。

相对休眠期：秋末冬初落叶树木正常落叶后到翌年开春树液开始流动前为止，是落叶树木的相对休眠期。局部的枝芽休眠则更早出现。在树木休眠期内，虽然没有明显的生长现象，但树体内仍然进行着各种生命活动，如呼吸、蒸腾、芽的分化、根的吸收、养分合成和转化等。这些活动只是进行得较微弱和缓慢，所以确切地说，休眠只是个相对概念。

落叶休眠是温带树种在进化过程中对冬季低温环境所形成的一种适应性。它能使树木安全度过低温、干旱等不良条件，以保证下一年能进行正常的生命活动并使生命得到延续。如果没有这种特性，正在生长着的幼嫩组织，就会受早霜的危害，并难以越冬而死亡。

2. 常绿树的年周期

常绿树并不是树上全部叶片全年不落，而是叶的寿命相对较长，多在 1 年以上。常绿树没有集中明显的落叶期，每年仅有一部分老叶脱落并能不断增生新叶，其在全年各个时期都有大量新叶保持在树冠上，使树木保持常绿。在常绿针叶树类中，松属的针叶可存活 2～5 年，冷杉叶可存活 3～10 年，紫杉叶甚至可存活 6～10 年，它们的老叶多在冬春间脱落，刮风天尤甚。常绿阔叶树的老叶多在萌芽展叶前后逐渐脱落。热带、亚热带的常绿阔叶树木，其各器官的物候动态表现极为复杂，各种树木的物候差别很大，难以归纳，如马尾松分布的南温带，一年抽 2～3 次新梢，而在北温带则只抽一次新梢。幼龄油茶一年可抽春、夏、秋梢，而成年油茶一般只抽春梢。又如柑橘类的物候，一年中可多次抽生新梢（春梢、夏梢、秋梢），各梢间有一定的间隔。有的树种一年可多次开花结果，如柠檬、四季橘等，有的树种，果实生长期很长，如伏令夏橙春季开花，到第二年春末果实才成熟。

3. 草本植物的年周期

草本植物种类繁多，原产地立地条件各不相同，因此年周期的变化也不相同。一年生草本植物的年周期与生命周期相同，短暂而简单。二年生草本植物秋季萌发后，以幼苗状态越冬，到第二年春季开花、结实，然后干枯死亡。多年生草本植物能存活两年以上，有些植物地下部分为多年生，地上部分每年死亡，如荷花、仙客来、水仙、郁金香、大丽菊、百合等。也有的地上部分和地下部分均存活多年，如万年青、麦冬、沿阶草等。

三、园林树木的枝芽特性与树形

园林树木的树体枝干系统及所形成的树形决定于各树种的枝芽特性。而了解和掌握树木枝条和树体骨架形成的过程和基本规律，则是做好树木整形

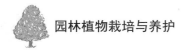

修剪和树形维护的基础。

1. 枝芽特性

芽序：芽在枝条上按一定规律排列的顺序性称为芽序。因为大多数的芽都着生在叶腋间，所以芽序与叶序基本一致。可分为互生芽序、对生芽序和轮生芽序。有的树木的芽序也因枝条类型、树龄和生长势有所变化。

芽的异质性：在芽的形成过程中，由于内部营养状况和外界环境条件的不同，会使处在同一枝上不同部位的芽的大小和饱满程度产生较大差异，这种现象称为芽的异质性。枝条基部的芽在展叶时形成，由于这一时期叶面积小、气温低，芽一般比较瘦小，且常成为隐芽。此后，随着气温的增高，枝条叶面积增大，光合效率提高，芽的质量逐步提高，到枝条进入缓慢生长期后，叶片累积的养分能充分供应芽的发育，形成充实饱满的芽。但如果长枝生长延迟至秋后，由于气温降低，梢端往往不能形成新芽，所以一般长枝条的基部和顶端部分或秋梢上的芽质量较差。

芽的早熟性和晚熟性：有些树木的芽需经过一定的低温时期解除休眠，到第二年春季才能萌发，称为晚熟性芽。如紫叶李、苹果、梨、樱花等。而另一些树木在生长季节早期形成的芽当年就能萌发，如月季等，有的多达 2～4 次，具有这种特性的芽称早熟性芽，这类树木成型快，有的当年即可形成小树的样子。其中也有些树木，芽虽具早熟性，但不受刺激一般不萌发，人为修剪、摘叶等措施可促进芽的萌发。

许多树木枝条基部的芽或上部的副芽，一般情况下不萌发而呈潜伏状态，称隐芽或潜伏芽。当枝条受到某种程度的刺激，如上部或近旁枝条受伤，或树冠外围枝出现衰弱时，潜伏芽可以萌发新梢。有的树种有较多的潜伏芽，而且潜伏寿命较长，有利于树冠的更新和复壮。树木移植时采用截枝方法减少树冠蒸腾提高成活率，就是基于树木的这一特性。

萌芽率及成枝力：生长枝上的叶芽能萌发的能力叫萌芽力。一枝上萌芽数多的称萌芽力强，反之则弱。萌芽力的强弱程度一般以萌发的芽数占总芽数的百分率来表示。生长枝上的芽，不仅萌发，还有能抽成长枝的能力，称为成枝力。抽长枝多的则成枝力强，反之则弱。在调查时一般以具体成枝数或以长枝占芽数的百分率表示成枝力。

萌芽力和成枝力因树种、品种、树龄、树势而不同，同一树种不同品种萌芽力强弱不同。有些树木的萌芽力和成枝力均强，如杨属的多数种类，柳、白蜡、卫矛、紫薇、女贞、黄杨、桃等容易形成枝条密集的树冠，耐修剪，易成型。有些树木的萌芽力和成枝力较弱，如松类和杉类的多数树种，以及梧桐、楸树、梓树、银杏等，枝条受损后不容易恢复，树形的塑造也比较困难，要特别保护苗木的枝条和芽。一般萌芽力和成枝力都强的品种枝条过密，修剪时应多疏少截，防止郁闭。萌芽力强、成枝力弱的品种，易形成中短枝，但枝量少，应注意适当短截，促其发枝。

芽的潜伏力：树木进入衰老期后，由潜伏芽（即隐芽）发生新梢的能力称为芽的潜伏力，芽潜伏力强的树木，枝条恢复能力强，容易进行树冠的复壮更新，如悬铃木、月季、女贞等。芽的潜伏力受营养条件和栽培管理的影响，条件好则潜伏力强。

2.茎枝特性

树木的顶端优势：树木顶端的芽或枝条的生长比其他部分占有优势的现象称为枝条的顶端优势。许多园林树木都具有明显的顶端优势，它是保持树木具有高大挺拔的树干和树形的生理基础。灌木树种的顶端优势就要弱得多，但无论乔木或灌木，不同树种的顶端优势的强弱相差很大，要在园林树木养护中达到理想的栽培目的，在园林树木整形修剪中有的放矢，必须了解与运用树木的顶端优势。对于顶端优势比较强的树种，抑制顶梢的顶端优势可以促进若干侧枝的生长；而对于顶端优势很弱的树种，可以通过对侧枝的修剪来促进顶梢的生长。一般来说，顶端优势强的树种容易形成高大挺拔和较狭窄的树冠，而顶端优势弱的树种容易形成广阔圆形树冠。有些针叶树的顶端优势极强，如松类和杉类。当顶梢受到损害侧枝很难代替主梢的位置，会影响冠形的培养。因此，要根据不同树种顶端优势的差异，通过科学管理，合理修剪来培养良好的树干和树冠形态。

树木的分枝方式：园林树木由于遗传习性、芽的性质及活动状况的不同，形成不同的分枝方式。分类如下：

总状分枝（单轴分枝）：这类树木顶芽优势极强，生长势旺，每年能向上继续生长，从而形成高大通直的树干。大多数针叶树种属于这种分枝方式，如雪松、圆柏、龙柏、罗汉松、水杉、黑松等。阔叶树中属于这一分枝方式的大都在幼年期表现突出，如杨树、栎、七叶树、薄壳山核桃等。但因它们在自然生长情况下，维持中心主枝顶端优势年限较短，侧枝相对生长较旺，而形成庞大的树冠。因此，总状分枝在成年阔叶树中表现得不明显。

合轴分枝：枝条的顶芽经过一段时间生长后，先端分化成花芽或自枯，而由邻近的侧芽代替延长生长，每年如此循环往复。这种主干是由许多腋芽伸展发育而成。该类树木树冠开展，侧枝粗壮，整个树冠枝叶繁密，通风透光，园林中大多数树种属于这一类，且大部分为阔叶树，如白榆、刺槐、悬铃木、榉树、柳树、樟树、杜仲、槐树、香椿、石楠、苹果、梨、桃、梅、杏、樱花等。

假二叉分枝：指有些具对生叶（芽）的树种顶梢在生长期末不能形成顶芽，下面的侧芽萌发抽生的枝条，长势均衡，向相对侧向分生侧枝的生长方式，实际上是合轴分枝的一种变化，这类树种有泡桐、黄金树、梓树、楸树、丁香、女贞、卫矛和桂花等。

有些树木，在同一植物上有两种不同的分枝方式。如杜英、玉兰、木莲、木棉等，既有单轴分枝，又有合轴分枝。女贞，既有单轴分枝，又有假二权分枝。很多树木，在幼苗期为单轴分枝，长到一定时期以后变为合轴分枝。

茎枝的生长类型：树木茎干的生长方向与根相反，多数是背地性的。除主干延长枝，突发性徒长枝呈垂直向上生长外，多数因不同枝条对空间和光照的竞争而呈斜向生长，也有向水平方向生长的。依树木茎枝的伸展方向和形态可分为以下几种生长类型：

直立生长：茎干以明显的背地性垂直于地面生长，处于直立或斜生状态。枝条直立生长的程度，因树种特性、营养状况、光照条件、空间大小、机械阻挡等不同情况而异，从总体上可分为垂直型、斜生型、水平型、扭转型等。

下垂生长：这种类型的枝条生长有十分明显的向地性，当芽萌发呈水平或斜向伸出以后，随着枝条的生长而逐渐向下弯曲，有些树种甚至在幼年时都难以形成直立的主干，必须通过高接才能直立。这类树种容易形成伞形树冠，如垂柳、柏木、龙爪槐、垂枝三角枫、垂枝樱、垂枝榆等。

攀缘生长：茎长得细长柔软，自身不能直立，必须缠绕或附有适应攀附他物的器官——卷须、吸盘、吸附气根、钩刺等，借他物支撑，向上生长。一般称为攀缘植物，简称为藤本植物。茎能缠绕者如紫藤、金银花等；具卷须者，如葡萄等；具吸盘者，如地锦类；具吸附气根者，如凌霄类等；具钩刺者，如蔷薇类等；铁线莲类则以叶柄卷络他物。

匍匐生长：茎蔓细长不能直立，又无攀附器官，常匍匐于地生长。这种生长类型的树木，在园林中常用作地被植物，如铺地柏等。

树木的层性与干性：层性是指中心干上主枝分层排列的明显程度，层性是顶端优势和芽的异质性共同作用的结果。有些树种的层性，一开始就很明显，如油松等。而有些树种则随年龄增大，弱枝衰亡，层性逐渐明显，如雪松、马尾松、苹果、梨等。具有明显层性的树冠，有利于通风透气。层性能随中心主枝生长优势保持年代长短而变化。干性指树木中心干的长势强弱和维持时间的长短。凡中心干（枝）明显，能长期保持优势生长者"干性强"，反之"干性弱"。

不同树种的层性和干性强弱不同。凡是顶芽及其附近数芽发育特别良好，顶端优势强的树种，层性、干性就明显。裸子植物的银杏、松、杉类干性很强，层性也较强。柑橘、桃等由于顶端优势弱，层性与干性均不明显。干性强弱是构成树干骨架的重要生物学依据，对研究园林树形及其演变和整形修剪有重要意义。

四、园林植物各器官的生长发育

1. 根系的生长

根系在一年的生长过程中一般都表现出一定的周期性，其生长周期与地上部分不同，但与地上部分的生长密切相关，二者往往呈现出交错生长的特点，而且不同树种的表现也有所不同。一般来说，根系生长所要求的温度比地上部分萌芽所要求的温度低，因此春季根系开始生长比地上部分早。有些亚热带树木的根系活动要求温度较高，如果引种到温带冬春较寒冷的地区，由于春季气温上升快，地温的上升还不能满足植物根系生长的要求，也会出现先萌芽后发根的情况，出现这种情况不利于植物的整体生长发育，有时还会因地上部分活动强烈而地下部分的吸收功能不足导致植物死亡。

树木的根一般在春季开始生长后即进入第一个生长高峰，此时根系生长的长度和发根数量与上一生长季节树体贮藏的营养物质水平有关，如果在上一生长季节中树木的生长状况良好，树体贮藏的营养物质丰富，根系的生长量就大，吸收功能增强，地上部分的前期生长也好。在根系开始生长一段时间后，地上部分开始生长，而根系生长逐步趋于缓慢，此时地上部分的生长出现高峰。当地上部分生长趋于缓慢时，根系生长又会出现一个大的高峰期，即生长速度快、发根数量大，这次生长高峰过后，在树木落叶后还可能出现一个小的根系生长高峰。

一年中，树木根系生长出现高峰的次数和强度与树种和年龄有关，根在年周期中的生长动态还受当年地上部分生长和结实状况的影响，同时还与土壤温度、水分、通气及营养状况密切相关。因此，树木根系年生长过程中表现出高峰和低谷交替出现的现象，是上述因素综合作用的结果，只是在一定时期内某个因素起着主导作用。

树体有机养分和内源激素的积累状况是影响树木根系生长的内因，而土壤温度和土壤水分等环境条件是影响根系生长的外因。夏季高温干旱和冬季低温都会使根系生长受到抑制，使根系生长出现低谷。而在整个冬季，虽然树木枝芽已经进入休眠状态，但根系却并未停止活动。另外，在生长季节内，根系生长也有昼夜动态变化节律，许多树木的根系夜间生长量和发根量都多

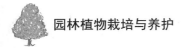
于白天。

在树木根系的整个生命周期中，幼年期根系生长快，其生长速度一般都超过地上部分，但随着年龄的增加，根系生长速度趋于缓慢，并逐渐与地上部分的生长形成一定的比例关系。另外，根系生长过程中始终有局部自疏和更新的现象，从根系生长开始一段时间后就会出现吸收根的死亡现象，吸收根逐渐木栓化，外表变为褐色，逐渐失去吸收功能。有的轴根演变成起输导作用的输导根，有的则死亡。须根自身也有一个小周期，其更新速度更快，从形成到壮大直至死亡一般只有数年的寿命。须根的死亡，起初发生在低级次的骨干根上，其后在高级次的骨干根上，以至于较粗的骨干根后部几乎没有须根。

根系的生长发育很大程度上受土壤环境的影响，还与地上部分的生长有关。在根系生长达到最大根幅后，也会发生向心更新。另外，由于受土壤环境的影响，根系的更新不那么规则，常出现大根季节性间歇死亡，随着树体的衰老，根幅逐渐缩小。有些树种，进入老年后发生水平根基部的隆起。

当树木衰老，地上部分濒于死亡时，根系仍能保持一段时期的寿命。利用根的这种特性，可以进行部分老树复壮工程。

2. 枝的生长

树木每年都通过新梢生长来不断扩大树冠，新梢生长包括加长生长和加粗生长两个方面。一年内枝条生长增加的粗度与长度，称为年生长量。在一定时间内，枝条加长和加粗生长的快慢称为生长势。生长量和生长势是衡量树木生长状况的常用指标，也是评价栽培措施是否合理的依据之一。

（1）枝条的加长生长

枝条的加长生长一般是通过枝条顶端分生组织细胞群的细胞分裂伸长而实现的。加长生长的细胞分裂只发生在顶端，伸长则延续至几个节间。随着距顶端距离的增加，伸长逐渐减缓。新梢的加长生长并不是匀速的，一般都会表现出慢—快—慢的生长规律。多数树种的新梢生长可划分为以下三个时期：

开始生长期：叶芽幼叶伸出芽外，随之节间伸长，幼叶分离。此期的新梢生长主要依据树体在上一生长季节贮藏的营养物质，新梢生长速度慢，节间较短，叶片由前期形成的芽内幼叶原始体发育而成，其叶面积较小，叶形与后期叶有一定的差别，叶的寿命也较短，叶腋内的侧芽发育也较差，常成为潜伏芽。

旺盛生长期：从开始生长期之后，随着叶片的增加和叶面积的增大，枝条很快进入旺盛生长期。此期形成的枝条，节间逐渐变长，叶片的形态也具有了该树种的典型特征，叶片较大，寿命长，叶绿素含量高，同化能力强，侧芽较饱满，此期的枝条生长由利用贮藏物质转为利用当年的同化物质。因此，上一生长季节的营养贮藏水平和本期肥水供应对新梢生长势的强弱有决定性影响。

停止生长期：旺盛生长期过后，新梢生长量减小，生长速度变缓，节间缩短，新生叶片变小。新梢从基部开始逐渐木质化，最后形成顶芽或顶端枯死而停止生长。枝条停止生长的早晚与树种、部位及环境条件关系密切。一般来说，北方树种早于南方树种，成年树木早于幼年树木，观花和观果树木的短果枝或花束状果枝早于营养枝，树冠内部枝条早于树冠外围枝，有些徒长枝甚至会因没有停止生长而受冻害。土壤养分缺乏、透气不良、干旱等不利环境条件都能使枝条提前 1～2 个月结束生长，而氮肥施用量过大，灌水过多或降水过多均能延长枝条的生长期。在栽培中应根据目的合理调节光、温、肥、水来控制新梢的生长时期和生长量加以合理的修剪来促进或控制枝条的生长，达到园林树木培育的目的。

（2）枝的加粗生长

树干及各级枝的加粗生长都是形成层细胞分裂、生长、分化的结果。在新梢加长生长的同时，也进行加粗生长，但加粗生长高峰稍晚于加长生长，停止也较晚。新梢生长越旺盛形成层活动也越强烈，持续时间也越长。秋季由于叶片积累大量光合产物，因而枝干明显加粗。一般幼树加粗生长持续时间比老树长，同一树体上新梢加粗生长的开始期和结束期都比老枝早，而大枝和主干的加粗生长从上到下逐渐停止，以根茎结束最晚。

3.叶和叶幕的形成

叶片是由叶芽中前一年形成的叶原基发展起来的，其发育自叶原基出现以后，经过叶片、叶柄（或托叶）的分化，直到叶片的展叶和叶片停止增长为止，构成了叶片的整个发育过程。其大小与前一年或前一生长时期形成叶原基时的树体营养状况和当年叶片生长条件有关。

树木叶片具有相对稳定性，但是栽培措施和环境条件对叶片的发育特别是对叶片的大小有明显影响。叶的大小和厚度以及营养物质的含量在一定程度上反映了树木发育的状况。在肥水不足、管理粗放的条件下，一般叶小而薄，营养元素的含量低，叶片的光合效能差。在肥水过多的情况下叶片大，植株趋于徒长。叶片营养物质含量的多少，常作为叶分析营养诊断的基础。

不同叶龄的叶片在形态和功能上差别明显，幼嫩叶片的叶肉组织量少，叶绿素浓度低，光合功能较弱，随着叶龄的增大，单叶面积增大，生理活性增强，光合效能大大提高，直到达到成熟并持续相当时间后，叶片会逐步衰老，各种功能也会逐步衰退。

叶幕是指树冠内叶片集中分布的区域，它是树冠叶面积总量的反映。随树龄、整形、栽培的目的与方式的不同，园林树木叶幕形态和体积也不相同。幼树时期，由于分枝尚少树冠内部的小枝多，树冠内外都能见光，叶片分布均匀，树冠形状和体积与叶幕形状和体积基本一致。无中心主干的成年树，其叶幕与树冠体积不一致，小枝和叶多集中分布在树冠表面，叶幕往往仅限于树冠表面较薄的一层，多呈弯月形叶幕。有中心主干的成年树树冠多呈圆头形，到老年多呈钟形叶幕。落叶树木叶幕在年周期中有明显的季节变化，也常表现慢—快—慢这种"S"形曲线式生长过程。

落叶树木的叶幕，从春天发叶到秋天落叶，大致能保持 5 ～ 10 个月的生活期，而常绿树木，由于叶片生存期长，多半可达一年以上，而且老叶多在新叶形成之后脱落，叶幕比较稳定。

4. 花芽分化和开花

（1）花芽分化

生长点由叶芽状态开始向花芽状态转变的过程，称为花芽分化。花芽分化是开花结实的基础，是具备一定年龄的植物，由营养生长转向生殖生长的生理和形态指标。在自然状态下，成花诱导主要受低温和光周期的影响。通常一二年生的草花，如三色堇、紫罗兰等，成花诱导既需低温又需长日照。多年生花木月季、紫薇等，其花芽分化多在夏季长日照及高温下于新梢上发生。夏季休眠的球根花卉如郁金香、水仙、风信子等，当营养体达到一定大小时，在高温下分化花芽。许多秋、冬季开花的草本、木本花卉，其花芽分化需在短日照条件下，如一品红、菊花等。

花芽分化开始时期和延续时间的长短，以及对环境条件的要求因植物种类（品种）、地区、年龄等的不同而异。根据不同植物花芽分化的特点，可以分为夏秋分化型、冬春分化型、当年分化型、多次分化型和不定期分化型五种类型。

夏秋分化型：绝大多数早春和春夏开花的观花植物，如海棠、榆叶梅、樱花、迎春、连翘、玉兰、紫藤、丁香、牡丹、杨梅、山茶（春季开花的）、杜鹃等，属于夏秋分化型。其花芽在前一年夏秋（6 ～ 8 月）开始分化，并延续至 9 ～ 10 月间才完成花器主要部分的分化。此类植物花芽的进一步分化与完善还需经过一段低温，直到第二年春天才能进一步完成性器官的分化。

夏季休眠分化花芽的秋植球根花卉和夏季生长期分化花芽的春植球根花卉也属于此类型。

冬春分化型：原产于亚热带、热带地区的某些植物，一般秋梢停止生长后至第二年春季萌芽前，即于11月至次年4月这段时期中完成花芽的分化。如柑橘类的柑和橘常从12月至次春3月间分化花芽，其分化时间较短并连续进行。另外一些二年生花卉和春季开花的宿根花卉也在冬春季温度较低时进行花芽分化。

当年分化型：许多夏秋开花的植物，如木槿、槐、紫薇、珍珠梅、荆条及夏秋开花的一年生及宿根花卉，如鸡冠花、翠菊、萱草等，不需要经过低温阶段即可完成花芽分化。

多次分化型：在一年中能多次抽梢，每抽一次梢就分化一次花芽并开花的植物属于多次分化型。如茉莉花、月季、葡萄、无花果、金柑和柠檬等。其中一些一年生花卉，只要营养体达到一定大小，即可在夏季气温较高的较长时间内多次形成花蕾和开花。开花早晚由所在地区及播种出苗期等确定。

不定期分化型：这种类型每年不定期一次分化花芽，达到一定叶面积即可开花。主要取决于个体养分的积累，如凤梨科、芭蕉科、棕榈科的某些植物种类。

（2）开花

花粉粒和胚囊发育成熟，花被展开，雌雄蕊裸露的现象称为开花。不同植物开花顺序、开花时期有很大差异。

①开花顺序

不同树种开花先后不同。同一地区不同植物在一年中的开花时间早晚不同，除特殊小气候环境外，各种植物每年的开花先后有一定顺序。如在北京地区常见树木的开花顺序为银芽柳、毛白杨、榆、山桃、玉兰、加杨、小叶杨、杏、桃、绦柳、紫丁香、紫荆、核（胡）桃、牡丹、白蜡、苹果、桑、紫藤、构树、栓皮栎、刺槐、苦楝、枣、板栗、合欢、梧桐、木槿、国槐等。

同一植物不同品种开花早晚不同。同一地区同种植物的不同品种之间，开花时间也有一定的差别，并表现出一定的顺序。如在北京地区，碧桃的"早花白碧桃"于3月上旬开花，而"亮碧桃"则要到下旬开花。有些品种较多的观花树种，可按花期的早晚分为早花、中花和晚花三类，在园林植物栽培和应用中也可以利用其花期的不同，通过合理配置来延长和改善其美化效果。

同株植物不同部位枝条或花序的开花先后不同。同一植株个体上不同部位的开花早晚有所不同，一般是短花枝先开，长花枝和腋花芽后开。向阳面比背阴面的外围枝先开。同一花序的不同植物开花早晚也可能不同，具伞形花序的苹果，其中心花先开，而同具伞形花序的梨，则边花先开。这些特性多数是有利于延长花期的，掌握这些特性也可以在园林植物栽培和应用中提高其美化效果。

②开花类型

植物在开花与展叶的时间顺序上也常常表现出不同的特点，常分为先花后叶型、花叶同放型和先叶后花型三种类型。在园林植物配置和应用中了解树木的开花类型，通过合理配置，可提高绿化美化效果。

先花后叶型：此类植物在春季萌动前已完成花器分化。花芽萌动不久即开花，先开花后展叶。如银芽柳、迎春花、连翘、桃、梅、杏、李、紫荆等，有些能形成一定繁花的景观，如白玉兰、山桃花等。

花叶同放型：此类植物开花和展叶几乎同时进行，花器也是在萌芽前已完成分化，开花时间比前一类稍晚。如先花后叶类中的桃与紫藤中的某些开花晚的品种与类型。多数能在短枝上形成混合芽的树种也属此类，如苹果、海棠、核桃等，混合芽虽先抽枝展叶而后开花，但多数短枝抽生时间短，很快见花。

先叶后花型：此类树木多数是在当年生长的新梢上形成花器并完成分化，萌芽要求的气温高，一般于夏秋开花。是树木中开花最迟的一类，如木槿、紫薇、凌霄、国槐、桂花、珍珠梅等，有些甚至能延迟到晚秋，如枇杷、茶树等。

③花期

花期即开花时期的延续时间。花期的长短受植物种类、品种、外界环境以及植株营养状况的影响，为了合理配置和科学管护，提高美化效果，应了解不同园林植物的花期。

不同植物的花期不同：由于园林植物种类繁多，几乎包括各种花器分化类型的树木，加上同种花木品种多样，在同一地区，树木花期延续时间差别很大，从1周到数月不等。杭州地区，开花短者约6～7天（白丁香6天，金桂、银桂7天），长的可达100～240天（茉莉可开112天，六月雪可开117天，月季最长可达240天左右）。在北京地区，开花短的只有7～8天（如山桃、玉兰、榆叶梅等），开花长的可达60～131天（如木槿可达60天，紫薇达70天以上，珍珠梅可开131天）。

具有不同开花时期的植物花期的长短也不同，早春开花的多在秋冬季节完成花芽分化，到春天一旦温度合适就陆续开花，一般花期相对短而开花整齐，而夏季和秋季开花的，花芽多在当年生枝上分化，分化早晚不一致，开花时间也不一致，加上个体间的差异使其花期持续时间较长。

年龄不同、植株营养不同花期不同：同种植物，青壮年植株比衰老植株花期长而整齐，植物营养状况好，花期延续时间长。

天气状况不同，花期长短不同：花期遇冷凉潮湿天气时则延长，而遇到干旱高温天气时则缩短。在不同小气候条件下，花期长短不同。如在树荫下、大树北面和楼房等建筑物背后生长的植物花期长，但由于这些原因而延长花期时，花的质量往往受影响。

花期的提前与错后一般可通过调节环境温度和阻滞植物体升温加以控制。对于盆栽花木，可根据树种种类、品种习性，采用适当遮光、降低温度、增加湿度等方式延长花期。

5. 果实的生长发育

园林植物栽培中也会栽植许多观果类植物，其目的主要是因为果的"奇"（奇特、奇趣）、"丰"（给人以丰收的景象）、"巨"（果大使人感到惊异）和"色"（果色多样而艳丽）能提高植物的观赏和美化价值。

园林植物果实的生长发育是指从花谢后子房开始膨大到果实完全成熟为止。各类果实生长发育所需时间长短不一。松柏类球果，头年受精，第二年才发育成熟，历时1年以上。杨、柳、榆等果实从受精至果熟仅需数十天，在当年夏季即可采收。果熟期的长短同样受自然条件的影响，高温干燥，果熟期缩短，低温潮湿，果熟期延长。山地条件、排水好的地方果熟期早。而果实外表受伤或被虫蛀食后成熟期也会提早。

五、园林植物各器官生长发育的相关性

园林植物是统一的生物有机体，在其生长发育的过程中，各器官和组织的形成及生长表现为相互促进或相互抑制的现象，称为相关性。

1. 地上部分和地下部分的相关性

"根深叶茂，本固枝荣。"这句话充分说明了树木地上部分树冠的枝叶和地下部分根系之间相互联系和相互影响的辩证统一关系。枝叶的主要功能是制造有机营养物质，为植物各部分的生长发育提供能源。枝叶在生命活动和完成其生理功能的过程中，需要大量的水分和营养元素，必须借助于根系的强大吸收功能。根系发达而且生理活动旺盛，可以有效地促进地上部分枝叶的生长发育。同样根系的良好生长，必须依靠叶片的光合作用来提供有机营养与能源，繁茂的枝叶可以促进根系的生长发育，增强根系的吸收功能。当枝叶受到严重的病虫危害后光合作用功能下降，根系得不到充分的营养供应，根系的生长和吸收活动就会减弱，从而影响到枝叶的光合作用，使树木

的生长势衰弱。另外，根系生长所需要的维生素、生长素是靠地上部分合成后向下运供应的，而叶片生长所需要的细胞分裂素等物质，又是在根内合成后向上运供应的。

地上部分与地下部分的相对生长强度，通常用根冠比来表示。土壤比较干旱、氮肥少、光照强的条件下，根系的生长量大于地上部分枝叶的生长量，根冠比大；反之，土壤湿润、氮肥多、光照弱、温度高的条件下，地上枝叶生长量高于地下根系生长量，根冠比小。

2. 营养器官和生殖器官的相关性

植物的营养器官和生殖器官虽然在生理功能上有区别，但它们的形成都需要大量的光合产物，生殖器官所需的营养物质是由营养器官供给的，良好的营养生长是生殖器官正常生长发育的基础。通常两者的生长是协调的，但有时会因养分的争夺，造成生长和生殖的矛盾。

一般情况下，当植株进入生殖生长占优势时，营养体的养分便集中供应生殖器官。一次开花的植物，当开花结实后，其枝叶因养分耗尽而枯死；多次开花的植物，开花结实期枝叶生长受抑制，当花果发育结束后，枝叶恢复生长。

在肥水供应不足的情况下，枝叶生长不良，而使开花结实量少或不良，或是引起树势衰弱，造成植株过早进入生殖阶段，开花结实提早。当水分和氮肥供应过多时，不仅会造成枝叶徒长，而且会由于枝叶旺长消耗大量营养物质而使生殖器官生长得不到充足的养分，出现花芽分化不良、开花迟、落花落果或果实不能充分发育等问题。栽培上一般利用控制水肥、合理修剪、抹芽或疏花及疏果等措施，来调节营养生长和生殖生长发育的关系。

3. 极性与顶端优势

极性是指植物体或其离体部分的两端具有不同生理特性的现象。根部从形态学下端长出，而新梢从形态学上端长出。极性现象的产生是因为生长素的极性运输，生长素的向下极性运输使茎的下端积累了较多的生长素，有利于根的形成，而生长素浓度较低的形态学上端则长出芽来。因此，在生产上进行扦插繁殖时，应避免倒插，以便新根能在土中生长，而新梢能顺利地伸长，进行光合作用，促进插条成活。

顶端优势的产生也与生长素的极性运输有关。顶端形成的生长素向下运输，从而使侧芽附近的生长素浓度加大，抑制侧芽的生长。去除顶芽，则促进侧芽的生长。

第四节 园林植物与环境

环境是指植物生存地点周围一切空间因素的总和，是植物生存的基本条件。任何植物都是在自身的遗传与环境的统一下来完成自己的生命过程。环境因子的变化直接影响植物生长发育的进程和生长质量。只有在适宜的环境中，植物才能生长发育良好，花繁叶茂。环境因子包括气候因子（光照、温度、水分、空气等）、土壤因子、地形地势因子、生物因子（植物、动物、微生物等）及人类活动等几个方面，又称为生态因子。

植物的生长发育与外界环境之间的关系十分复杂，只有认真研究，掌握其规律，根据植物的生长特性，创造适宜的环境条件，并制定合理的栽培措施，才能促进园林植物正常生长发育，达到美化环境、增强观赏价值的目的。

一、气候因子与园林植物

1.光照

光照是植物生命活动中起重大作用的生存因子。光对植物生长发育的影响主要表现在光照强度、光照持续时间和光质三个方面。在一定的光照强度下，植物才能进行光合作用，积累碳素营养。适宜的光照，能使其生长健壮，着花多，色艳香浓。提高光能利用率是园林植物栽培的重要研究内容之一。

（1）光照强度对园林植物生长的影响

园林植物需要在一定的光照条件下完成生长发育过程，但由于不同植物在器官构造上存在较大差异，要求不同的光强来维持其生命活动，根据植物需光量的不同，一般可将其分为三种类型。

阳性植物：在强光环境中生长发育健壮，在荫蔽和弱光条件下生长发育不良的植物。植物一般枝叶稀疏、透光，叶色较淡，生长较快，自然整枝良好，但寿命较短。典型的阳性植物有松、桦木、银杏、桉树、月季、仙人掌等。

阴性植物：能耐受遮阴，在较弱的光照条件下比在强光下生长良好的植物。植株一般枝叶浓密、透光度小，叶色较深，生长较慢，但寿命较长。如冷杉、红豆杉、八角金盘等即属于阴性植物。

中性植物：介于上述两者之间，比较喜光，稍受荫蔽亦不致受损害，或者在幼苗期较耐庇荫，随着年龄的增长逐渐表现出不同程度的喜光特性的都为中性植物。如元宝枫、圆柏、侧柏、七叶树、核桃、杜鹃、栀子花等都属于中性植物。

植物的需光强度与其原生地的自然条件有关，生长在我国南部低纬度、多雨地区的热带、亚热带常绿植物如椰子、柑橘、枇杷等，对光的要求就低于原生于北部高纬度地区的落叶植物如落叶松、杨树、桃等。此外，同一植物对光照的需要还随生长环境、本身的生长发育阶段和年龄的不同而不同。在一般情况下，在干旱瘠薄的环境下生长的植物比在肥沃湿润环境下生长的植物需光性大，常常表现出阳性树种的特征。有些树木在幼苗阶段需要一定的庇荫条件，随着年龄的增长，需光量逐渐增加。由枝叶生长转向花芽分化的交界期间，光照强度的影响更为明显，此时如光照不足，花芽分化困难，不开花或开花少。如喜强光的月季，在庇荫处生长，枝条节间长，叶大而薄，很少开花。

栽培地点发生改变，植物的喜光性也常会改变，原产于热带、亚热带的植物，如铁树等，原属阳性，但引到北方后，夏季却需要适当遮阴，因为原产地雨水多，空气湿度大，光的透射能力较弱，光照强度比北方弱，而北方多晴少雨、空气干燥。

（2）光周期对园林植物生长的影响

光照持续时间的长短对园林植物的生长发育也具有重要影响。一天中昼夜长短的变化称为光周期。有些植物需要在昼短夜长的秋季开花，有的只能在昼长夜短的夏季开花。根据植物对光周期的反应和要求，可将园林植物分为三类：

长日照植物：需要较长时间的日照才能开花，通常需要14h以上的光照延续时间才能实现由营养生长向生殖生长的转化。如果日照长度不足，或在整个生长期中始终得不到所需的长日照条件，则会推迟开花甚至不能开花。如荷花、唐菖蒲等。

短日照植物：需要较短的日照条件促进开花，光照延续时间超过一定限度则不开花或延迟开花，一般需要14h以上的黑暗才能形成花芽，并且在一定范围内，黑暗时间越长，开花越早。如叶子花、一品红等。

日中性植物：对光照时间长短不甚敏感的植物，如月季、紫薇、香石竹等，只要温度、湿度等条件适宜，几乎一年四季都能开花。

光周期现象在很大程度上与原产地所处的纬度有关，是植物在进化过程中对日照长短适应性的表现，也是决定其自然分布的因素之一。短日照植物一般起源于低纬度的南方，长日照植物则起源于高纬度的北方，所以越是北方的种或品种，要求临界日长越长，越是南方的种或品种，要求临界日长越短。在临近赤道的低纬度地带，一般长日照植物不能开花结实，不能繁殖后代。而在高纬度地带，短日照植物不能在那里完成发育，在中纬度地带，各种光周期类型的植物都可生长，只是开花季节不同。了解植物对日照长度的生态类型，对于植物的引种工作极为重要。一般说来，短日照植物由南方向北方引种时，由于北方生长季节内的日照时数比南方长，气温比南方低，往往出现营养生长期延长，发育推迟的现象。

植物生长中常利用植物的光周期现象，通过人为控制光照和黑暗时间的长短，来达到提前或延迟开花的目的。

（3）光照对花色的影响

花卉的着色主要靠花青素，花青素只能在光照条件下形成，在散射光下较难形成。高山花卉较低海拔花卉色彩艳丽。同一种花卉，在室外栽植较室内开花色彩艳丽，花青素在强光、直射光下易形成，而在弱光、散射光下不易形成。Harder等人研究指出，具蓝和白复色的矮牵牛花朵，其蓝色部分和白色部分的比例变化不仅受温度影响，还与光强和光的持续时间有关。通过不同光强和温度共同作用的实验表明，随温度升高，蓝色部分增加，随光强增大，则白色部分变大。玫瑰在弱光下会因缺乏碳水化合物而使红色变淡。因此室外花色艳丽的盆花，移入室内栽培一段时间后，会逐渐褪色。如欲保持菊花的白色，必须遮挡光线，抑制花青素的形成，否则在阳光下，白花瓣易稍带紫红色，失去种性。

光线的强弱还与花朵开放时间有关。午时花、半枝莲在中午强光下开放，下午光线变弱后即闭合，雨天不开。紫茉莉在傍晚开放，至早晨就闭合，牵牛花在光照较强时也闭合。

2. 温度

（1）温度对植物生长的影响

温度是植物生存的重要因子，它决定着植物的自然分布，是不同地域植物组成差异的主要原因之一。温度又是影响植物生长速度的重要因子，对植物的生长、发育及生理代谢活动有重要的影响。热带、亚热带地区生长的植物对温度要求较高，原产温带、寒带地区的植物对温度要求则较低。把热带、亚热带植物种植到北方，常会因气温太低不能正常生长发育，甚至被冻死。而喜气温凉爽的北方植物移到南方种植，常会因冬季低温而生长不良或影响开花。根据植物对温度要求的不同，可将植物分为喜热植物、喜温植物和耐寒植物三种。喜热植物如榕树、米兰、茉莉、叶子花等，喜温植物如杜鹃、桂花、香樟等，耐寒植物如丁香、牡丹、连翘、白桦等。因此，在引种栽培时必须了解植物对原产地的温度要求，合理引种。

昼夜温度有节律的变化称为温周期。昼夜温差大对植物生长有利，是因为白天温度高有利于植物光合作用，光合作用合成的有机物多，夜间适当低温，呼吸作用减弱，消耗的有机物质减少，使得植物净积累的有机物增多。光合作用净积累的有机物越多，对花芽形成越有利，开花就越多。但也不是温差越大越好，据研究，大多数植物昼夜温差以8℃左右最为合适，如果温差超过这一限度，不论是昼温过高，或夜温过低，都对植物的生长与生殖有不良的影响。

（2）温度对植物的发育及花色的影响

温度对植物发育的影响，首先表现在春化作用。一些植物在个体发育中，必须经过低温才能诱导成花，否则不能正常开花，这种低温促进植物开花的作用叫春化作用。如风信子、郁金香等球根花卉和一二年生的草花在其个体发育中必须通过低温诱导才能开花。但不同植物对春化温度要求不同，一般秋植花卉春化温度较低，为0～10℃，春播一年生草花春化温度较高，在温暖时播种仍能正常开花。一些植物花芽分化需要的最适温度为：杜鹃、山茶25℃，水仙花13～14℃，八仙花10～15℃，桃树27～30℃。但这些植物花芽分化后，也必须经过冬季低温才能正常开花，否则花芽发育受阻，花朵异常。

温度也是影响花色的主要环境条件之一，一般花色随温度的升高、阳光的加强而变淡。如月季花在低温下呈深红色，在高温下呈白色。菊花、翠菊在寒冷地区花色较温暖的地区花色浓艳。大丽花在温暖地区栽培，即使夏季开花，花色也暗淡，到秋凉气温降低后花色才艳丽。另外如前述的矮牵牛的蓝和白的复色品种，开蓝色花或是白色花，受温度影响很大。如果在30～35℃高温下，花开繁茂时，花瓣完全呈蓝色或紫色。但是在15℃条件下，同样开花很繁茂时，花色呈白色。而在上述两者之间的温度下，就呈现为蓝白复色花，且蓝色和白色的比例随温度的变化而变化，温度变化近于30～35℃时，蓝色部分增多，温度变低时，白色部分增多。

（3）土温植物生长的影响

根系生长在土壤中，土温的高低直接影响根系的生长。土温低不利于根系吸收水分和养分，从而影响植物生长。在土温低且蒸腾作用过猛时，植物因组织脱水而受到损伤，因此在炎热的夏季，尤其在中午前后，如在土温最高时给植物浇冷水，会使土温骤降，根系吸水能力急剧降低，不能及时供应地上部分蒸腾作用的需求，会引起植物暂时萎蔫。土壤供水也在一定程度上受高温的影响加速水分从土表的蒸发。

北方地区由于冬季过于严寒，土壤冻结很深，根系无法吸收水分供蒸腾消耗，常会引起生理干旱。如果在入冬后，将雪堆放在植物根部，则能提高土温，使土壤冻结层变浅，深层的根系仍能活动，从而缓解冬季失水过多的矛盾。

（4）极端温度对植物生长的危害

各种植物的生长、发育都要求有一定的温度条件，植物的生长和繁殖要在一定的温度范围内进行。在此温度范围的两端是最低温度和最高温度。低于最低温度或高于最高温度都会引起植物体死亡。最低与最高温度之间有一最适温度，在最适温度范围内植物生长繁殖得最好。

当气温接近植物生存上限时，植物生长不良，超过上限，短时间即可使植物死亡。

这主要是高温使光合作用减弱，呼吸作用增强，营养物消耗大于积累，植物因饥饿而死亡。另外高温还可破坏植物的水分平衡，促使蛋白质凝固，并导致有害代谢产物在体内积累。如观叶植物在高温下叶片会褪色失绿，观花植物花期缩短或花瓣焦灼。一些树皮薄的树木或朝南面的树皮会受到日灼。

植物原产地不同，对高温的忍受能力也不同。米兰在夏季高温时生长旺盛，花香浓郁，而仙客来、水仙、郁金香等，因不能忍受夏季高温而休眠。一些秋播花卉在盛夏来临前即干枯死亡。同一植物在不同生育期，耐高温的能力也不同，种子期最强，开花期最弱。在栽培过程中，应适时采用降温措施，如喷淋水、遮阴等，使植物安全越夏。

低温伤害指植物在能忍受的极限低温以下所受到的伤害。其外因主要取决于降温的强度、持续的时间和发生的季节。内因主要取决于植物本身的抗寒能力。低温对植物的伤害有寒害和冻害。寒害指0℃以上的低温对植物造成的伤害。多发生于原产热带和亚

热带南部地区喜温的植物。冻害是指0℃以下的低温使组织结冰，从而对植物造成的伤害。不同植物对低温的抵抗力不同，同一植物在不同的生长发育时期，对低温的忍受能力也有很大差别，休眠种子的抗寒力最高，休眠植株的抗寒力也较高，而生长中的植株抗寒力明显下降。秋季和初冬冷凉气候的锻炼，可提高植物的抗寒力。另外在管理中可通过地面覆盖秫秸、落叶、塑料薄膜、设置风障等措施减少寒害的发生。

3. 水分

水分是植物体的基本组成部分，植物体内的一切生命活动都是在水的参与下进行的。植物生长离不开水，但水分过多或不足都会对植物产生不良的影响。资料表明，当土壤含水量降至10%～15%时，许多植物的地上部分停止生长，当土壤含水量低于7%时，根系停止生长，同时由于土壤溶液浓度过高，根系水分发生外渗，引起烧根甚至死亡。另外，水分不足会使花芽

分化减少，缩短花期，影响观赏效果。反之如水分过多，会使土壤中的空气流通不畅，二氧化碳相对增多，氧气缺乏，有机质分解不完全，促使一些有毒物质积累，阻碍酶的活动，影响根系的吸收，使植物根系中毒。一般情况下，常绿阔叶树种的耐淹力低于落叶阔叶树种，落叶阔叶树种浅根性树种的耐淹力较强。

4.风

风对园林植物的影响是多方面的。轻微的风能帮助植物传递花粉，加强蒸腾作用，提高根系的吸收能力，促进气体交换，改善光照，促进光合作用，消除辐射霜冻，减少病原菌等。

大风对植物有伤害作用。冬季大风易引起植物的生理干旱。花、果期如遭遇大风，会造成大量落花落果。强风会折断树干，尤其是风雨交加的台风天气，极易使树木倒伏。

风可以改变植物所处的环境温度、湿度和空气中二氧化碳的浓度等，间接影响植物的生长发育。

二、土壤因子与园林植物

土壤是园林植物安身立命之地。园林植物在生长发育的过程中，不断从土壤中获得水分和养分，以满足植物生长需要。土壤的结构、厚度及理化性质的不同会影响土壤中水、肥、气、热的含量，进而影响到植物的生长。

1.土壤质地与厚度

土壤质地与厚度关系到土壤肥力的高低，含氧量的多少。一般情况下，当土壤含氧量在12%时，根系才能正常地生长和更新。所以大多数植物要求在土质疏松、深厚肥沃的壤质土壤中生长。壤质土的肥力水平高，微生物活动频繁，能分解出大量的养分，且保肥能力强。同时，深厚的土层又有利于根系向下生长，使根系分布更深，抗逆性更强。植物种类繁多，喜肥耐瘠能力各不相同。根据对土壤肥力要求的不同，可将植物分为耐瘠薄植物、喜肥植物和中土植物三类。耐瘠薄植物如马尾松、油松、刺槐、桤木等，可以在土质较差，肥力较低的土壤中栽植。喜肥树种如梅花、梧桐、榆树、槭树、核桃等应栽植在深厚、肥沃和疏松的土壤中，否则生长不良。当然，耐瘠薄植物如栽植在深厚、肥沃的土壤中则会生长得更好。

2.土壤酸碱度

土壤酸碱度是土壤的很多化学物质特别是盐基状况的综合反映，它对土壤的一系列肥力性质有深刻影响。土壤中微生物的活动，有机质的合成与分解，氮、磷等营养元素的转化与释放，微量元素的有效性，土壤保持养分的能力，都与土壤酸碱度有关。每种植物都要求在一定的土壤酸碱度下生长，根据植物对土壤酸碱度要求的不同，可将其分为三类：

酸性植物：土壤 pH 值在 6.5 以下时，生长良好，如山茶、杜鹃、马尾松、栀子花、柑橘等。在碱性土或钙质土上不能生长或生长不良。

中性植物：土壤 pH 值在 6.5～7.5 之间时，生长良好。如菊花、杉木、矢车菊、雪松、杨、柳等大多数园林植物。

碱性植物：土壤 pH 值在 7.5 以上时，植物仍生长良好。如柏木、朴树、紫穗槐、柽柳、石竹、非洲菊等，在酸性土壤上生长不良。

3. 土壤的通气状况

如前所述，当土壤含氧量在 12% 时，根系才能正常地生长和更新，当土壤通气孔隙度减少到 9% 以下时，根会因严重缺氧，进行无氧呼吸而产生酒精积累，引起根中毒死亡。同时，由于土壤氧气不足，土壤内微生物繁殖受到抑制，靠微生物分解释放的养分减少，降低了土壤有效养分含量和植物对养分的利用。土壤淹水会造成通气不良，黏重土和下层具有横生板岩或白干土时也会造成土壤通气不良。

各种植物对土壤通气条件要求不同，可生长在低洼水沼地的越橘、池杉忍耐力最强，而生长在平原和山上的桃、李等对缺氧反应最敏感。

4. 土壤水分

矿质营养物质只能在有水的情况下才被溶解和利用，所以土壤水分是提高土壤肥力的重要因素，肥水是不可分的。一般树木根系生长的土壤含水量约等于土壤最大田间持水量为 60%～80%。当土壤含水量降至某一限度时，即使温度和其他因子都适宜，根系生活也会受到破坏，植物体内水分平衡将被打破。通常落叶树在土壤含水量为 5%～12% 时叶片凋萎（葡萄 5%、桃 7%、梨 9%、柿 12%）。干旱时土壤溶液浓度增高，根系非但不能正常吸水反而产生外渗现象，所以施肥后强调立即灌水以维持正常的土壤溶液浓度。据研究，根在干旱状态下受害，远比地上部分出现萎蔫要早，即植物根系对干旱的抵抗能力要比叶片低得多。但轻微的干旱对根系的生长发育有好处，轻微干旱可以改变土壤通气条件，抑制地上部分生长，使较多的养分优先供于根群生长，促发大量新根形成，从而有效利用土壤水分和矿质，提高根系和植物的耐旱能力。在园林植物栽培中，常常采用"蹲苗"的方法促使植物发根，提高抗旱能力。土壤水分过多，会使根系通气状况恶化，造成缺氧，同时水分过多，会产生硫化氢、甲烷等有害气体，毒害根系。

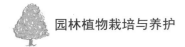

5. 土壤肥力

土壤肥力是指土壤能及时满足植物对水、肥、气、热等要求的能力，它是土壤理化和生物特性的综合反映。植物的根系总是向着肥多的地方生长，即趋肥性。在土壤肥沃或在施肥条件下，根系发达，细根多而密，生长活动时间长。相反，在瘠薄的土壤中，根系生长瘦弱，细根稀少，生长时间较短。因而，施用肥料可以促进植物的生长发育。

三、其他环境因子与园林植物

1. 城市环境

城市人口密集，工业设施及建筑物集中，道路密布，使得城市生态环境不同于自然环境。

城市光照：总的说来，城市接收的总太阳辐射少于乡村，这是因为大气中的污染物浓度增加，大气透明度降低，致使所接受的太阳直接辐射明显减少。但因为城市环境中铺装表面的比例大，导致下垫面的反射率大而增加了反射辐射，因此实际上与周围农村相比差异并不明显。另外城市环境的人工光照，如大型公共性建筑照明、城市雕塑照明、城市街道照明、喷泉照明等城市夜景照明会延长光照时数，因而可能打破树木正常的生长和休眠，导致树木生长期延长，不利落叶树种安全过冬等。另外，大面积的玻璃幕墙对光的强反射产生的眩光也会造成光污染，对植物的生长会产生一定的影响。

热岛效应：城市内人口和工业设施集中，产生大量热量，建筑物表面、道路路面在白天阳光下大量吸收太阳热能，到晚上又大量散热，同时由于工业产生的二氧化碳和尘埃在城市上空聚集形成阻隔层，阻碍热量的散发，使城市气温明显高于农村。据调查，城市年平均气温要比周围郊区高 $0.5 \sim 1.5℃$。

由于城市气温要高于自然环境，春天来得早，秋天去得晚，因此无霜期延长，极端气温趋向缓和。但这些有利于植物生长的因素往往会因为温度过高、湿度降低而变成不利因素。炎热的夏天，由于热岛效应，气温升高而影响植物生长。另外，由于昼夜温差缩小，夜间呼吸作用旺盛，大量消耗养分，影响养分积累。冬季由于缺乏低温锻炼时间，又因高层建筑的"穿堂风"，容易引起树木枝干局部受冻，给树种选择带来一定的困难。

城市土壤：城市土壤通过深挖、回填、混合、压实等各种人类活动的影响，其物理、化学和生物学特性都与自然状态下的土壤有较大的差异。市政施工、人类碾踏，造成土壤板结，通透性不良，减少了土壤的空隙度，土壤含氧量减少，影响树木根系的生长。

另外，由于市政建设、工业和生活污染，大量的建筑垃圾、有害废水和残羹剩汤排入土壤，使得土壤成分变得十分复杂，含盐量增高，造成对植物的毒害。同时，因土壤被污染，结构被破坏，土壤微生物活动受影响，土壤肥力逐渐下降，使一些适应性、抗逆性差的树种生长受损，甚至死亡。

　　2. 地形地势

　　公园的地形地势比较复杂，特别是山地公园。海拔高度、坡向、坡度的变化会引起光照、温度、水分及养分的重新分配。

　　海拔高度影响温度、湿度和光照。一般海拔每升高 100m，气温降低 0.6℃。在一定范围内，降雨量也随海拔的增高而增加。另外，海拔升高则日照增强，紫外线含量增加，故高山植物生长周期短，植株矮小，但花色艳丽。

　　坡度和坡向会造成大气条件下水分和热量的再分配，形成不同类型的小气候环境。通常阳坡日照长，气温和土温较高，但蒸发量大，大气和土壤干燥。阴坡日照时间短，接受的辐射热少，气温和土温较低，因而较湿润。因此，在不同的地形地势下配置植物时，应充分考虑因地形地势造成的温度、湿度上的差异，同时结合植物的生态特性，合理地配置植物。在北方，由于降水量少，所以土壤的水分状况对植物生长影响极大，因而在北坡可以生长乔木，植被繁茂，甚至一些喜光树种亦生于阴坡或半阴坡；在南坡由于水分状况差，所以仅能生长一些耐旱的灌木和草本植物，但是在雨量充沛的南方阳坡的植被则就非常繁茂了。此外，不同的坡向对植物冻害、旱害等亦有很大的影响。

第二章 园林苗圃的建立

　　苗圃是生产苗木的基地，是园林绿化建设中不可缺少的重要组成部分。苗圃的建立应根据城乡用苗量的多少来确定发展规模，建立具有高水准、能培育优质苗木的苗圃。另外，培育大量的新、奇、特苗木也是满足人们绿化、美化生活的基础性建设的要求，是确保城乡绿化质量的重要条件之一。

　　园林苗圃一般可以分为固定苗圃和临时苗圃，其中以固定苗圃为主，其优点是经营时间长，面积较大，生产的苗木种类也比较多，能够集约经营，充分利用投资和先进的生产技术，便于机械化作业等。通过本章的学习，学生能够掌握园林苗圃位置的选择条件和用地面积的计算，掌握园林苗圃的区划方法，能够运用园林苗圃建立的理论知识进行苗圃的施工与管理。

第一节　园林苗圃用地的选择

一、园林苗圃的概念与功能、类型与分布

（一）园林苗圃的概念与功能

　　狭义的园林苗圃是指为了满足城镇园林绿化建设的需要专门繁殖和培育各类园林苗木的场所。但是，随着城镇园林绿化水平的不断提高，人们越来越注重植物造景，提倡树、花、草结合，乔、灌、草结合，因此，广义的园林苗圃是指生产各种园林绿化植物材料的基地，即以园林树木繁育为主，同时包括城市景观花卉、草坪及地被植物的生产，并从传统的露地生产和手工操作方式迅速向设施化、智能化方向过渡，从而成为园林植物工厂。园林苗圃又是园林植物新品种引进、选育、繁殖的重要场所，同时，园林苗圃本身也是城市绿化系统的一部分，具有公园功能。另外，园林苗圃还兼有科研教学、辐射示范等功能。它的任务是运用较先进的技术、良好的生产设施和完善的

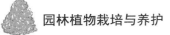

经营管理体制，在较短的时间内以较低的生产成本，通过引进、选育、快繁等手段迅速培育出各种类型的园林绿化苗木，以满足市场的需要，取得明显的经济效益和社会效益。

（二）园林苗圃的类型与布局

1.类型

按面积分：分为大型苗圃（面积20hm^{2}以上）、中型苗圃（面积3～20hm^2）和小型苗圃（面积3hm^{2}以下）。

按育苗种类分：分为专类苗圃和综合苗圃。专类苗圃一般面积较小，生产苗木种类比较单一。综合苗圃多为大、中型苗圃，生产的苗木种类齐全，规格多样，设施先进，管理水平高，技术力量强，往往将引进试验和开发工作纳入其中。

按苗圃所在位置分：分为城市苗圃和乡村苗圃。

按经营期限分：分为固定苗圃和临时苗圃。固定苗圃的使用年限通常在10年以上，面积较大，生产的苗木种类多，机械化程度高，设施先进。临时苗圃通常在接受大批量育苗订单时需要扩大育苗生产用地时临时设置的苗圃。

根据苗圃的经营项目分：分为林业苗圃、果树苗圃、花圃、道路绿化苗圃、特大苗苗圃、珍稀种苗苗圃等类型。

2.分布

城市规划的园林苗圃应分布在城市周围，可就近供苗，缩短运输距离，提高苗木适应性，减少运输及培育费用。其数量、面积和布局也要根据市场的情况来确定，兼顾周边城市及苗木基地的规模，同时还要结合苗木市场的需求来规划和设计。无论什么性质的苗圃，在规划设计时都要有充分的论证，以及可靠的技术保证，并符合当地社会、经济发展需要。

二、影响园林苗圃用地的因素

（一）自然条件

1.地形、地势及坡向

在地形起伏较大的地区，不同的坡向直接影响光照、湿度、水分和土层的厚薄，从而影响苗木的生长。一般南坡光强、受光时间长、温度高、湿度小、昼夜温差大，北坡与南坡相反。而东、西坡则介于二者之间，但东坡在日出前至中午较短时间内温度变化很大，对苗木生长不利，西坡则因冬季多西北风，易受寒流的影响。

2.土壤条件

苗圃土壤条件十分重要，因为种子发芽、愈伤组织生根和苗木生长发育所需要的水分、养分主要是由土壤供应的，同时土壤是苗木根系生长发育的场所，土壤结构和质地，对土壤中水分、养分和空气状况影响很大。

土壤质地更为重要，过分黏重的土壤排水、通气不良，雨后泥泞，易结板，干旱时易龟裂，土壤耕作困难，不利于根系生长。过于沙质的土壤，太疏松，肥力低，持水力差，夏季土表温度高，易灼伤幼苗，而且不易带土球移植。

土壤的酸碱度对苗木生长也有较大影响。其中盐碱地及过酸性土壤，也不宜选作苗圃。

3.水源及地下水位

水是园林植物生长的生命线，苗木在生长发育过程中必须有充足的水分供应。因此水源是苗圃选址的重要条件之一。

4.病虫草害

园林苗木用于城市绿化，对病虫害的检疫较严格，在育苗过程中，往往会因病虫害造成很大损失。在进行苗圃选址时应重点调查病虫害发生情况，了解当地病虫害发生历史及现状。圃地杂草的种类及发生规律也是苗圃地选择的一个考核指标，尤其对入侵性杂草，更要严格检查。

5.地上物

圃地原有的地上建筑物、栽植作物、花草树木、道路桥梁、高架线缆、地理电缆等，对圃地的日后生产作业都会产生影响。

（二）经营条件

园林苗圃所处地理位置的经济经营状况，直接关系到苗圃业务的开展和管理水平。经营条件就是经营环境，主要指圃地附近的交通、水电、人力、空气质量、市场等条件。园林苗圃许多工作是季节性劳动，密集型操作，需要周边有来源相对稳定的临时工人。苗圃周边的厂矿企业对苗圃有重大影响，要远离厂矿排出物对苗木产生危害的区域。苗圃营销是当今苗圃经济效益非常重要的策略，靠近传统的苗木市场，或苗圃自身的一部分就是市场，对今后的经营有利。

总之，上述苗圃地条件是在一定条件下应考虑的各个基本因素，对个别地区和特殊情况应作具体分析，对不利因素采取适当措施，加强预防和治理，从而达到比较理想的效果。

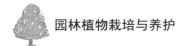

三、苗圃用地面积的计算

为了合理利用土地，保证征收土地、苗圃计划和建设等具体工作的进行，对苗圃面积必须进行正确的计算，以便于进一步确定苗圃的位置和具体面积。苗圃的总面积包括生产用地和辅助用地两部分。

（一）生产用地面积计算

生产用地是指直接用来生产苗木的土地，通常包括播种区、营养繁殖区、移植区、大苗区、母树区、实验区以及轮作休闲等地。生产用地一般占苗圃总面积的 75%～85%，大型苗圃生产用地所占比例较大，通常在 80% 以上。随着苗圃面积缩小，由于必需的辅助用地不可减少，所以生产用地比例一般会相应下降。计算其面积，主要依据计划培育苗木的种类、数量、规格、要求，结合出圃年限、育苗方式以及轮作等因素，例如如果确定单位面积的产量，可按下面公式进行计算：

$$X = \frac{(U \times A)}{N} \times \frac{B}{C}$$

式中：X——该种园林植物育苗所需面积；

U——该种园林植物计划年产量；

A——该种园林植物的培育年限；

N——该种园林植物单位面积产苗量；

B——轮作区的总区数；

C——该树种每年育苗所占的轮作区数。

某树种在各育苗区所占面积之和，即为各该种园林植物所需的用地面积，各种园林植物所需用地面积总和加休闲地面积就是全苗圃生产用地的总面积。

对于一个苗圃而言，每年都有新繁殖的苗木，出圃的苗木。一般来说每年出圃留下的空地和新繁殖或新移植苗木的面积应相等，这样不至于造成培育出的苗木没有地方移栽。移苗过多要提前采取处理措施，以防在大树或小苗行间进行种植，复种指数过大，苗木生长互相影响，苗木质量降低，出售困难。

（二）辅助用地面积计算

辅助用地，是指非直接用于育苗生产的防护林、道路系统、排灌系统、堆料场、苗木假植以及管理区建筑等用地，辅助用地面积即是这些面积的总和。苗木辅助用地面积不超过苗圃总面积的 20%～25%，一般大型苗圃的辅助用地为总面积的 15% ～ 20%，中小型苗圃占 18% ～ 25%。

四、计算苗圃用地

实际生产上，在抚育、起苗、贮藏等工序中，苗木都将受到一定损失，故每年的产苗量应适当增加。一般需要比理论增加 3% ～ 5% 的土地面积，即在计算面积时应留有余地。

（一）选择地形

苗圃地应根据当地具体的自然条件和园林苗木的种类特征以及栽培设施的应用程度，因地制宜地确定苗圃地的最适宜坡向。园林苗圃应尽量选择背风向阳、排水良好、地势较高、地形平坦的开阔地带。坡度一般以 1°～ 3° 为宜，坡度过大，易造成水土流失，降低土壤肥力，不便于机械化作业，坡度过小不利于排除雨水，容易造成溃害。具体坡度因地区、土质不同而异，一般在南方多雨地区坡度可适当加到 3°～ 5°，以便于排水，而北方少雨地区，坡度则可小一些。在较黏重的土壤上，坡度宜适当大些，在沙性土壤上，坡度宜小一些。在坡度较大的山地育苗，应修筑梯田。尤其注意，积水洼地、重度盐碱地、峡谷风口等地不宜被选作苗圃地。

（二）选择土壤

选择团粒结构的土壤，通气性和透水性良好，温度条件适中，有利于土壤微生物的活动和有机物的分解。多数苗木适宜生长在具有一定沙质的壤土或轻黏质壤土中，还应注意土壤厚度、结构和肥力等状况。一般树种以中性、微酸或微碱性为宜，如红松、马尾松、茶树、樟树、杜鹃等喜酸性土壤，侧柏、柽柳、刺槐、白榆等耐轻度盐碱。一般针叶树种要求土壤 pH 值为 5.0 ～ 6.5，阔叶树种要求 pH 值为 6.0 ～ 8.0。

选择苗圃地时要注意地下害虫及周边植物与苗圃树种间的寄宿病害，如蛴螬、地老虎等主要地下害虫和立枯病、根瘤病等菌类感染程度。附近树木病虫危害严重的地方，应在建立苗圃前采取有效措施，加以根除，以防病虫继续扩展和蔓延，否则不易被选作苗圃地。

（三）选择位置

苗圃位置最好选择在江、河、湖、水库等天然水源附近，以利于引水灌溉，同时也利于使用喷灌、滴灌等现代化灌溉技术。而且这些天然水源水质好，有利于苗木生长。若无天然水源或水源不足，则应选择地下水源充足、可打井提水灌溉的地方作为苗圃，并应注意两个问题：其一，地下水位情况。地下水位过高，土壤的通透性差，苗木根系生长不良，地上部分易发生贪青徒长，秋季易受冻害，且在多雨时易造成涝灾，干旱时易发生盐渍化；地下水位过低时，土壤易干旱，需增加灌溉次数及灌水量，提高了育苗成本。实践证明，在一般情况下，适宜的地下水位沙土为 1～1.5m，沙壤土为 2.5m 左右，黏性土壤为 4m 左右。其二，水质问题。苗圃灌溉用水其水质要求为淡水，水中含盐量不超过 0.1%，最高不得超过 0.15%，水中有淡水小鱼虾，即适合作灌溉水的圃地位置应选择靠近公路、铁路车站、机场、港口等便利运输场所，利于人员物资运输。园林苗圃越来越依赖自动化的设施设备，需要持续不断的电力供应、水源保证，因此苗圃建立要考虑水电的成本。适度靠近居民点，或在城市近郊，这有利于临时雇工。除了体力劳动者外，也需要科研院所技术人员的帮助指导，解决生产中遇到的技术难题。另外，尽量减少地上物的存在，在圃地平整前要进行地上物的清理及保护。

第二节　园林苗圃的规划设计

一、苗圃地稽查检测及区划

圃地选址确定后，规划设计人员应到圃地现场了解用地历史及人口现状，勘测地形地势，进行土壤调查取样、水文测定、病虫害调查、现有建筑及地上物调查等。

在踏查基础上进行细致测量、随机取样，绘制圃地地形图，CAD 平面图，将圃地上各种地上及踏查信息标注到准确位置。

苗圃区划应根据苗圃的功能及自然地理情况，以有利于充分利用土地，方便生产管理、利于苗木生长、利于提高工作效率及经济效益为原则。苗圃区划常规分为生产区和辅助区，通常生产用地面积不少于苗圃总面积的 80%，在保证管理需要的前提下，尽量增加生产区的面积，提高苗圃的生产能力。

二、苗圃用地规划设计原则

（一）生产用地

生产用地是苗圃中进行育苗的可耕作区域，即育苗区。其内设立各个作业区，也称作耕作区。

耕作区是指耕作方式相同的作业区，作业区是进行苗圃育苗生产的基本单位。

作业区的长度由机械化程度而定，完全机械化的以 200～300m 为宜，畜耕者以 50～100m 为宜。作业区宽度依苗圃地的土壤质地和地形是否有利于排水而定，排水良好者可宽些，排水不良时要窄一些，一般宽 40～100m。小型苗圃的耕作区可适当缩小。

作业区的方向应根据圃地的地形、地势、坡向、主风方向和圃地形状等因素综合考虑，一般情况下，作业区的长边采取南北方向，在这种情况下苗木受光均匀，对生长有利。在坡度较大时，作业区的长应与等高线平行。

（二）育苗区的设置

1. 展览区

展览区是苗圃地中最有特色的生产小区，多设在办公室和温室附近，通过展览区苗木的生长情况，有目的、有重点地向参观者和客商展示本苗圃的生产经营水平和产品特色。因此，展览区内所培育的苗木应是本苗圃的特色品种或引进和自育成功的新品种，展览区内的苗木管理应特别精细，生长苗壮，无病虫害。

2. 播种区

本区是培养播种苗的区域，播种繁殖是整个育苗工作的基础和关键。实生幼苗对不良环境对抗能力弱，对土壤质地、肥力和水分条件要求高，管理要求精细。所以，播种区应选全圃自然条件和经营条件最好的地段，并优先满足其对人力、物力的要求。具体应设在地势较高而平坦、坡度小于 2°、接近水源、排灌方便、土质优良、土层深厚、土壤肥沃、背风向阳、便于防霜冻、管理方便的区域，最好靠近管理区。如果是坡地，要选择最好的坡段、坡向。草本花卉播种还可采用大棚设施和育苗盘进行育苗。

3. 营养繁殖区

该区是培育扦插、压条苗和嫁接苗的区域。在选择这一作业区时，与播种区的条件要求基本相同。应设在土层深厚、地下水位较高、灌排方便的地方，扦插苗区不像播种区那样要求严格，可适当用较低洼的地方，具体要求还要依营养繁殖的种类、育苗设施的不同而有所差异。珍贵树种扦插和进行嫩枝扦插、冬季扦插的靠近管理区，在大棚和温室内进行较好。而易成活的杨、柳类的扦插繁殖区，可利用比较低洼的地块或零星的土块，条件要求不必过高。

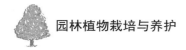

4. 移植区

移植区又称为小苗区，是培育各种移植苗的作业区，占育苗面积的10%～15%。当由播种区和营养繁殖区中繁育出来的苗木需进一步培养成较大的苗木时，便移入移植区中进行培养。

依苗木规格要求和生长速度的不同，往往每隔2～3年移植一次，逐渐扩大株行距，增加苗木营养面积。由于移植区占地面积较大，一般设在土壤条件中等、地块大而整齐的地方。同时依苗木的不同生态习性，进行合理安排。如杨柳类应设在低洼水湿的区域。松柏类等常绿树应设在较干燥而土壤深厚的地方。低矮而且较小的花灌木可移植在较干燥而土层深厚、土壤条件较好的地方，以利带土球出圃，最好靠近管理区。相对较大的苗木，培养时间又长，可移植在土壤相对较差地区和远离管理区，一般在苗圃的外围。苗木的大小安排应本着由管理区开始向外逐步增大增高的原则，形成梯式分布。最高最大的苗木培养可安排在外围。

5. 大苗区

该区是培养植株的体型、苗龄均较大并经过整形的各类大规格苗木的作业区。

在本育苗区继续培养的苗木，通常在移植区内进行过一次或多次的移植，在大苗区培养的苗木出圃前不再进行移植，且培育年限较长。大苗区的特点是株行距大，占地面积大，培育出的苗木大、规格高、根系发育完全，可以直接用于园林绿化建设，以满足绿化建设的特殊需要，如树冠形态、干高、干粗等高标准大苗，利于加速城市绿化效果和保证重点绿化工程的提早完成。目前，为达到迅速绿化的效果，城市绿化对大规格苗木需求不断增加。大苗区一般选在土层较厚、地下水位较低、地块整齐、运输方便的区域。在树种配置时，需注意不同树种的生态习性要求，在作业区内合理栽植。为了提高移苗成活率，宜采用可拆盆栽培技术等。为了出圃时运输方便，最好设在靠近苗圃的主干道或在大苗区靠近出口处建立苗木假植区和发苗站，以利于苗木出圃。为了起苗包装操作方便，应尽可能加大一点株行距，以防起苗时影响其他不出圃苗木的生长。

6. 引种驯化区

本区用于栽植从外地引进的园林植物新品种，目的是观察其生长、繁殖、栽培情况，从中选育出适合本地区栽培的新品种，进而做进一步推广。该区在现代园林苗圃建设中占有重要地位，应给予足够重视。该区对土壤、水源等条件要求严格，需要配备专业人员进行管理。此区可单独设立试验区或引种区，或二者相结合，引种驯化区应安排在环境条件最好的地区，应靠近管理区便于观察、研究、记录。

7. 母树区

在永久性苗圃中，为了获得优良的种子、插条、接穗等繁殖材料，园林苗圃应设立能用于采种、采条的母树区。本区占地面积小，可利用零散地块满足相应需求，但本区要土壤深厚、肥沃，有较低的地下水位，本区对栽培条件、管理水平等要求较高，目前，有些园林苗圃采用与周边农民签订合同的方式，特约繁殖母种。另外，有些乡土树种还可以种植在苗圃，作为防护林带或在办公区的院内栽植。

8. 温室和大棚区

温室和大棚区是保护地育苗和设施栽培的区域，需要较大的投资，而且也具有较高的生产率和经济效益。在北方可一年四季进行育苗。在南方则可提高育苗的质量，来生产独特的苗木产品。此区内应有组培室，利用组织培养来提高繁殖系数，培育无病害的苗木。该区要选择在距离管理区较近，土壤条件好，地势高，排水好的地区。

9. 其他区

为了生产管理方便，按苗木的种类、用途划分，可设立标本区、果苗区、宿根花卉区、针叶区、阔叶区、花卉区等。

（三）辅助用地的设计标准

苗圃的辅助用地（或称非生产用地）主要包括道路系统、排灌系统、防护林带及管理区建筑用地等。这些用地都是直接为苗木生产服务的，既要能满足生产的需要，又要设计合理，减少用地。辅助用地占总面积的20%～25%。

1. 道路系统设计

苗圃中的道路是连接各作业区之间及各作业区与管理之间的纽带。道路系统的设置及宽度，应以保证车辆、机具和设备的正常通行，便于生产和运输为原则，并与排灌系统和防护林带相结合。苗圃道路通常设一、二、三级道路和环路。在进行设计时，要在交通方便的地方决定出入口。

一级路（主干道），应设在苗圃的中心线上，与出入口、建筑群相连，多以办公室、管理处为中心。这是苗圃内部对外联系的主要道路，可以设置一条或两条相互垂直的主干道，路宽6～8m，要求汽车可以对开，其标高应高于作业区20cm。

二级路，通常与主干道垂直，与各作业区相连，其宽度为 4～6m，其标高应高于作业区 10cm。

三级路，是沟通各作业区的作业路，宽为 2m。

环路，一般是在大型苗圃中，在车辆、机具等机械回转方便的前提下，尽量做到少占用土地。中小型苗圃可以考虑不设二级路，但主道不可过窄。一般苗圃中道路的占地面积不应超过苗圃总面积的 7%～10%。

2. 灌溉系统设置

园林苗圃必须有完善的灌溉系统，以保证水分对苗木的充分供应。排灌系统主要包括水源、提水设备和引水设施三部分。

水源。主要包括地面水和地下水两类。地面水指河流、湖泊、池塘、水库等，以无污染又自流的地面水灌溉最为理想，因为地面水温度较高，与作业区土温相近，水质较好，而且含有部分养分，对苗木生长有利。地下水指泉水、井水，其水温较低，最好建蓄水池存水，以提高水温。在条件允许的情况下，水井应设在地势较高的地方，以便于地下水提到地面后进行自流灌溉，同时水井设置要均匀分布在苗圃各区，以便缩短引水和送水的距离。

提水设备。目前多用提水工作效率高的水泵。水泵规格的大小应根据土地面积和用水量的大小确定。如安装喷灌设备要用 5KW 以上的高压潜水泵提水。

引水设施。有地面明渠引水和暗管引水两种形式。

明渠引水：土筑明渠沿用已久，其占地多、渗漏量大、水流速度慢、蒸发量大、易冲垮，须注意经常维修，但修建简便，投资少，建造容易，目前有的地方仍在使用。为了提高流速、减少渗漏，现多在明渠上加以改进，在水渠的沟底两侧加设水泥板或作出水泥槽。也有一些苗圃采用瓦管、竹管、木槽等管道送水，水流速度快，节省水。

明渠引水渠道一般分为三级：一级渠道（主渠）是把水由水源直接引出的渠道，是永久性的，主渠一般顶宽为 1.5～2.5m。二级渠道（支渠）是把水由主渠引向各作业区的渠道，通常也是永久性的，顶宽为 1～1.5m。三级渠道（毛渠）是临时性的小水渠，一般宽度在 1m 左右。主渠和支渠是用来引水和送水的，水槽底应高于地面，毛渠则直接向圃地灌溉，不宜设置过高，一般底部不应超出地面，以免冲刷量更大，把泥沙冲入床中，埋没幼苗。各级渠道的设置应与各级道路相配合，使苗圃区划整齐。渠道方向与作业区方向一致，且各级渠道常成垂直设计，即支渠与主渠垂直，毛渠与支渠垂直，同时毛渠又与苗木栽植行垂直，以利灌溉。灌溉的渠道还应有一定的坡降，以保证一定的水流速度，但坡度也不宜过大，否则易出现冲刷现象。一般渠道的坡降应保持在 1/1000 ～ 4/1000 之间，土质黏重的地段坡度应大些，但不超过 7/1000，水渠坡边一般采用 45° 为宜。较黏重的土壤可增大坡度。在地形变化较大、落差过大的地方应设跌水构筑物，通过排水沟或道路时可设渡槽或虹吸管。

暗管引水：主管和支管均埋于地下，其深度以不影响机械作业为度，阀口设于低端以方便使用。用高压水泵直接将水送入管道或先将水压入水池或水塔再流入管道。出水口可直接灌溉，也可安装喷灌机。喷灌和滴灌是使用管道进行灌溉的两种比较先进的灌溉方式。喷灌是最近 20 多年来发展较快的一种灌溉方式，利用机械把水喷射于空中形成细小雾状水滴，进行灌溉。滴灌是一种新的灌溉技术，它是使用细小的滴头逐渐渗入土壤中进行灌溉。这两种方法基本上不产生深层渗漏和地表径流，一般可省水 20% ～ 40%，少占耕地，提高土壤利用率，保持水土，且土壤不易板结。可结合施肥、喷药、防治病虫等抚育措施，节省劳力。同时可调节小气候，增加空气湿度，以利于苗木的生长和增产。但喷灌、滴灌投资较大，喷灌还常受风的影响。管道灌溉近年来在国内外均发展较快，建圃在有条件的情况下，应尽量采用管道灌溉方式。

3. 排水系统的设置

排水系统对于地势低、地下水位高及降水量多而且集中的地区非常重要。排水系统主要由大小不同的排水沟构成，排水沟常分为明沟和暗沟两种，目前多采用明沟排水。

排水沟的宽度、深度、位置根据苗圃圃地的地形、土质、雨量、出水口的位置等因素综合决定，并且保证雨后尽快排除积水，同时要尽量占用较少的土地。排水沟的边坡与灌水渠的角度相同，但落差应大些，一般大排水沟应设在苗圃最低处，直接通入河、湖或市区排水系统，中小排水沟通常设在路边，作业区的小排水沟与小区步道相结合。在地形、坡向一致时，排水沟和灌溉渠往往各居道路一侧，形成沟、路、渠并列，这是比较合理的设置，既利于排灌，又区划整齐。排水沟与路、渠相交处应设涵洞或桥梁。大排水沟一般宽 1m 以上，深 0.5 ～ 1m，作业区内小排水沟宽 0.3 ～ 1m，深 0.3 ～ 0.6m。有的苗圃为防止外水进入，并排出内水，通常在苗圃四周设置较深而宽的截水沟，以起到防止外水入侵、排出内水和防止小动物及虫害侵入的作用，效果较好。排水系统占地一般为苗圃总面积的 1% ～ 5%。

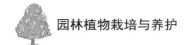

4. 防护林带的设置

为了避免苗木遭受风沙危害，降低风速，减少地面蒸发和苗木蒸腾，创造良好的小气候条件和适宜的生态环境，苗圃应设置防护林带。防护林带的设置规格，应由苗圃面积的大小、风害的严重程度决定。一般小型苗圃设一条与主风方向垂直的防护林带，中型苗圃在四周设防护林带，大型苗圃不仅在四周设防护林带，而且在圃内结合道路、沟渠，设置与主风方向垂直的辅助林带。如有偏角，不应超过30%，一般防护林带范围为树高的15～20倍。

林带结构以乔木、灌木混交的疏通方式为宜，既可降低风速，又不会因过分紧密而形成回流。林带宽度和密度依苗圃面积、气候条件、土壤和树种特性而定，一般主林带宽8～10m，株距1～1.5m，行距1.5～2m，辅助林带由2～4行乔木组成，株行距根据树木品种而定。林带的树种选择应尽量就地取材，选用当地适用性强、生长迅速、树冠高大、寿命较长的乡土树种，同时注意速生与慢生、常绿与落叶、乔木与灌木、寿命长与寿命短的树种结合，亦可结合采种、采穗母树和有一定经济价值的树种如建材、筐材、蜜源、油料、绿肥等，以增加收益，便于生产。注意不要选用苗木病虫害中间寄生的树种和病虫害严重的树种。为了加强圃地的防护，防止人们穿行和畜类蹿入，可在林带外围种植带刺的或萌芽力强的灌木，减少对苗木的危害。苗圃中防护林带的占地面积为苗圃总面积的5%～10%。

近年来，在国外为了节省用地和劳力，已有部分地区用塑料制成的防风网进行防风。其特点是占地少而耐用，但投资多，因而在我国少有采用。

5. 管理建筑区的设置

该区包括房屋和苗圃内场院两部分。前者指办公室、食堂、宿舍、仓库、种子贮藏室、畜舍、工具房、车棚等，后者指集散地、假植场、积肥场、晒场、运动场等。苗圃的管理建筑区应设在交通方便、地势高燥、接近水源的地方或不适合育苗的地方。大型苗圃的建筑群最好设在苗圃的中心，以方便整个苗圃的经营管理。积肥场、畜舍、猪圈要放在比较隐蔽和便于运输的地方。本区的占地面积为苗圃总面积的1%～2%。

三、苗圃用地规划实践

（一）苗圃地的调查

1. 踏查

由设计人员会同施工和经营人员到已确定的苗圃地范围内进行实地踏勘

和调查访问，了解苗圃地的现状、历史、地势、土壤、植被、水源、交通、病虫害、草害、有害动物、周围环境、自然树的情况等，提出苗圃建设的各项初步意见。

2. 测绘地形图

地形图是苗圃进行规划设计的依据。比例尺一般要求为 1/500～1/1000，等高距为 20～50cm，与设计直接有关的山、河、路、桥、房等都应给出，对土壤状况及病虫害分布情况也应重点标出。

3. 土壤调查

根据苗圃地的自然地形、地势及指示植物的分布，选定典型地带，挖取土壤剖面，观察和记载土壤厚度、机械组成、酸碱度、地下水位等，在必要时可分层采样进行分析，弄清苗圃地内土壤的种类、肥力分布状况和土壤改良的途径，并在地形图上绘出土壤分布图，以便于使用土地。

4. 病虫害调查

主要调查苗圃地内的土壤地下害虫，如金龟子、地老虎、蝼蛄以及有害鼠类等。一般采用抽样法，每公顷挖样方土坑 10 个，坑长、宽各为 50cm，深 40cm，统计害虫数目、种类，并通过苗圃地周围树木和作物的受害情况，了解病虫害的发生程度并提出防治措施。

5. 气象资料的收集

向当地的气象台或气象站了解有关气象资料。如早霜期、晚霜终止期、全年及各月平均气温、绝对最高和最低气温、土表最高温度、冻土层深度、年降水量及各月分布情况、最大一次降雨量及降雨历时数、空气相对湿度、主风方向、风力等。此外，还应了解苗圃地周围的特殊小气候情况。

（二）苗圃的区别

苗圃地确定后，为了合理布局，充分利用土地，便于生产管理，必须进行区划。首先对苗圃面积进行测量，绘出 1/500～1/1000 平面图，并注明地形、水文、土壤等情况，作为区划工作的依据，然后根据生产任务、各类苗木的培养特点、树种特性和圃地的自然条件，进行区划和规划设计。

（三）绘制苗圃设计图、编写说明书

1. 绘制苗圃设计图

在绘制设计图时，要明确苗圃的具体位置、圃界、面积、育苗任务、苗木供应范围，还要了解育苗的种类、数量和出圃规格，确定苗圃的生产和灌

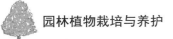

溉方式，必要的建筑和设施设备的设置方式，苗圃工作人员的编制。同时应具有建圃任务书，并收集有关的图面材料，如地形图、平面图、土壤图、植被分布图，调查有关的自然条件、经营条件以及气象资料和其他有关资料等。

根据前期进行的细致勘测调查，在规划原则的指导下，把各类用地的具体位置标注在设计图上，为施工建设及日后管理提供依据。规划设计图要确定适宜比例尺，对各类用地标名或小区编号，设计图例，尤其对道路、排灌系统、电源、通讯、水源、珍稀品种区域、重点建筑等作出明显标志。

2. 编写设计说明书

说明书是对规划设计图的文字说明和解释，也包括圃地自然及经营条件、设计的依据及规划目标、各类用地的规划及面积计算，以及各类用地的具体设计思路和设计方案，最后做出建立苗圃的投资预算。

（1）前言

阐述苗圃的性质和任务，培育苗木的目的和意义，苗木的特点和要求。

（2）设计依据及原则

建立苗圃的任务书，设计苗圃时的各类资料，与苗圃生产有关的各项规定，为完成育苗任务，将达到的预期目标等。

（3）苗圃地的基本情况

包括苗圃的地理位置、经营条件、自然条件、有关的历史栽培资料，以及附近苗圃的生产状况。

（4）苗圃面积计算

根据苗圃育苗任务目标，分树种进行面积计算。

（5）苗圃地的区划

根据苗圃各类育苗任务的规模，将播种区、营养繁殖区、移植区、大苗区、母树区、引种试验区、温室大棚区、办公区、道路系统、排灌系统、机具仓库、堆肥场、防护林带等功能区域，按比例准确落实到圃地范围内。

（6）育苗技术设计

根据育苗规程，把主要树种的育苗技术措施细致列出。包括整地、改土、施肥、种子准备、种子催芽、播种时期、播种方法、苗期管理、除草松土、病虫防治、浇水排涝、起苗假植、越冬防寒等。

（7）苗圃建立经费概算及投资计划

根据现有的基础设施和设计建造的任务，分项计算所需经费数额，进一步计算育苗的各项直接费用，机具费用，人力、动力、畜力费用，水、电、交通运输、管理费用，最后汇总，核算建立总费用。另外，从苗圃的生态功能、社会功能、经济功能三方面进行评估，明确苗圃建立的投资与回报率。

第三节　园林苗圃的施工

一、园林苗圃施工准备

（一）人员和工具准备

根据规划设计要求，做好现场施工前的人员、机械、车辆、设备、工具等准备工作。施工前要到现场再做一次踏勘，确定工具用品的规格数量，评价施工难度，制定施工具体方案。大型苗圃要设立施工指挥部，下设几个职能工作组，分管定点放线、地形整理、道路管网、水电引入、档案管理、后勤保障等工作。

（二）定点放线

在认真研究规划设计图的基础上，到现场选择标准水准点或参照物，由此点导引定点放线。先确定苗圃边界，将拐角边线明确标出，再确定主干道、二级、三级路的边界及中心线，根据设计要求，把水源点、管线、建筑位置、小苗区、电力设施等关键部位在圃地上定点标出。根据现场实测情况，对于一些设计内容可以做出调整，调整后要在设计图上做好标记。

（三）地形整理

园林圃地一般都要进行土地平整，根据生产需要，进行地形测量后做出平整规划，坡度小的地块可在道路水渠完成后结合翻耕进行整理，尽量不破坏表层土壤。坡度较大的地块应先整地再修路挖渠，部分地块需要做梯田处理。对于局部凸高或低洼地块，采取挖低或填高措施，深坑填平后要进行灌水夯实，再做表层处理。

二、园林苗圃施工

（一）水、电、通讯引入

建圃施工的水、电、通讯都是必不可少的，因此应先做好这三项工作的安排，落实规模、地点，与其他过程配合开展。根据苗圃规模确定电力总瓦数，与相关部门沟通联系，确定接入位置和方式。水的来源确定后，做好水质、水量、水源稳定性的调查，确定引入方式和地点，做好接入的相关安排。大型苗圃应有自己固定的通信系统，便于内外部联系，小型苗圃可采用移动

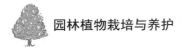
通讯或无线对讲系统。

（二）办公及生产设施建筑

园林苗圃办公用房应坚持节约用地的原则，通常选择主要路口附近或土质较差的地块做办公用地。主要包括办公用房、机械库、工具仓房、种子种苗库、水电泵房、休息用餐厅、温室、冷库等，为节约用地，以上设施应集中建设，办公场所可建成基层楼房。办公设施应在道路修好后及时建完，也可先建办公场所，便于开展建圃工作。

（三）圃路施工

根据规划设计图的具体方位，在圃地内选好标定物作基点，定出主干道的实际位置，再以主干道的中心线为基线，标出各级道路系统的起点、终点、中线与边沿，用木桩标明道路编号，各部位置要标明标高。多数情况下先修路，次级道路为土路，便于日后地块功能改造。根据规划图标出排灌水管道铺设位置、地下缆线位置等。

施工前用白灰标出中线、边线，定好标高，从路两侧取土填于路中，形成中间高两边低的凸形路面。路面土要压实，边沿整齐紧密，排水沟深度、宽度适宜，给横穿路面的管道设埋涵管，便于下一步施工应用。两侧的边沿取土后形成排水沟，用于排水及灌溉渠的建设。圃路通常不设渗水井，路面高于圃地，雨水自然排到沟渠、圃地中。对于干旱地区，可在排水沟低洼处设一个储水池，以利于少雨季节灌溉。

（四）排灌系统施工

灌排系统包括灌溉和排水两个内容，可分可合，由灌溉和排水的方式及程度决定。

灌溉系统又分为沟渠漫灌和管道喷灌两种方式，传统的渠沟漫灌系统要设有提水设备、储水池、输水沟渠等，其中水的流动要靠沟渠的纵坡驱动，因此从提水设备流出的水要沿着沟渠的坡度向各级沟渠流动。渠道的落差要均匀，沟渠防渗效果好，暗渠更应设计好坡度、坡向及深度，保证水流畅通。喷灌系统建造要根据规划设计，确定储水池、加压泵、各级管道、喷头、阀门的位置和数量，再确定埋设深度或地面铺设高度，用白灰标出具体开挖线路位置，经挖沟、连接、封闭、埋设、验收等施工步骤，确定可以应用后交工。

排水系统一般与道路边沟通用，也可以根据雨季特点单独设立，圃地内的步道可设置成低于苗床的步道，雨天用于排水。需要注意的是排水沟的坡降与道路边沟一样,要利于排水顺畅,不出现急速径流冲刷土壤,不出现积水、涝洼,如能把排水与储水结合最好。

（五）防护设施建设

园林苗木受周边影响很大,要通过防风、防寒、遮强光、防尾气等措施进行防护管理。园林苗圃种苗珍贵,应用广泛,易受"顺手牵羊"之害,因此,在进行施工的开始阶段,就要加强防盗防护措施的建设。一般在苗圃北侧及西侧栽植高大的防护林,在圃地四周可栽植柏树、刺槐、十大功劳、玫瑰、皂角、黄刺玫等带刺的树木,以起到防护和美化的作用。土地较少的地方,采用人工刺篱、铁丝网、防护障等设施防护。

（六）土壤改良

由于园林苗圃地的选择不能十全十美,以及土壤的区域差异性和树种对土壤要求的差异性客观存在,因此,为了满足苗木的需要,往往在种植前要对圃地中不适合生长的盐碱土、重黏土、沙土、垃圾土、地下害虫较严重的土壤进行改良。不同土壤要在土壤勘察时做好野外评判,划出地块,取样后进一步检验其理化性质。盐碱土可进行开沟引流、高台种植、淡水冲洗等物理措施,也可采取调酸,改进肥料、改进种植植物类别等措施进行改良。重黏土应采用混沙、耕翻、加施有机肥、开沟排水、种植绿肥等措施提高土壤通透性,增加腐殖质含量。沙土地需要掺入腐殖质、黏土,减少翻动,加强防风林建设等措施也能提高沙土性质,改变和减少水土流失。

第四节　园林苗圃技术档案的建立

一、建立园林苗圃技术档案的意义

技术档案是对园林苗圃生产、试验和经营管理的记载。从苗圃开始建设起,即应作为苗圃生产经营的内容之一,建立苗圃的技术档案。苗圃技术档案是合理利用土地资源和设施、科学指导生产经营活动,有效地进行劳动管理的重要依据。

二、建立苗圃技术档案的要求

档案管理人员应尽量保持稳定,如有变动应及时做好交接工作,保持档案的持续完整。

苗圃技术档案是对园林苗圃生产和经营管理的历史记载,必须长期坚持,

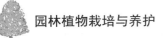

不能间断，保持其完整性、连续性。

应设专职或兼职档案管理人员，一般可由苗圃技术人员监管。人员应保持相对稳定，如有工作变动，要及时做好交接工作。观察记载要认真仔细，实事求是，及时准确、系统完整。每年必须对材料及时收集汇总，进行整理和分析总结，为今后的苗圃生产提供依据。

技术档案的保管要按照材料形成的时间先后顺序和重要程度，连同总结材料等分类整理装订，登记造册，长期妥善保管。

苗圃技术档案是通过连续记录苗圃的设计、建立、育苗技术措施、苗木生长发育物候记录、苗木出入、生产管理过程、苗木日常作业、日常管理等数据，经长期积累，定期分析总结，形成了苗圃生产经营的基本依据。苗圃技术档案需要专人管理，科学记录，定期审查总结，认真管理保存。

三、园林苗圃技术档案的建立实践

（一）苗圃土地利用档案

苗圃土地利用档案是对苗圃各作业的面积、土质，育苗树种，育苗方法，作业方式，整地方法，施肥和施用除草剂的种类、数量、方法和时间，灌水数量、次数和时间，病虫害的种类，苗木的产量和质量等逐年加以记载，一般用表格的形式记录保管存档。

为便于以后查阅，建立土地利用档案时，应每年绘出一张苗圃土地利用情况平面图，并注明苗圃地总面积、各作业区的面积、育苗树种、育苗面积和休闲面积等。

（二）育苗技术档案

1. 苗木繁殖

分树种就一年内苗木的培育管理技术措施，包括苗圃有关树种的种子、根、条的来源，种质鉴定，繁殖方法，成苗率，产苗量及技术管理措施等。重点记录苗木繁殖材料来源、质量、数量、采取措施、效果、发芽率、出苗率、成活率、生长量、存苗量等，同时记录育苗过程中的人员、用工、用料、水肥管理过程、病虫害管理、苗木出圃、倒床移栽等生产过程。

2. 苗木抚育

按苗圃地块分区记载，包括苗木品种、栽植规格、日期、株行距、移植成活率、年生长量、苗木在圃量、苗木保存率、技术管理、苗木成本、出圃规格、数量、日期等。

3. 其他资料

（1）使用新技术、新工艺和新成果的单项技术资料。

（2）试验区、母本区的技术资料。

4. 经营管理状况

（1）苗圃各项生产计划、育苗规划、设备安装运行状况等。

（2）职工组织、技术教育、考核、育苗水平发展变化。

（3）苗圃生产经营状况、经济效益分析。

（三）苗木生长调查及物候观测档案

建立苗圃同时就要根据树种分别建立物候观测记录档案，与技术措施档案的不同之处是记录苗木各阶段的效果，为进一步分析总结提供连续多年的同时期数据变化规律。通过对苗木生长发育的观察，用表格形式记载各种苗木的生长过程，以使掌握其生长规律，把握自然条件和人为因素对苗木生长的影响，确定有效的抚育措施。

（四）气象观测档案

气象变化与苗木生长和病虫害的发生发展有着密切关系。通过记载和分析气象因素，可帮助人们利用气象因素，避免或防止自然灾害。

（五）科学实验档案

以实验项目为单位，主要记载实验项目的目的、实验设计、试验方法、实验结果、结果分析、年度总结及项目完成的总结报告等。

（六）经营管理档案

将苗圃建立及运营过程的主要材料、事迹、证据、分析总结资料及时收集整理，为下一步决策提供依据，包括苗圃设计任务书、规划图、施工记录、育苗计划、年度生产计划与总结、职工组织、技术装备资料、投资经营效益分析、苗木市场调研、其他经营等。

（七）苗圃作业日记

主要记录苗圃每天所做的工作，统计各种苗木的用工量和物料的使用情况，以便核算成本，制定合理定额，更好地组织生产，提高劳动效率。

（八）统计资料

统计资料包括各类统计报表、调查总结报、各类鉴定书等。各类资料由专人每年整理一次，编目录、分类、存档。

第三章　园林植物栽植技术

第一节　园林植物栽植前的准备工作及其实施

一、园林植物栽植前的准备工作

（一）施工方案的内容

施工方案是根据工程规划设计所制订的施工计划，也叫施工组织设计或组织施工计划。

根据绿化工程的规模和施工项目的复杂程度制订的施工方案，在计划的内容上要考虑得全面而细致，在施工的措施上要有针对性和预见性，文字上要简明扼要，抓住关键，其主要内容如下。

1.工程概况

工程名称、施工地点，设计意图，工程意义、原则要求及指导思想，工程的特点及有利和不利条件，工程的内容、范围、工程项目、任务量、投资预算等。

2.施工的组织机构

参加施工的单位、部门及负责人，需要设立的职能部门及其职责范围和负责人，明确施工队伍、确定任务范围、任命组织领导人员、明确有关的制度和要求，确定劳动力的来源及人数。

3.施工进度

分单项进度与总进度，确定其起止日期。

4.劳动力计划

根据工程任务量及劳动定额，计算出每道工序所需用的劳动力和总劳动

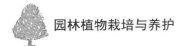

力，并确定劳动力的来源、使用时间及具体的劳动组织形式。

5. 材料和工具供应计划

根据工程进度的需要，提出苗木、工具、材料的供应计划，包括用量、规格、型号、使用期限等。

6. 机械运输计划

根据工程需要，提出所需用的机械、车辆，并说明所需机械、车辆的型号，日用台班数及具体使用日期。

7. 施工预算

以设计预算为主要依据，根据实际工程情况、质量要求和届时的市场价格，编制合理的施工预算。

8. 技术和质量管理措施

制定操作细则，施工中除遵守统一的技术操作规程外，应提出本项工程的一些特殊要求及规定；确定质量标准及具体的成活率指标；进行技术交底，提出技术培训的方法；制定质量检查和验收的办法。

9. 绘制施工现场平面图

对于比较大型的复杂工程，为了了解施工现场的全貌，便于对施工进行指挥，在编制施工方案时，应绘制施工现场平面图。平面图上主要标明施工现场的交通路线、放线的基点、存放各种材料的位置、苗木假植地点、水源、临时工棚和厕所等。

10. 安全生产制度

建立、健全保障安全生产的组织；制定安全操作规程；制定安全生产的检查和管理办法。

绿化工程项目不同，施工方案的内容也不可能完全一样，要根据具体工程情况加以确定。另外，生产单位管理体制的改革、生产责任制、全面质量管理办法和经济效益的核定等内容，对于完成施工任务都有重要的影响，可根据本单位的具体情况加以实施。

（二）园林树木选择的条件

树木的年龄对移植成活率的高低有很大影响，并与树木成活后在新栽植地的适应和抗逆能力有关。

1. 幼龄苗木

幼龄苗木株体较小，根系分布范围小，起掘时根系损伤率低，移植过程较简便，并可节约施工费用。由于保留须根较多，起掘过程对树体地下部分与地上部分的平衡破坏较小。栽后受伤根系再生力强，恢复期短，成活率高。同时地上枝干经修剪后留下的枝芽也容易恢复生长。该阶段苗木整体上营养生长旺盛，对栽植地环境的适应能力较强。

幼龄苗木的缺点是植株体积小，容易遭受人畜的损伤，尤其在城市环境条件下，更易受到外界损伤，甚至造成死亡而缺株，影响日后的景观效果。同时幼龄植株如果规格较小，也难以发挥较好的绿化效果。

2. 中壮龄苗木

中壮龄苗木移栽较易成活，发挥绿化效果也较快。由于城市绿化的需要和环境条件特点，一般绿化工程多用较大规格的中壮龄苗木。为提高栽植成活率，应选用在苗圃中经过多次移植的大苗。园林工程选用的苗木规格是落叶乔木最小选用胸径 3cm 以上，行道树和人流活动频繁之处还应更大些；常绿乔木，最小应选树高 1.5m 以上的苗木。

3. 壮老龄树木

壮老龄树木根系分布深广，吸收根远离树干，起掘时伤根率高，移栽成活率低。为了提高移栽成活率，对起苗、运苗、栽植及养护技术要求较高，必须带土球移植或缩坨断根，施工养护费用高。但壮老龄树木树体高大、姿形优美，移植成活后能很快发挥绿化效果，重点工程在有特殊需要时可以适当选用壮老龄树木。

（三）种植地土壤的准备

1. 清理障碍物

在园林工程施工前，要清除栽植地的各种障碍物。在绿化工程用地地界之内，有碍施工的市政设施、农田设施、房屋、树木、坟墓、堆放杂物、违章建筑等，一律进行拆除和搬迁。对现有树木的处理要慎重，对于病虫害严重的、衰老的树木要予以砍伐。凡能结合绿化设计可以保留的尽量保留，无法保留的可进行移植。

清除障碍物是一项涉及面很广的工作，有时仅靠园林部门不可能推动，要依靠领导部门和当地居民的支持与协助。

2. 地形整理

地形整理是指从土地的平面上，将绿化地区与其他地区划分开，根据绿化设计图纸的要求整理出一定的地形，可与清除地上障碍物相结合。有混凝土的地面一定要刨除，否则会影响树木的成活和生长。地形整理应做好土方

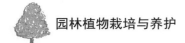

调度，先挖后垫，以节省投资。

3. 地势整理

地势整理主要为绿地的排水，绿地界限划清后，要根据本地区排水的大趋向，将绿化地块适当填高，再整理成一定坡度，使其与本地区趋向一致。一般城市街道绿化的地形整理要比公园的简单些，主要是与四周的道路、广场的标高合理衔接，使行道树内排水畅通。洼地填土或回填土壤时，要分层夯实，并适当增加填土量，以免形成低洼坑地不能自行径流排水。否则地面下沉后再回填土壤，树木被深埋，易造成植物死亡。

4. 栽植地整理

地形地势整理完毕之后，要在种植树木范围内对土壤进行整理。原农田菜地的土质较好，只需要加以平整，不需换土。如果是在建筑遗址、工程弃物、矿渣炉灰等地，则需要清除渣土并换土。对于树木定植位置上的土壤改良，待定点刨坑后再行解决。

二、园林植物栽植前准备工作的实施

（一）了解设计意图与工程概况

施工前要仔细阅读图纸上的所有内容，并听取设计技术交底和主管部门绿化效果的要求。了解植树、铺种草坪、建花坛以及土方、道路、给排水、山石、园林设施等工程的范围、工程量和工程进度。了解工程总进度，开始和竣工日期。要特别强调植树工程进度的安排必须以不同树种的最适栽植日期为前提，其他工程项目应围绕植树工程来进行。了解工程投资及设计概算。了解施工现场地上构筑物的处理要求、地下管线分布现状及设计单位与管线管理部门的配合情况等。了解施工现场及附近水准点，以及测量平行位置的导线点，以便作为定点放线的依据，或确定一些永久性的构筑物，作为定点放线的依据。了解各项工程材料的来源渠道，其中主要是苗木的出圃地点、时间及质量。了解施工所需用的机械和车辆的来源。

（二）踏勘现场

在了解设计意图和工程概况后，负责施工的主要人员必须亲自到现场进行细致的踏勘与调查。主要了解以下内容：

①各种地上物（如房屋、原有树木、市政或农田设施等）的去留及需要保护的地物（如古树名木等）。要拆迁的应如何办理有关手续与处理办法。

②现场内外交通、水源、电源情况，现场内外能否通行机械车辆，如果

交通不便，则需确定开通道路的具体方案。

③施工期间生活设施的安排。

④对施工地段土壤的进行调查，以确定是否需要换土，估算客土量及其来源和用工量等。

（三）制订施工方案

施工单位了解设计意图和对施工现场踏勘以后，应组织有关技术人员研究制订出一个全面的施工安排计划，并由经验丰富的技术人员负责编写，经审核后定稿形成施工组织方案。其内容有：施工组织领导和机构；施工程序及进度表；制定施工预算；制定劳动定额；制定机械及运输车辆使用计划及进度表；制定工程所需的材料、工具及提供材料工具的进度表；制定栽植工程的施工阶段的技术措施和安全、质量要求；绘出平面图，在图上标出苗木假植、运输路线和灌溉设备等的位置。

（四）苗木准备

苗木必须符合以下要求：

①根系发达而完整，主根短直，接近根颈一定范围内要有较多的侧根和须根，起苗后大根系无劈裂。

②苗干粗壮通直（藤本除外），有一定的适合高度，不徒长。

③主侧枝分布均匀，能构成完美树冠，要求树冠丰满。其中常绿针叶树下部枝叶不枯落成裸干状。干性强并无潜伏芽的某些针叶树（如某些松类、冷杉等）中央领导枝要有较强优势，侧芽发育饱满，顶芽占有优势。

④无病虫害和机械损伤。

（五）种植地准备

1. 整理平缓地

对坡度10°以下的平缓耕地或半荒地，采取全面整地。通常采用的整地深度为30cm，以利蓄水保墒。对于重点布景地区或深根性树种可翻到50cm深，并施有机肥，以改良土壤。平地整地要有一定的倾斜度，以利排除多余的雨水。

2. 市政工程场地和建筑地区的整地

在这些地区常遗留大量的灰槽、灰渣、砂石、砖石、碎木及建筑垃圾等，在整地之前应全部清除，还应将因挖除建筑垃圾而缺土的地方换入肥沃土壤。由于夯实地基，土壤紧实，所以在整地的同时应将夯实的土壤挖松，并根据

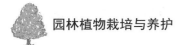

设计要求处理地形。

3. 低湿地区的整地

低湿地土壤坚实,水分过多,通气不良,土质多带盐碱,即使树种选择正确,也常生长不良,解决的办法是挖排水沟,降低地下水位,防止土壤返碱。通常在种植前一年,每隔20m左右挖一条深1.5～2m的排水沟,并将掘起来的表土翻至一侧形成垄台,经过一个生长季,土壤受雨水的冲洗,盐碱减少、杂草腐烂、土质疏松、不干不湿,即可在垄台上种树。

4. 新堆土山的整地

挖湖堆山是园林建设中常用的改造地形的措施之一,人工新堆的土山,要使其经过一定时期的自然沉降,然后再整地植树。因此,通常在土山堆成后,至少经过一个雨季,才开始实施整地,人工土山多数不太大,也不太陡,又全是疏松新土,可以按设计进行局部的自然块状整地。

5. 荒山整地

荒山整地之前,要先清理地面,刨出枯树根,搬除可移障碍物。在坡度较平缓、土层较厚的情况下,可以采用水平带状整地。这种方法是沿低山等高线整成带状的地段,可称环山水平线整地。在干旱石质荒山及黄土或红壤荒山的植树地段,可采用连续或断续的带状整地,称为水平阶整地。在水土流失较严重或急需保持水土、使树木迅速成林的荒山,则应采用水平沟整地或鱼鳞坑整地。

第二节　乔灌木裸根栽植技术

一、乔灌木裸根栽植基础

(一)园林树木栽植概念

栽植是将树木从一个地点移植到另一个地点,并使其保持继续正常生长的操作过程。包括起挖、搬运、种植三个基本环节。起(掘)挖是将树木从生长地连根挖(掘)起来。搬运是将挖(掘)出的树木运到栽植地点。种植是按设计要求将树木放入事先挖好的坑(穴)中,使树木的根系与土壤紧密接触。园林树木种植时依据种植时间长短和地点的变化,分为假植、寄植、移植和定植。

假植:指苗木出圃后如不能及时栽植,短时间或临时性把起(挖)的苗木根系埋入湿润土壤中，防止苗木根系失水、失去生活力的操作过程。

寄植：指在建筑或园林基础工程尚未结束，而结束后又需及时进行绿化施工的情况下，为了贮存苗木，促进生根，将植株临时种植在非定植地或容器中的方法。寄植比假植的要求高，一般是早春树木发芽前，按规定挖好土球苗或裸根苗，在施工现场附近进行相对集中的培育。

移植：苗木栽植在一个地方，生长一段时间后仍需移走，此次栽植称移植。

定植：按设计要求将树木栽植在计划位置后永久性地生长在栽种地。

在园林树木的栽植过程中，一定要采取有力措施，以保持和恢复树体的水分平衡。一方面，要尽可能多的带根系。另一方面，必须对树冠进行相应的、适量的修剪，减少地上部分的蒸发量，最大限度地维持根冠水分代谢平衡。保证树木栽植成活的关键是首先要缩短起苗、运苗和栽植的时间，严格保湿、保鲜，防止苗木过度失水，保证树木有较强的生活力和发根能力；其次是采取措施促进苗木伤口愈合及发出更多新根，尽快恢复和扩大根系的表面吸收能力；最后在栽植中要使树木根系与土壤密切接触，并立即浇水，使水分能顺利进入树体，恢复树体水分代谢平衡，保证栽植树木的成活。

（二）栽植季节

1. 春季栽植

园林树木的根系在早春即先于地上部分开始活动。由于春季气温不断回升、地温转暖、雨水较多、空气湿度大、土壤水分条件好，有利于根系的主动吸水，符合先长根后发枝叶的物候顺序，因此是我国大部分地区的最佳栽植时期。此期在土壤化冻后至树木发芽前，只要便于施工就应尽早栽植。最好的栽植时期是在树木新芽开始萌动前的两周或数周。特别是落叶树种，一定要在新芽开始膨大或新叶开放前栽植，否则易导致枯萎死亡。但春季栽植适期短，要安排好栽植的先后顺序，发芽早的先栽植，发芽晚的可以适当晚栽。

春季栽植持续时间较短，一般为 2～4 周。华北、东北地区多在 3 月上中旬至 4 月中下旬栽植。华东地区的落叶树种在 2 月中旬至 3 月下旬为最佳。

2. 夏季栽植

夏季园林树木生长旺盛、枝叶蒸腾量大，根系需吸收大量水分，而此季节土壤水分蒸发作用很强，易干燥缺水，不符合植物生长规律，栽植后树木在数周内易受旱害，所以夏季栽植成活率不高。但在华北、西北及西南等春季干旱的地区，可以掌握住雨季时机进行栽植，成活率较高。如果有特殊工程需要，必须在夏季栽植时，要采取带土球栽植，栽后定时进行树冠喷水和

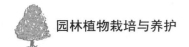

树体遮阴，也可获得较高的成活率。

3.秋季栽植

秋季气温逐渐下降，土壤水分状况好，春季严重干旱、风沙大的地区，秋季栽植较好，但易发生冻害和冷害的地区不适合进行秋季栽植。

秋季栽植时期为落叶盛期以后至土壤冻结之前，实践证明也可以在秋季带叶栽植，栽后愈合发根快，翌年萌芽早。但带叶栽植不能太早，应在大量落叶时开始，以免因枝叶过多失水而降低成活率。在气候比较温暖的南方地区，由于气温较适宜，树体根部被切断后能尽早愈合，并有新根生出。翌春能迅速生长，有利于树体地上部分枝芽的生长。华东地区的秋植，可延至11月上旬至12月中下旬。早春开花的树种应在11月前栽植。针叶树以秋植为好。

4.冬季栽植

南方冬季比较温暖，土壤不冻结，可以进行冬季栽植。北方或高海拔地区，土壤冻结、天气寒冷，不适宜冬季栽植。但在冬季严寒的华北北部、东北大部分地区，由于土壤冻结较深，可以采用带冻土球的方法栽植大树。

（三）栽植深度

栽植深度应以新土下沉后，树木基部原来的土痕与地面相平或稍低于地面3～5cm为准。栽植过浅，根系受风吹日晒，容易干燥失水，抗旱性差。栽植过深，树木生长不旺盛，甚至造成根系窒息死亡，或几年内死亡。苗木栽植深度因树木种类、土壤质地、地下水位和地形地势而不同。一般发根能力强的树种，如杨、柳、杉木等和穿透力强的树种，如悬铃木、樟树等可适当深栽，榆树可以浅栽。土壤黏重、板结应浅栽，质地疏松可深栽。土壤排水不良或地下水位过高应浅栽，土壤干旱、地下水位低应深栽。坡地可深栽，平地和低洼地应浅栽，甚至有时需要抬高栽植。一般南方雨水丰富可浅栽，北方较干旱常深栽。此外，栽植深度还应注意新栽植地的土壤与原生长地的土壤差异。如果树木从原来排水良好的立地移栽到排水不良的立地上，其栽植深度应比原来浅5～10cm。

二、乔灌木裸根栽植实施方案

（一）乔灌木裸根苗起苗操作技术

1.起苗前的准备工作

（1）选苗

为了提高苗木移植的成活率和满足园林设计的要求，移植前要按设计要求和苗木选择标准进行苗木的选择，将选定的苗木用油漆、记号笔等在树木的一个方向作标记，称为"号苗"。如果土壤干旱，则应在起苗前几天进行灌水，使土质变软，以利于起苗并能多带根系。

（2）拢冠

对枝条分布较低、枝条长而柔软、冠丛较大、带刺的树木，为方便挖掘操作、保护树冠，同时方便运输，应先用草绳将树冠及侧枝拢起，分层在树冠上打几道横箍，分层捆住树冠的枝叶，然后用草绳自下而上将横箍连接起来，使枝叶收拢，捆绑时要松紧适度，不能折伤侧枝。

起苗前还要准备好起苗工具，如铁锹、手锯、剪枝剪或起苗机械等，使用工具要锋利。挖掘机、吊车等要检修合格。同时还要准备草绳、草袋等包扎材料。

2. 起苗技术

裸根起苗是指将树木从土壤中挖出后苗木根系裸露不带土壤的方法，是为了给移植苗木提供良好的成活条件，使其在尽可能小的挖掘范围内保留尽可能多的根系，以利于栽植成活。起苗时，所带根系范围越大，保留的根系就越多，栽植成活率就高，但起苗时操作困难，挖掘和运输时成本高。裸根起苗适用于胸径不超过10cm的休眠期的落叶乔木、灌木及藤本。应在春季解冻以后、发芽以前进行。

落叶乔木和灌木的裸根起苗所需工具少，使用材料不多，方法简单，成本较低。但损伤根系较多，特别是须根损伤更多。起苗后根系裸露在外，易失水干燥，应防止日晒，并进行保湿处理。

起出的苗木如果不能及时运走，应将其放在原土穴内假植，将根系用湿土盖好。如果放置时间过长，应该视土壤的湿润度适当灌水，保持土壤的湿度，防止降低苗木的成活率。

裸根起苗的规格是要保证树木的根系有一定的幅度和深度，起苗的深度在根系主要分布层以下，多数乔木树种深度为60～90cm。人工起苗时以树干为圆心，乔木以树木胸径的4～6倍为半径、灌木以株高的1/3为半径画圆，以圆形绕树一周向外垂直挖掘到一定深度，并切断外围侧根，再从侧面向内深挖，适当晃动树干，如遇直径3cm以上的粗根时要用锋利的铲子或手锯锯断，不要强拉或硬切，防止造成主根的劈裂，要保证切口平整，尽量减少对根系的损伤。根系全部切断后，可轻拍去掉根系外围土块。同时将已经劈裂的根系作适当修剪，尽量保留须根。可将根系蘸上泥浆，或者将根系内的护心土保留一些。还可以进行机械起苗。

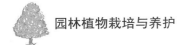

（二）苗木运输及假植技术

1. 苗木运输技术

起苗技术要求遵循"随起苗、随包装、随运输、随栽植"的原则，要以最短的时间将苗木运到栽植地进行栽植。

装车前，首先要检查苗木的质量，对损伤过度栽植不能成活的树木予以淘汰，再一次核对苗木的数量、种类及规格是否符合要求。在车厢底部垫好草袋或其他软物，避免苗木与车厢摩擦损伤苗木。装车时要将苗木根系向前，树梢向后，按一定顺序轻轻放好，不能压得太紧，装车时注意树干与车厢接触处要用软物垫起，树梢不要拖地。根部保持湿润，并用苫布盖严捆好。苗木运输过程中，要有专人跟车押运。运输距离较短时，要尽快运到栽植地，中途不要停车，运到后及时卸车。如运输距离较长时，苗木易被风吹干，押运人员要定期检查，及时为苗木浇水，中途休息时要将运苗车停在避阴处。苗木运到后，立即检查苗木根系情况，如根系较干要浸水 1～2 天。目前在远距离、大规格裸根苗的运输中，已采用集装箱运输，既简便又安全。

裸根苗在卸车时要轻拿轻放，按顺序从上到下分层卸下苗木，不能抽取苗木，以防损伤苗木。小心轻放，杜绝装卸过程中乱堆乱放的野蛮作业。

2. 苗木假植技术

在园林绿化施工中，要求在苗木运到前就做好栽植前的各项准备工作，苗木运到后当天就要栽植，但有时却常常由于某种原因，如施工地形整理不合格、栽植穴没有挖好、劳动力不足等，致使运到的苗木不能立即栽植，因此需要将这些苗木进行假植。如果假植不超过一天时可以选择临时放置，将苗木根部先用水喷湿后用苫布或草袋等盖好。由于春季风大，所以在干旱风大地区应在栽植地附近挖沟，将苗木单株依次摆好，并将根部用湿土假植起来。如果需要长时间假植，则假植地应选在不影响施工的工地附近，在背风处挖假植沟，沟的长度视假植苗木的数量而定，沟宽 1.5～2m，深 30～50cm，迎风一面挖成 30° 斜坡，相对一面垂直，或视苗木大小而定，将苗木按不同品种，树梢顺当地风向，逐株单行摆放在假植沟中，用挖出的疏松土壤将苗木根部埋好，并使根系间充满土壤，依次一行行假植好，如果土壤过于干燥要适当浇水，但不可过湿以免影响下一步的施工操作。

（三）定点放线

定点放线即在现场测出苗木种植位置和株行距。由于树木种植方式各不相同，定点放线的方法也有很多种，常用的有以下三种。

1. 自然式配置乔、灌木放线法

坐标定点法：根据植物配置的疏密度，先按一定的比例在设计图及现场分别打好方格，在图上用尺量出树木在某方格的纵横坐标尺寸，再按此位置用皮尺确定在现场相应的方格内。

仪器测放法：用经纬仪等仪器依据地上的原有基点或建筑物、道路将树群或孤植树依照设计图上的位置依次定出每株树的位置。

目测法：对于设计图上无固定点的绿化种植，如灌木丛、树群等可用上述两种方法划出树群的种植范围，其中每株树木的位置和排列可根据设计要求在所定范围内用目测法进行定点，定点时应注意植株的生态要求并注意自然美观。定好点后，采用白灰打点或打桩，标明树种、种植数量（灌木丛群）、穴径。

2. 规则式配置（行列式）放线法

对于成片整齐式种植或行道树的放线法，可用仪器和皮尺定点放线，定点的方法是先以绿地的边界、园路广场和小建筑物等的平面位置作为依据，量出每株树木的位置，钉上木桩，写明树种名称。要求横平竖直，整齐美观，可以地面固定设施为准来定点放线。

一般行道树的定点是以路牙或道路的中心为依据，可用皮尺、测绳等，按设计的株距，每隔 10 株钉一木桩作为定位和种植的依据，定点时如遇电杆、管道、涵洞、变压器等物应躲开，不应拘泥于设计的尺寸，而应遵照与障碍物相距的有关规定距离。

3. 等距弧线放线法

若树木种植为一弧线（如街道曲线转弯处的行道树），放线时以路牙或中心线为准，可从弧的开始到末尾，每隔一定距离分别画出与路牙垂直的直线，在此直线上，按设计要求的树与路牙的距离定点，把这些点连接起来就成为近似道路弧度的弧线，于此线上再按株距要求定出各点来。

定点放线后由设计或有关人员验点，合格后方可施工，否则返工。

（四）挖穴

为使树木的根系有一个良好的生长环境，有利于树木的成活和促进树木的生长，种植穴的规格要严格按照设计的要求，过深或过浅都会影响和阻碍树木的生长，因此要有足够的大小，可容纳树木的全部根系并使根系舒展开。

挖穴时以定点为圆心，以规定的穴径画圆。然后沿所画线垂直向下挖掘，将表土、心土分开放，同时拣净石块、草根等。一般穴径和穴深要比根幅与根系深大 20 ～ 30cm，如果土壤贫瘠、坚硬则需要换土或施肥到栽植地上，所挖树穴要加大加深。穴壁上下大体要垂直，切忌挖成锅底形或 V 字形。含有建筑垃圾的土壤、盐碱土、重黏土、沙土及含有其他有害成分的土壤，应根据设计规定全部或部分地用种植土加以更换。

挖穴时如发现电缆、管道时，应停止操作，并及时与设计人员及有关部门商讨解决。

（五）配苗或散苗

配苗是将运进的准备栽植的苗木按设计要求再分级，使苗木之间在栽植后趋于一致，达到栽植有序并达到最佳景观效果。如街道两侧的行道树树高、胸径都基本一致时，观赏效果好，美化效果突出。在进行乔木配苗时，一般高差不超过 50cm，胸径不超过 1cm。

散苗是将苗木按图纸及定点木桩上标示，散放在栽植地的定植穴旁对号入座，散苗时要细心核对，避免散错，以达到设计的景观效果。散苗要与栽植同步，做到边散边栽、散完栽完，尽量减少树木根系暴露在外的时间，以减少树木的水分消耗，提高栽植成活率。

（六）栽前修剪

苗木出圃时已经过修剪，但在装车、运输和卸车过程中，苗木还是会有不同程度的损伤，所以在栽植前还要对苗木进行适当修剪，以减少树体水分蒸发，维持树势平衡，以利于树木的成活，修剪量根据不同树种及不同景观的要求而不同。

行道树树体高大，栽植后修剪费时、费工，因此通常在栽植前进行一次修剪，主要是进行调整修剪和完善树形的修剪。

1. 地上部分修剪

剪除衰老枝、病枯枝、纤细枝及受伤枝。对长势较强、萌芽力强的树种，如杨、柳、榆、槐、悬铃木等可进行强修剪，树冠可以剪去 1/2 以上，以减轻根系负担，保持树体的水分平衡，减弱树冠招风、摇动，提高树体栽植后的稳定性。中心主干明显的高大落叶乔木，应保持原有树形，适当疏枝，保留的主侧枝应在健壮芽上短截，剪去枝条的 1/5 ～ 1/3，其他侧生枝条可重截（剪短 1/2 ～ 2/3）或疏除。此种修剪既可保证成活，又可保证栽植成活后形成具有明显中心干的树形。中心干不明显的树种，选择直立枝代替中心干生长，通过疏剪或短截控制与直立枝条竞争的侧枝。有主干无中心干的树种，主干部位的树枝量大，可在主干上保留几个主枝，保持原有树形进行短截。

行道树的修剪还要注意定干高度。根据园林绿化设计要求，行道树主干高度在 2.5 ～ 3m，第一主枝以上枝条应全部剪除，分枝点以上枝条视情况可进行疏剪、回缩或短截。

灌木树种中如花芽分化已完成或湿润地区带宿土的裸根树木，可不修剪，只将枯枝、病虫枝和折断枝进行修剪。分枝明显、新枝着生花芽的灌木，要顺应树势适当强剪，促进新枝生长，更新老枝。枝条茂密的大灌木，要适当疏树。

2. 地下部分修剪

裸根苗在运到栽植地后，栽植前还会有不同程度的损伤，要对根系进行适当修剪，主要是将断根、劈裂根、严重磨损根、生长不正常根、病虫根及生长过长的根系再次进行修剪，以利于栽植和栽植后根系的恢复。

（七）修穴、换土、施基肥

栽植前要检查树穴的质量，如过浅或穴不够大，应扩穴和加深挖掘。对需要换土的，要将栽植穴内填上一些新土。同时在穴底施入有机肥或化肥，在基肥上面撒一层 5cm 厚土后再栽植树木，以防化肥灼伤苗木根系。

（八）裸根苗木栽植技术

1. 堆土丘

放苗前先比试根幅与穴的大小和深浅是否合适，如不合格要进行修整。先在穴底堆一个 10 ～ 20cm 厚疏松土壤的半圆形土丘。

2. 放苗

一人放苗于穴内扶树、找直，比试根幅与穴的大小和深浅是否合适，并进行适当修整。行列式栽植，应每隔 10 ～ 20 株在规定位置上栽一株"标杆树"。如有弯干的苗木应使其弯向行内，并与"标杆树"对齐，左右相差不超过树干的一半，达到整齐美观的效果。将苗放于土丘上，同时要使根系沿锥形土堆均匀向四周自然散开，保证根系舒展，防止窝根。同时校正位置，如树木无冻害或无日灼现象的，应将树形及长势最好的一面朝向主要观赏方向。对易发生冻害的树木，栽植时应保持原生长方向，如果将原来树干朝南的一面栽植时朝北，则冬季树皮易受冻害，夏季易遭日灼。

3. 栽植

栽植时，另一人先填入细碎、湿润、疏松、肥沃的表土或营养土，与根部接触的土壤一定要细碎、湿润，防止大土块挤压伤根和留下空洞。然后分层回填土，填入一半深表土，轻轻抖动树木，并向上提苗，使根系截留的细土从根缝间自然下落，舒展根系且使根土密接，然后踩实。填入底土踩实，再填土至地际，再踩实，比原地际深 3～5m（三埋两踩一提苗）。填土时先填根层的下面或周围，逐渐由下至上、由外至内压实，不要损伤根系。如果土壤太黏，则不要踩得太紧，否则易造成通气不良，影响根的正常呼吸。

4. 围堰、浇水

检查扶正后，把余下的穴土绕根茎一周进行培土，做成环形的拦水围堰，其直径应略大于栽植穴的直径，高于地面 10～20cm。围堰土要拍紧压实，不能松散。树木栽植后 24 小时内必须浇上第一遍水，使土壤充分吸收水分，与树根紧密结合，以利于根系生长发育。隔 4～5 天浇第二遍水，以后视天气和土壤干湿情况再确定浇水次数。浇水后及时对树穴补土、培土，扶正苗木。封堰时进行第二次苗木扶正，填实土壤，封堰土堆略高出地面。

5. 清理栽植现场

对乔灌木进行裸根栽植后，即可对栽植现场进行清理。包括清理多余的土壤、涂根、石块等。对拢冠的树木去除绑缚物，清理修剪下的树枝，冲刷道路上的泥土，搬走不用的材料、工具，使栽植效果洁净、规范，并达到园林绿化标准。

（九）裸根苗栽植后的养护管理

1. 树体裹干

干径较大的落叶乔木和常绿乔木，栽植后需进行裹干，即用草绳、蒲包、塑料薄膜等具有一定保湿和保温作用的材料将树木主干和较粗壮的一、二级分枝包裹起来。裹干的目的：一是避免强光直射和干风吹袭，减少树木主干、枝的水分蒸腾；二是保存一定量的水分，使枝干保持湿润；三是能调节枝干温度，减少夏季高温和冬季低温对树木枝干的伤害。对树干皮孔较大而蒸腾量显著的树种，如樱花、香樟、广玉兰等大多数常绿阔叶树种，枝干包裹强度要大，以提高栽植成活率。但要注意外层加塑料薄膜在树体休眠期应用效果较好，并且一定要在树体萌芽前及时撤除，否则会因塑料薄膜透气性差，影响被包裹树干的呼吸作用，尤其在高温季节，会导致内部热量不能及时散发而易灼伤枝干、嫩芽或隐芽，对树体造成伤害。

2. 固定支撑

为使树木不受机具、车辆和人为损伤，防止被风吹倒，固定根系使树干保持直立状态，应对新栽树木立支架。凡胸径在 5cm 以上的乔木，特别是裸根栽植的落叶乔木、风口处栽植的大苗，应立支架支撑。大规格苗木如行道树，为防止灌水后土壤塌陷，以致树歪，尤其在多风地区，会因摇动树根影响成活，所以也应立支柱。常用木棍、竹竿、金属等作支柱。支架形式一般有以下3种。

直立式：高达 5 ～ 6m 的树木，可用一根长 2.2 ～ 2.5m 的桩材或支柱打入离树干 15 ～ 30cm 的地方，深约 60cm。然后用绑扎物将其与树干在适当位置用"8"字形绑缚在一起。直立支架有单立式、双立式和多立式。如采用双立式，相对立柱可用横杆呈水平状紧靠树干连接起来。

斜撑式：用长 1.5 ～ 2.0m 的三根支柱，以树干基部为中心，由外向内斜撑于树干约 1/3 高的地方，应视树木的高度而定支撑点，组成一个正三棱锥形的三角架进行支撑。三根支柱的下端打入土中 30 ～ 40cm，支柱与树干接触处要用粗麻布等垫好后再捆绑起来。埋支架时注意不要打在苗木的根上。

牵索式支架：对于较大而高的树需用 1 ～ 3 根或 4 根金属丝或缆绳拉住加固。这些支撑线从树干高度约 1/2 的地方拉向地面，与地面约成 45° 夹角。线的上端用防护套或废胶皮管及其他软垫绕干一周，线的下端固定在铁、木桩上，铁或木桩上端向外倾斜，槽向外，周围相邻桩之间的距离应相等。

3. 灌水

浇完定根水后 3 ～ 5 天灌第二遍水，第二遍水后 7 ～ 10 天灌第三遍水。新植树木在旱季还要灌水，3 ～ 5 年后树木根系扎深后才能停止灌水。在南方可利用雨季来浇定根水。灌水要适量，根据土壤性质和树种进行。一般沙地一次水量不可太大，可适当增加灌水次数，黏性土壤应适量灌水，有时可将塑料管插入树穴内进行浇灌，根系不发达的树种，浇水量可多些，肉质根系树种，灌水量可少些。秋季栽植的树木，在灌足水后即封穴越冬。

4. 培土扶正

定植浇水后，由于土壤松软下沉，导致树体晃动，树体极易发生倾斜倒伏现象，应踩实土壤使根土密接。树穴内土壤如整体下沉或局部下陷，易在雨后积水引起烂根，要及时填充土壤并踩实，出现倒伏时要立即扶正。如埋土过深，会影响根系的生长发育，要铲平高出的土壤。

如果新栽的树木出现歪斜，要立即扶正，或者选择适当时间扶正。常绿树种在秋末进行，落叶树在休眠期扶正。扶正时不能强拉，否则会拉伤根系。对栽植较深的，要在树木倒向一侧根盘以外挖沟至根系以下，向内挖到根颈下方，用工具将根系向上撬起，向根部填土踩实、扶正。如栽植的较浅，则

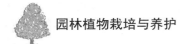

在倒向一侧的反侧掏土，并下压根系后回土踩实。

5. 松土除草

对于树木基部附近生长的杂草、藤本植物等，要及时除去，否则会耗水和耗肥，同时藤蔓缠绕树木会妨碍其正常生长发育。结合松土进行除草，每隔 20 ～ 30 天一次，可以把除下的杂草覆盖在树穴上，起到保墒的作用。

6. 检查成活及补植

在新栽树木生长初期，如发现已经死亡的树木要立即补植。有的新栽树木要经过一个生长季后，在秋末以后进行成活与生长调查，对已经死亡的要在适宜的季节补植。

第三节　乔灌木带土球栽植技术

一、乔灌木带土球栽植技术

带土球起苗是指将苗木在一定根系范围内连土掘起，削成球状，并用包扎物将土球包装起来，连苗带土一起挖出的方法。由于在土球范围内须根未受伤，且带着部分原土，栽植过程中水分损失少，有利于栽植后生长。

此法常用于常绿树、竹类、珍贵树种和干径 10cm 以上的落叶大树及非适宜季节栽植的树木。带土球苗的土球直径一般为树干胸径的 7 ～ 10 倍，高度为土球直径的 4/5 以上。灌木类土球直径为冠幅的 1/3 ～ 1/2，高度为土球直径的 4/5。

二、乔灌木带土球栽植实施

（一）乔灌木带土球苗起苗

1. 起苗前的准备工作

（1）选苗号苗

树木质量的好坏是影响栽植成活的重要因素之一。为提高栽植成活率、最大限度地满足设计要求，移植前必须对苗木进行严格的选择，并将选中的苗木挂号。

（2）拢冠

为减少起苗操作过程中对起苗人员和苗木造成损伤，要将分枝低、侧枝分杈角度大的树种用草绳将树冠拢起。

（3）工具的准备

准备好起带土球苗的各种工具，如铁锹、镐、剪枝剪、草绳、编织袋等。

2. 起苗技术

先以树干为圆心，以树干胸径的 7～10 倍为半径画圆，保证起出土球符合栽植标准。

将圆内上层疏松表土层除去，以不伤表层根系为准。为防止起苗时土球松散，如果土壤过于疏松，应在起苗前一至两天浇透水，增加土壤的黏结力，以利于起挖。

沿圆的外围边缘垂直向下挖沟，沟宽以方便起苗操作为宜，一般50～80cm。随挖随修整土球表面，起苗时细根用剪枝剪或铁锹切断，直径3cm 以上的大根要用手锯锯断，不能用锹硬切，以免震裂土球，根系伤口要平滑，大切面要消毒防腐。同时注意不要用脚踩踏和撞击土球边缘，以免损伤土球，要一直注意保护土球完整性直至挖到规定深度。

土球挖掘到规定深度后，球底先不挖通，用锹将土球表面铲平，修成上口稍大，下部稍小的苹果状。主根较长的树种土球呈倒卵形。土球的上表面中部稍高，逐渐向外倾斜，其肩部要圆滑，不留棱角，易于包扎。土球下部的直径一般不应超过土球直径的 2/3。自上而下修整土球至一半高时，应逐渐向内缩小至规定的标准。

土球修好后，再慢慢由底圈向内掏挖，直径小于 50cm 的土球可以直接将底土掏空，剪除根系后，将土球抱出坑外包装。直径大于 50cm 的土球由于太重，掏底时应在土球下方中心保留一部分土球，以便在坑中包装。

3. 苗木包装技术

如果所挖掘土球土质疏松，应在土球修平时拦腰横捆几道草绳，即内腰绳，此时要在坑内包扎，以免移动造成土球破碎。如土质坚硬、运输距离较近或土球较小，也可以不打内腰绳。

土球直径为 30～50cm 的要包扎，以确保土球不散，可用草绳上下缠绕几圈，称为简易包或西瓜皮包扎法。将土球放在蒲包、草袋、编织袋等包装材料上，将包装材料向上翻，包裹土球，再用草绳绕基干扎牢、扎紧。

捆纵向草绳。事先将草绳浸湿浸透，防止用力捆扎时草绳被拉断。首先在树干基部横向紧绕几圈并固定，然后沿土球垂直方向倾斜 30° 左右缠捆纵向草绳，随拉随捆，并用木锤或橡胶锤敲打草绳，使草绳稍嵌入土中，以捆得更加牢固。一般每道草绳相隔 8cm 左右，直到把整个土球捆完。如果运输距离较远，可以加大草绳捆绑的密度。

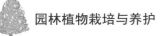

对土球直径小于40cm的，用一道草绳捆一遍，即"单股单轴"。对土球直径大于40cm的，用一道草绳沿同一方向捆两道，即"单股双轴"，或用两根草绳并排捆两道，即"双股双轴"。

灌木带土球起苗的包装与乔木带土球包装相同，小规格的可纵向打3～4箍草绳。

（二）苗木运输及假植技术

1.苗木运输技术

在苗木装车、运输、卸车、假植等各项工序中，要保证树木的树冠、根系、土球的完好，不应折断树枝、擦伤树皮或损伤根系。

带土球苗装车时，如果苗高不超过2m可以直立摆放在车上。苗高在2m以上的，要平放或斜放在车上。装车时将土球向车厢前、树冠向后码放整齐，同时要用木架或软物将树冠架稳、垫牢挤严。土球大的只码一层，土球小的可以码放2～3层，且土球之间必须码紧以防摇摆破坏土球。运输过程中，土球上不要站人和压放重物。

苗木运到栽植地后要及时卸车，卸带土球小苗时要抱球轻放，不要提拉树干。卸土球大的苗木时，可以用木板斜搭在车厢上，将土球苗移到木板上，顺势平滑将苗木卸下，或用机械吊卸，注意不能滚卸，以免损坏土球。

2.苗木假植技术

不能立即栽植的苗木要假植，先将苗木的树冠捆扎收缩起来，使每一株树木的土球与土球紧靠在一起，树冠之间也相互靠在一起。然后在土球层上面盖一层壤土，填满土球间的空隙，再向树冠和土球上均匀地喷水，以后保持其湿润即可。也可以把带土球苗临时栽到绿地上，将土球埋入土中1/3～1/2，株距视苗木假植时间长短和树木土球及树冠大小而定。一般土球与土球之间相距15～30cm即可。苗木成行列式栽好后，浇水保持一定湿度即可。

（三）定点放线

行道树的定点放线比较特殊，由于道路绿化与市政、交通、沿途单位、居民等关系密切，栽植树木的位置除依据规划设计、与各部门的配合协商外，定点后还要由设计人员验点。在定点时如遇下述情况时要留出适当距离：道路急转弯处，在弯的内侧应留出50cm的空地不要栽树，以免妨碍司机视线；在交叉路口各边30m不要栽树；公路与铁路交叉口50m内不要栽树；道路与高压电线交叉处15m内不要栽树；桥梁两侧8m内不要栽树；交通标志牌、出入口、涵洞、电线杆、车站、消火栓、下水口等处都要留出适当距离，并尽量使其左右对称，需留出的距离根据需要而定，如交通标志牌以不影响司机视线为宜，出入口以人流量及车流量为依据而定。

（四）挖穴

以定点为圆心定穴位圈，穴径比土球直径大 20 ～ 30cm，深为穴径的3/4，需换土的穴位要加大、加深。垂直挖穴至规定深度，穴位大小、上下基本一致，穴底平坦、疏松，忌呈锅底形。表土、心土分开放在两穴之间，要在栽植前 2 ～ 5 天挖穴。

挖穴时要注意位置准确，规则式种植穴要做到横平竖直，在山坡上挖穴时，深度以坡的下沿为准。挖穴时表土、心土及渣土分别放置，如土质差则进行土壤改良。挖掘行道树树穴时要把土壤放在两侧，以免影响视线瞄直，并随挖穴、随栽植，避免夜间行人发生危险。施工人员在挖穴时，如发现电缆和各种管线、管道时，要及时与设计人员及有关部门协商解决。栽植穴挖好后，要由监理或专门负责的技术人员核对验收，如发现不合格的必须返工。

（五）配苗、散苗

对行道树苗，在栽植前再进一步按大小分级，以使所配的邻近苗木高度和胸径保持基本一致，如高度不同则可以从低到高或从高到低排列，对常绿树应把树形最好的一面朝向主要观赏面，对于树皮薄、树干外露的孤植树，要保持其原来的阴阳面，散苗时要保护好土球，不要碰散土球。

（六）栽前修剪

栽植前对带土球苗木地上部分和地下部分进行常规修剪即可。

（七）修穴、换土、施基肥

同裸根苗栽植中的修穴、换土、施基肥技术相同。

（八）带土球苗栽植技术

先量好已挖坑穴的深度与土球高度是否一致，对坑穴作适当填挖调整后，再放苗入穴，土球放入后，先在土球四周下部垫入少量的土使树木直立稳定，之后剪开包装材料，将不易腐烂的材料一律取出。为防止栽后灌水时土壤塌陷，树木倾斜，填入表土至一半时，应用木棒将土球四周土砸实，再填土至地表并砸实，注意不要砸碎土球，做好围堰，最后把拢冠的草绳等解开取下。栽植后立即浇水，并进行栽植现场的清理。

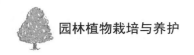

第四节　带土球软包装大树移植技术

一、带土球软包装大树移植技术

（一）大树的概念

胸径在 20cm 以上的落叶乔木和胸径在 15cm 以上的常绿乔木称为大树，移植这种规格的树木称大树移植。

大树移植可在短时间内提高园林绿地的生态效益，优化绿地结构，改善环境景观，及时满足重点建设工程、大型市政建设绿化和美化的要求，是现代化城市园林布置和绿化建设中经常采用的重要手段和技术措施。

（二）大树移植的时间

1.春季移植

在北方，春季是最佳移植时期，此时树液开始流动，土温回升，受伤的根系易愈合和再生，树体蒸腾量小，栽植成活率高。

2.夏季移植

夏季由于树木蒸腾量大，移植大树不易成活，一般不提倡在夏季移植，如果要移植必须加大土球，同时加强修剪、遮阴、保湿，但费用加大。雨季可带土移植一些针叶树种，由于空气湿度大树木可成活。

3.秋季移植

秋季移植时期一般指深秋落叶后至土壤封冻前，此时树体地上部处于休眠状态，可进行大树移植。

4.冬季移植

冬季一般在土壤封冻时带冻土球移植较难成活的大树，但要避开严寒期并做好土面保护和防风防寒措施。

（三）大树移植特点

1.大树移植成活困难

大树树龄大，发育阶段长，根系的再生能力下降，根系受到损伤后难以恢复。根幅范围内的吸收根数量很少，移植后萌生新根的能力差，根系恢复缓慢。同时由于树体高大，根系离枝叶距离远，移植后易造成水分失衡，极易造成大树树体失水死亡。另外，根颈附近须根量少，起出的土球在起苗、搬运和栽植过程中易破碎。

2. 移植的时间长

一株大树的移植需要经过勘查、设计移植程序，缩坨断根、起苗、运输、栽植及后期的养护管理，需要的时间长，少则几个月，多则几年。

3. 成本高

由于树体规格大，技术要求严格，还要有安全措施，需要充足的劳动力、多种机械以及树体的保护材料，移植后还须采取很多特殊养护管理措施，各方面耗资大，从而增加了绿化成本。

4. 大树移植的限制因素多

由于大树树高冠密，树体沉重，在移植前要考虑吊运树体的运输工具能否承重，能否进行正常的绿化操作，交通线路是否畅通，栽植地是否有条件种植大树。这些限制因素解决不了，不宜进行大树移植。

5. 大树移植绿化成果见效快

大树移植能在短时间内迅速显现绿化效果，较快地发挥城市绿地的景观功能和生态效益、社会效益，缩短了城市绿化的周期。

（四）大树移植前的准备工作

1. 制订移植计划

大树移植是专业性很强的一项技术工作，因此在大树移植前要根据大树的生物学特性及生态学特性，事先做好规划与计划。包括栽植的树种规格、数量及街景要求等。为了促进移栽时所带土壤具有尽可能多的吸收根群，要提前对大树进行缩坨断根处理，以提高移植的成活率，否则会使大树移植失败。对树木的移植还要设计出移植的步骤、线路、方法等，保证移植的大树能起到良好的绿化美化效果。

2. 选择大树

大树选择是大树移植能否成活和形成景观的前提。要调查了解树种、树龄、干高、胸径、冠幅、树形等，并进行测量记录，注明最佳观赏面的方位，并摄影。分析存在的问题和解决的办法，最后将选中的树木编号并做标记。

①树种的选择：了解树种的生长特性及生态特性、树木成活的难易程度和生命周期的长短。萌芽力、再生能力强，移植成活率高的树种有杨树、柳树、梧桐、悬铃木、榆树、朴树等。移植较难成活的树种有白皮松、雪松、圆柏、柳杉等；移植很难成活的树种有云杉、冷杉、金钱松、胡桃等。

②树形选择：树种不同其形态不同，在绿化上的用途也不同。选择树体生长正常、无严重病虫害感染及未受机械损伤的树木。如行道树应选择干直、冠大、分支点高、有良好遮阴效果的树体。庭荫树要注意树姿造型。所以，应根据设计要求，选择符合绿化需要的大树。

③树体选择：选择树体规格适中的树木。树体小，移植后达不到观赏效果；规格过大，在起苗、运输、栽植时成本太高。

（五）大树移植前的技术处理

高大树木的根幅、冠幅随着年龄的增长而距根颈越来越远，根颈附近的根系吸收根较少，枝条过于扩展也不利于移植，因此要采取相应措施，提高大树移植的成活率。

1. 缩坨断根

缩坨断根即切根处理，是为了使主要的吸收根回缩到主干根基附近，缩小土球体积，减轻土球重量，便于移植，提高栽植成活率。

2. 树冠修剪

由于大树移植会造成根系大量被损伤，地下与地上生长平衡被严重打破，需要通过对树冠进行修剪来减少树冠的蒸腾量，保持树体水分代谢平衡。不同树种、不同生长季节、树体大小及当地环境条件是确定修剪强度的主要因素。树体大、叶片薄、蒸腾量大、树冠的叶量密集、树龄较大的树木修剪强度大。萌芽力弱、常绿树种可轻剪。另外，在树木的休眠期可轻剪。总之，在保证树木移植成活的基础上，修剪要尽量保持树体的形态。根据树木的修剪程度可分为以下三种方式：

全株式：即保持树木全冠的形态及其景观效果，只修剪树体内的徒长枝、交叉枝、病虫枝、枯死枝及过密枝。适用于萌芽力弱及珍贵树种，如雪松、云杉、广玉兰等，栽后树冠恢复快，绿化效果好。

截枝式：也叫鹿角状截枝。只保留树冠的一级分枝或二级分枝，其余部分枝条全部截除。处理对象主要是发枝能力中等的落叶树种，如香樟、银杏等。

截干式：将主干上部整个树冠截除，只留一定高度的主干。适于生长速度快、发枝力强的树种，是目前城市落叶树种大树移植，特别是北方落叶树种大树移植常采用的方法，此法成活率高，但需要一定时间才能恢复景观效果。如国槐、白蜡、杨、柳等。

缩坨断根一般在大树移植前2～3年的春季或秋季进行，分期切断树体的部分根系。具体操作过程是以树干为中心，以胸径的3～4倍为半径画圆或方形，在相对的两段或三段向外挖沟，沟宽 30 ～ 40cm，深 60 ～ 80cm。沟内 3cm 以下的根用锋利的修枝剪或手锯锯断，3cm 以上的根，为防止树木倒伏，一般不切断，而在土球外壁处进行环剥，宽约 10mm，并在切口涂抹 0.1% 的生长素（如 ABT 3 号生根粉），以利于促发新根。然后将挖出的土壤清除石块等杂物，拌入腐叶土、有机肥或化肥后分层回填踩实，定期灌水。翌年以同样的方法分批处理其余的沟段，经 2 ～ 3 年，环沟中发出大量须根后，比原来的土坨外围大 10 ～ 20cm 时起挖移植。在特殊情况下，经过一次断根处理，数月后移植也可以取得较好的效果。

二、带土球软包装大树移植实施

（一）树木的挖掘

1. 土球大小的确定

起掘前要确定土球直径，对于未经切根处理的大树，可根据树木胸径的大小来确定挖土球的直径和高度。一般土球直径为树木胸径的 7 ～ 10 倍。土球过大，容易散球且会增加运输难度；土球过小，又会伤害过多的根系而影响栽植的成活。实施过缩坨断根的大树，所起土球应在断根坨的基础上向外放宽 10 ～ 20cm。

2. 土球的挖掘

挖掘前，先用草绳将树冠拢起，其松紧度以不折断树枝又不影响操作为宜，然后铲除树干周围的浮土，以树干为中心，比规定的土球大 3 ～ 5cm 画一圆，并顺此圆圈向外挖沟，沟宽 60 ～ 80cm，深度到土球所要求的高度为止。

3. 土球的修整

修整土球要用锋利的铁锹，当遇到较粗的树根时，应用锯或剪将根切断，不要用铁锹硬铲，以防土球松散。当土球修整到 1/2 深度时，可逐步向里收底，直至缩小到土球直径的 1/3，然后将土球表面修整平滑，下部修一小平底。

4. 土球包装

土球修好后，应立即用湿润的草绳打上腰箍，腰箍的宽度一般为 20cm 左右，然后用蒲包将土球包严并用草绳将腰部捆好，以防蒲包脱落，再打花箍，将双股草绳的一头拴在树干上，将草绳绕过土球底部，按顺序拉紧捆牢。草绳的间隔在 8 ～ 10cm，土质不好的还可以密些。花箍打好后，在土球外面将其结成网状，最后再在土球的腰部密捆 10 道左右的草绳，并在腰箍上将草绳打成花扣，以免草绳脱落。土球打好后，将树推倒，用蒲包将底堵严，用

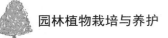

草绳捆好。包装土球后在树穴一侧挖一斜坡，便于从此处将树体拖出坑，或在坡上放一块平滑的木板，在树身2/3高处放置软垫，将树体沿木板倾斜拉出。

（二）大树装运

吊装质量在1t左右的大树时，可用3t以上的起重机运输。吊装前先撤去支撑，捆拢树冠，将大树慢慢放倒，使土球离开原地，之后用专用的粗麻绳将双麻绳的一头留出1m左右，结扣固定，再将双股绳分开，捆在土球由上至下3/5的位置，绑紧。在绳与土球接触的部分用木板垫好，避免绳子嵌入土球而损伤根系。将绳的两端扣在吊钩上，轻轻起吊一下，此时树身倾斜，立即用绳在树干基部拴一绳套扣在吊钩上，起吊装车。

运输过程中专人押运，避免发生树冠拖地碰断树枝而损伤树冠。

（三）挖树穴

栽植前，按设计要求定好点，带土球树木的种植穴为圆坑，应比根系或土球的直径加大60～80cm，深度比土球高度加深20～30cm。以定点为圆心，以比土球半径大30～40cm为半径画圆。坑壁应平滑垂直，表土、心土分开放。如土质不好，要相应再加大穴径和深度，穴底放好底肥，并填入客土，先将50g保水剂充分吸水后填入挖好的栽植穴底部，再用土堆成20～30cm的土堆。

（四）栽植

吊树入穴前要看准树冠方向，应将树冠最丰满和最完整的一面朝向主要观赏方向。并照顾朝阳面，一般树弯应尽量迎风，种植时要扶直栽正，树冠主尖与根在一条垂直线上。种植的深浅应合适，一般与原土痕相平或略高于地面5cm左右。树木入穴后，工作人员在穴的四周用木杆或竹竿支撑树体，使树干直立入穴，慢慢放入穴中的土堆上。

堆土前要尽量将草绳和包装物拆除取出，或剪断草绳。填土至穴深的1/3时，放松吊树带，检查树木是否直立平稳，如有倾斜，要用绳子将树木拉直，并向土球底部填土，用木棒插紧压实，至树木立直为止，要小心操作不能打碎土球，然后每填10～20cm土即夯实或踏实一次，回填土一般采用种植土加入腐殖土，比例为7：30，肥土必须充分腐熟，混合均匀，直至将穴填满为止。

（五）开堰、浇水

带土球栽植时要围堰，土堰内径与坑沿相同，堰高20～30cm，开堰时注意不应过深，以免挖坏土球。围堰后浇三遍水，第一遍水水量不要过大，水流要缓慢灌入，使土下沉，一般栽后两三天内完成第二遍灌水，一周内完成第三遍水，这两次灌水一定要足量，每次浇水后要注意整堰，填土堵流。

（六）支撑与固定

为防止大树灌水后歪斜，以及因大风吹刮造成树干摇摆松动，使根系不能很好地生长，在大树栽植后浇水前设立支柱。大树的支撑应用扁担桩、十字架和三角撑。其中低矮树可用扁担桩，高大树木可用三角撑，风大树大的可两种桩结合起来用。扁担桩的竖桩不得小于2.3m，入土深度为1.2m，桩位应在根系和土球范围外。水平桩离地1m以上，两水平桩十字交叉位置应在树干的上风方向，扎缚处应垫软物。三角撑宜在树干高2/3处结扎，用木杆或钢丝绳固定，三角撑的一根撑杆必须在主风向上位，其他两根可均匀分布。发现土下沉时，必须及时升高扎缚部位，以免吊桩。

（七）移植后的养护管理

1. 树干包扎

为防止大树树体水分过度蒸发，用草绳等软材将树干全部包扎起来，并向草绳喷水，保持草绳湿润。

2. 水肥管理

浇水：大树栽植后，于外围开堰及时浇三遍水，以后视天气、土壤等情况进行浇水。高温干旱季节，每10～15天浇一次水。每次浇水必须浇透，不浇地表水。多雨季节要防止土壤积水。树盘的土面适当高于周围地面，地势低洼易积水处，要开沟排水。浇水时要注意，一不要频繁少量地浇水，因为这样只能湿润地表面而不能下渗到深层，会导致根系在土表浅层生长，降低树木的抗旱与抗风能力；二不要频繁超大量浇水，否则易造成土壤长期通气不良，致使根系腐烂，影响树木的生长。所以，在大树栽植后浇水应达到既要保持土壤湿润，又不致浇水过量的要求。一般连浇三次水后要松土保墒。春季在树木萌发展叶前，浇完前三次水后要控水，以保持土壤干燥，提高土壤温度。多雨季节要特别注意防止土壤积水，要及时排水。

施肥：移植后的大树，适量补充养分，以促进新根生长，增强树木的抵抗能力。除在栽植前穴施基肥外，在大树萌芽及新梢生长10cm左右、秋季长梢时，结合浇水追施液肥各一次，肥料以氮肥为主，生长后期以磷、钾肥为主。也可以用1%～2%的尿素或磷酸二氢钾进行根外追肥。

3. 树冠喷水

对于枝叶修剪量小的名贵大树，在高温干旱季节，由于根系没有恢复，即使保证土壤的水分供应，也易发生水分亏损。因此，要通过树冠喷水，增加冠内空气湿度，从而降低温度，减少蒸腾，促进树体水分平衡，提高成活率。喷水一般采用喷头或喷枪，直接向树冠或树冠上部喷射，让水滴落在枝叶上。每天 10：00 或 16：00，喷 1～2 次。喷水时水滴要细，时间不宜过长，以免造成根际土壤过湿，影响根系呼吸及新根再生。

4. 遮阴

生长季栽植时，由于阳光强、气温高，为防止树冠经受强烈的日晒影响，减少树体蒸腾强度，应搭建阴棚对树体进行遮阴。在树冠外围搭建大棚，盖遮阳网。阴棚上方及四周与树冠间保持 50cm 左右的间距，以利于棚内空气流通，防止树冠受日灼伤害。遮阳度为 70% 左右，让树体接受一定的散射光，以保证树体进行光合作用。

5. 加土扶正

降雨后，因为雨水下渗或其他原因导致树体动摇倾斜时，应将松土踩实。树盘土面下沉或局部下陷，应及时覆土填平，防止雨后积水引起烂根；树盘土壤堆积过高的要耙平，防止深埋根系，影响根系发育。若支撑树木的扶木已松动，要绑扎加固。

6. 松土除草

降雨、浇水及人类活动的影响会导致树盘土壤板结，影响树木生长。同时，树木基部附近生长出的杂草、藤蔓与树木争夺水分、养分和生存空间，也会严重影响树木生长。因此，应及时松土除草，促进土壤气体交换，以利于树木新根的生长发育。但在成活期间，松土不能太深，以免伤及新根，一般松土深 6～7cm。在树木生长季节，一般 15～20 天松土除草一次。

7. 抹芽除萌

大树移栽后，树干或基部可能萌发出许多嫩芽、嫩枝，要定期进行抹芽除萌，以减少养分消耗，防止扰乱树形。

8. 喷洒蒸腾抑制剂

蒸腾抑制剂是一种能降低蒸腾速度，对光合作用强度和植株生长影响不太大的物质。大树喷洒蒸腾抑制剂，可抑制栽植后的大树体内水分过度蒸腾，有利于大树栽植成活。喷洒方法是用喷雾器将稀释后的蒸腾抑制剂喷洒于叶面。

9. 输液

大树移植后的根系吸收功能差，根系吸收的水分不能满足树体蒸腾和生长的需要，采用向树木体内输液的方法，能补充植株体内的水分及生长所需要的养分，有利于维持大树栽植后的水分平衡及根系伤口愈合和再生，从而有效提高大树移植的成活率。输入的液体主要以水分为主，并配人微量植物生长素和磷、钾元素。

（八）提高大树移植成活率的措施

1.ABT 生根粉的使用

采用软材包装移植大树时，可选用 ABT 1、3 号生根粉处理树体根部，这有利于树木在移植和养护过程中损伤根系的快速恢复，促进树体的水分平衡，使移植成活率达 90.8% 以上。

2. 保水剂的使用

北方地区大树移植时保水剂拌土使用，一般在树冠垂直位置挖 2～4 个坑，长、宽、高分别为 1.2m、0.5m、0.6m，分三层放入保水剂，分层夯实并铺上干草。用量根据树木规格和品种而定，一般用量为 150～300g/ 株。为提高保水剂的吸水效果，在拌土前先让其吸足水分成饱和凝胶（2.5 小时吸足），均匀拌土后再拌肥使用。采用此法，只要有 300mm 的年降水量即可，大树移植后可不必再浇水，并可以做到秋水来年春用。

3. 输液促活技术

（1）液体配制

输入的液体主要以水分为主，配入微量的植物生长激素和磷钾元素。为了增强水的活性，可以使用磁化水或冷开水，同时 1kg 水中可溶入 ABT 5 号生根粉 0.1g、磷酸二氢钾 0.5g。生根粉可促进生根，磷钾能促进树体活力的恢复。

（2）注孔准备

用木钻在树体的基部钻洞孔数个，孔向朝下与树干呈 30°夹角，深至髓心。孔数多少和孔径大小应与树体大小和输液插头直径相匹配。采用树干注射器和喷雾器输液时，需钻输液孔 1～2 个。挂瓶输液时，需钻输液孔洞 2～4 个。输液孔洞的水平分布要均匀，纵向错开，不宜处于同一垂直线方向。

（3）输液方法

注射器注射：将树干注射器针头拧入输液孔中，把贮液瓶倒挂于高处，拉直输液管，打开开关，液体即可输入，输液体结束，拔出针头，用胶布封住孔口。

喷雾器压输：将喷雾器装好配液，喷管头安装锥形空心插头，并把它紧插于输液孔中，拉动手柄打气加压，打开开关即可输液。当手柄打气费力时

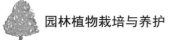
即可停止输液，并封好孔口。

挂液瓶导输：将装好配液的贮液瓶钉挂在孔洞上方，把棉芯线的两头分别伸入贮液瓶底和输液洞孔底，外露棉芯线应套上塑管以防止污染，配液可通过棉芯线输入树体。

使用树干注射器和喷雾注射器输液时，其次数和时间应根据树体需水情况而定。挂瓶输液时，可根据需要增加贮液瓶内的配液。冰冻天气时不宜输液，以免树体受冻害。

第五节　垂直绿化植物栽植技术

一、垂直绿化植物栽植技术

（一）垂直绿化的主要类型

垂直绿化是利用藤本植物攀缘建筑物的屋顶、墙面、凉廊、棚架、灯柱、园门、围墙、篱壁、桥涵、驳岸等垂直立面的一种绿化形式。垂直绿化的主要类型有以下几种。

1. 棚架绿化

棚架绿化是目前应用较广泛也是最早应用的垂直绿化形式。一类是以美化环境为主，以园林构筑形式出现的廊架绿化，其形式丰富多样，有花架、花廊、亭架、墙架、门廊架组合体等，利用观赏价值较高的藤本植物在廊架上形成绿化空间，其枝繁叶茂、花果艳丽、芳香宜人，既为游人提供了遮阳场所，又为城市增加了亮点。一类是以经济效益为主，以美化和生态效益为辅的绿化形式，是在住宅中应用广泛的绿化形式之一，主要采用经济价值高的藤本植物如葡萄、猕猴桃、五味子等，既可以为庭园创造绿色空间、遮阳纳凉、美化环境，又可以兼顾经济效益。

要根据实际空间环境、廊架体量、造型来选择藤本植物，适用的植物有紫藤、木香、藤本月季、金银花、凌霄、叶子花、铁线莲等。还要注意它们要在体量、质地和色彩上取得对比和和谐。根据垂直绿化植物的种类和花架大小、形状、材料等进行考虑。如杆、绳结构的小型花架，宜配置蔓茎较细、体量较轻的植物；砖木及钢筋混凝土结构的大、中型花架，要选用寿命长、体量大的藤本植物；只需夏季遮阳或临时性的花架，宜选用生长快的一年生草本植物或是落叶植物。如为卷须类和吸附类垂直绿化植物，要在棚架上多设些间隔，便于植物攀缘，缠绕类及悬垂类植物要有适宜的缠绕支撑物。

2. 篱垣绿化

篱垣绿化是指利用藤本植物在栅栏、铁丝网、花格围墙上缠绕攀附，形成繁花满篱、枝繁叶茂、叶色秀丽的景象。篱垣绿化使篱垣显得亲切和谐，同时也可在栅栏、花格围墙上使用带刺的藤本植物，使其攀附其上，既美化环境，也可以起到防护作用。常用的植物有藤本月季、云实、金银花、扶芳藤、凌霄等。

3. 园门造景

园门造景是指利用藤本植物，将城市园林和庭园中的各式各样的园门进行绿化，以增加园门的景观效果。可以用木香、紫藤、木通、凌霄、金银花、金樱子、蔓性蔷薇、络石、爬山虎等，使其缠绕、吸附或人工辅助攀附在门廊上，也可以人工造型，让其枝条自然悬垂，使园门繁花似锦、情趣更加浓厚，引导游人观赏。

4. 驳岸绿化

在驳岸旁种植藤本植物，利用它们的枝条、叶蔓绿化驳岸。如爬山虎、紫藤、蔷薇类、迎春、常春藤、络石等。

5. 护坡绿化

常见的大自然的悬崖峭壁、土坡岩面以及城市道路两旁的坡地、堤岸、桥梁护坡和公园中的假山，可以用藤本植物覆盖，起到绿化美化作用，同时可以防止水土流失。常用的有爬山虎、葛藤、常春藤、蔓性蔷薇、薜荔、扶芳藤、迎春、迎夏、络石等。如在花坛台壁、台阶两侧可吸附爬山虎、常春藤等，由于其浓密的叶幕使台壁绿意盎然、生动；在花台上种植梢迎春、枸杞等蔓生类藤本，使其绿枝如美妙的挂帘；在黄土坡上栽植藤本植物，起到了覆盖裸谣的地表、美化坡地和固土的效果；在假山石上覆盖藤本植物，能使山石与周围环境巧妙地过渡。栽植时要避免过分暴露，又不能覆盖过多，要达到若隐若现的效果。

6. 住宅垂直绿化

随着城市越来越多的高层建筑拔地而起，阳台和窗台成为了楼层的半室外空间，是人们在楼层室内与外界自然接触的媒介，也是室内外的节点。在阳台、窗台上种植藤本，不但使高层建筑的立面有绿色的点缀，而且还像绿色垂帘和花瓶一样装饰了门窗，使优美和谐的大自然渗入室内，增添了生活环境的气息和美感。阳台绿化的方式也是多种多样的，如可以将绿色藤本植物引向上方阳台、窗台构成绿幕，可以向下垂挂形成绿色垂帘，也可附着于墙面形成绿壁。住宅阳台一般光照充足，宜选用喜光照、耐旱、根系浅、耐瘠薄的一、二年生草本植物，如牵牛花、茑萝、豌豆等，也可用多年生植物，如金银花、葡萄等。这些植物不仅管理粗放，而且花期长，绿化美化效果较好。同时，居住者爱好的各种花木、盆景更是品种繁多。但无论是阳台还是窗台的绿化，都要选择叶片茂盛、花色鲜艳的植物，使得花卉与窗户的颜色、质感形成对比，相互衬托，相得益彰。而天井因光照条件差，宜选用耐阴的落叶攀缘植物。栽植地点一般沿边或在角隅处，以不影响居民生活为佳。

7. 室内垂直绿化

室内垂直绿化一般采取悬垂式盆栽，给人以轻盈、自然而浪漫的感觉。用塑料、金属、竹、木等制成吊盆或吊篮种植一些枝叶悬垂的观叶花卉，直接放置于橱顶、高脚几架或挂于墙面使其朝外垂下。天南星科的大叶黄金葛、红宝石蔓绿绒、白蝴蝶合果芋等室内观叶植物具有栽培容易、生长迅速、叶形优美、四季常青、耐水湿、能攀登、可匍匐等优良性状，可以应用到室内垂直绿化，以丰富城市垂直绿化。

8. 城市桥梁、高架、立交的绿化

在拱桥、石墩桥的桥墩和桥的侧面及高架桥、立交桥立柱上、桥洞上方常采用具有吸盘或吸附根的攀缘植物，如爬山虎、络石、常春藤、凌霄等，将其覆盖于上方，绿叶相掩、倒影成景。

9. 墙面绿化

房屋外墙面的绿化应选择生命力强的吸附类植物，使其在各种垂直墙面上快速生长。爬山虎、紫藤、常春藤、凌霄、络石，以及爬行卫矛等这些植物价廉物美，不需要任何支架和牵引材料，栽培管理简单，绿化高度可达五六层以上，且有一定观赏性，可作为首选。在选择时应区别对待，凌霄喜阳，且耐寒性较差，可种植在向阳的南墙下；络石喜阴，且耐寒力较强，适于栽植在房屋的北墙下；爬山虎生长快，分枝较多，种于西墙下最合适。也可选用其他花草、植物垂吊墙面，如紫藤、葡萄、爬藤蔷薇、木香、金银花、木通、西府海棠、茑萝、牵牛花等，或果蔬类如南瓜、丝瓜、佛手瓜等。在较粗糙的表面，可选择枝叶较粗大的植物，如爬山虎、薜荔、凌霄等，便于攀爬，而表面光滑细密的墙面则选用枝叶细小、吸附能力强的种类。建筑物正面绿化时要注意与门窗的距离，一般在两门或两窗的中心栽植，墙上可嵌入横条形铁丝，以便攀缘植物顺利向上生长。采用垂吊天竺葵、矮牵牛、四季海棠等各种观花植物，栽植不同形式的空中花篮、吊饰挂于灯杆、墙体进行垂直绿化，是高层次空间绿化、彩化的首选。

（二）垂直绿化植物选择的原则

垂直绿化可适用于棚架、建筑物墙体、围墙、桥柱、桥体、道路护坡、河道堤岸以及其他构筑物等。

垂直绿化植物材料的选择必须考虑不同习性的植物对环境条件的需要，一般选择浅根、耐贫瘠、耐旱、耐寒的强阳性或强阴性的藤本、攀缘和垂吊植物。

根据不同种类攀缘植物本身特有的习性，选择与创造满足其生长的条件。缠绕类植物适用于栏杆、棚架等，如凌霄、茑萝、紫藤、金银花、菜豆、牵牛花等；攀缘类适用于篱墙、棚架和垂挂等，如葡萄、铁线莲、丝瓜、葫芦等；钩刺类适用于栏杆、篱墙和棚架等，如蔷薇、藤本月季、木香等；攀附类适用于墙面等，如爬山虎、扶芳藤等。

根据所处地段及墙面材质，可选择爬山虎、凌霄、攀缘月季等垂直绿化苗木，沿墙体的垂直绿化要砌筑种植池，更换种植土。墙边、桥体、桥柱等可选用塑料网等材料铺设辅助网，以利植物攀缘。

根据其观赏效果和功能要求进行设计，所选植物应注意与攀附建筑物的色彩、风格、高低相配合，如红砖墙面不宜选用秋叶变红的攀缘植物，而灰色、白色墙面，则可选用秋叶红艳的攀缘植物。

应尽量采用地栽形式，用容器、种植槽或盆栽植时，以高 60cm、宽 50cm 为宜，容器底部应有排水孔，种植土要求轻型、保水、富含养分。

（三）垂直绿化植物应用的原则

1. 功能要求

在垂直绿化中，如果是用于降低建筑物墙面及室内温度时，应该选用生长快、枝叶茂盛的攀缘植物，此类植物有爬山虎、五叶地锦、常春藤等。如果是以防尘为主的，应尽量选用叶面粗糙且密度大的植物，如中华猕猴桃等。

2. 生态要求

不同攀缘植物对环境条件要求不同，因此在进行垂直绿化时应考虑立地条件。在进行墙面绿化时，应考虑方向问题，北墙面应选择耐阴植物，如中国地锦是极耐阴的攀缘植物，用于北墙比用于西墙生长迅速，生长势强，开花结果繁茂。西墙面绿化应选择喜光、耐旱的植物，如爬山虎等。在我国北方应考虑植物材料的抗寒性、抗旱性，而南方则应考虑其耐湿性。

3. 绿化方式

对于墙面绿化，可以选择有吸盘和吸附根的攀缘植物，如爬山虎、常春

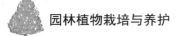

藤等；庭园垂直绿化，一般是在棚架、山石旁栽植典雅或有经济价值的木香、蔷薇、金银花、猕猴桃等；住宅垂直绿化除墙面外还包括阳台等，对于阳台可选用喜光、耐旱的攀缘植物，背阴墙面可选用耐阴的中国地锦等；土坡、假山的垂直绿化宜选用根系庞大、固地性强的攀缘植物。

4. 美化要求

为了增加墙面的美化效果，可以在立交桥等位置种植爆竹花、牵牛花、茑萝等开花攀缘植物；在护坡和边坡种植凌霄、老鸭嘴藤等；在立交桥上悬挂槽和阳台上种植黄素馨、马缨丹、软枝黄蝉等。

5. 环保要求

在我国南方，常春藤能抗汞雾。在北方，地锦能抗二氧化硫、氟化氢和汞雾。常绿阔叶的常春藤、薜荔、扶芳藤都能抗二氧化硫。可根据绿化环境中的污染情况进行选择。

目前，城市垂直绿化中所用的材料大多能兼顾各种功能，多种垂直绿化材料有机结合种植。

（四）垂直绿化植物的盆栽类型及选盆

1. 盆栽类型的选择

应选用长势适中，节间较短，蔓姿、叶、花、果观赏价值高，病虫害少的种类或品种。观果垂直绿化植物，宜选用自花授粉率高的品种。一般情况下，垂蔓性品种更适合盆栽，如迎春、迎夏、连翘、枸杞、花叶蔓等。分枝性差、单轴延长的蔓性灌木，不宜用作盆栽。

缠绕类中苗期呈灌木状的如紫藤等和卷须类中可供观花、观果者如金银花、葡萄等也适合盆栽。吸附类中常绿耐阴的常春藤等常在室内盆栽作垂吊观赏。枝蔓虬曲多姿者，还适合制作树桩盆景，如金银花、紫藤等。

2. 选盆

（1）生产用盆

生产用盆的特点是排水和透气性能良好，质地粗糙，盆轻，不追求艺术效果，价格便宜，但不结实。生产用盆多用素烧泥盆，由黏土烧制而成，有红色和灰色两种，底部中央留有排水孔。盆的口径大小一般在 7 ~ 40cm。

（2）陈设用盆

为提高盆花的观赏效果，使植株、花朵和花盆相映成趣，可以利用不同的材料，采用不同的造型方法和制作工艺，制成不同形状和不同颜色的观赏花盆，有的还可雕刻书法、绘画和制作图案，使它们成为美丽的工艺品。这种花盆的质地都比较坚实，通气和透水性能不良，并且价格较贵，一般盆花不适合用它们来长期养护，因此多在室内陈设时作短期使用，或用于布置会场、宾馆及展览，或栽植树桩盆景。

瓷盆：常有彩色绘画，外形美观，适合室内装饰之用。但上釉后，水分、空气流通不良，对植物生长不利。

陶盆：有两种。一种是素陶盆，用陶泥烧制而成，有一定的透气性。另一种是在素陶盆上加一层彩釉，整体显得比较精美坚固，但不透气。

紫砂盆：此种盆既精致美观，又有微弱的透气性，多用来养护室内名贵的中小型盆花，或树桩盆景。

木盆或木桶：当需要用 40cm 以上口径的盆时，即采用木盆。木盆选材宜用材质坚硬而不易腐烂的红松、槲、栗、杉木、柏木等，外部刷以油漆，既可防腐，又增加美观，内部涂以环烷酸铜防腐，盆底有排水孔。

水养盆：专用于栽培水生植物，盆底无排水孔，盆面阔大而浅。如"莲花盆""水仙盆"等。

兰盆：专用于栽培气生兰及附生蕨类植物，其盆壁有各种形状的孔洞，以便空气流通。

盆景用盆：深浅不一，形式多样。山水盆景用盆为特制的浅盆，以石盆为上品。

纸盆：供培养幼苗之用，特别用于不耐移植的种类，可在温室内纸盆中进行育苗。

塑料盆：质轻而坚固耐用，可制成各种形状，色彩也极多，其水分、空气流通不良，使用它应注意培养土的物理性状，使之疏松通气，以克服不透气的缺点。

3. 选盆

选盆就是选择盆的大小、深浅、款式、色彩和质地。要求做到大小适中，深浅恰当，款式相配，色彩谐调，质地相宜。

（1）盆的大小、深浅

盆的大小一定要适中。盆器过大，盆内显得空旷，植株显得体量过小，而且因为盛土多、蓄水多，常会造成烂根；盆器过小，内置植株就会显得头重脚轻，缺乏稳定感，而且盛土少、蓄水少，常造成养分、水分供应不足，影响植物生长。

盆的深浅对于植株生长和控形影响很大，过深，盆中容土多、蓄水多，不利于喜干品种的生长；过浅，容土太少且易干涸，不利于喜湿类植株及观花、

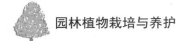
观果品种的生长。另外，主蔓粗壮的品种，易给人以不稳定感。

（2）盆的款式和色彩

盆的款式一定要与盆中所栽品种的形态形成景观上的匹配，要在格调上一致，同时还要考虑要有利于植株生长以及与摆放环境的协调。

盆的色彩与盆中植株的色彩既要有对比又要相互协调。植株观赏部位色彩较深，如红色的种类，应选择色彩较浅一些如白色、浅绿色、浅黄色、浅蓝色盆；观赏部位色彩较浅如翠绿色叶的应选择深色的盆。配盆时还应考虑到植株主蔓的色彩。

（3）盆的质地

盆的质地一定要适宜。从观赏性考虑，宜选择观赏性较好的釉陶盆、紫砂陶盆、瓷盆等。但从栽培和养护出发宜选择通气透水性好的瓦盆，如能套上装饰性强的盆，就能相得益彰。

4. 盆栽用土或基质

盆栽用土一定要根据植物种类的生物学特性来选用，盆栽垂直绿化植物对土壤的要求是肥沃疏松、富含腐殖质。腐殖质土、稻田土、山泥、腐叶土、塘泥土等都可以作盆栽用土。但为了使盆栽用土达到肥沃疏松、富含腐殖质的目的，常常需要进行人工配制培养土，常见的配方有：4 份肥田土 +4 份腐叶土 +2 份粗砂 + 少量砻糠灰。如果是喜肥植物种类的盆栽，还应配制加肥培养土，如 10 份普通培养土 +1 ～ 2 份饼肥。

无土盆栽是在无孔盆中以蛭石、石英砂等作为基质，加入营养液进行的栽培，是卫生、优质、便于机械化生产的先进栽培方法。营养液的配制因当地水质、植物种类对酸碱度的要求不同，配方也不同，可以参考无土栽培基质的选择。

二、垂直绿化植物栽植实施

（一）垂直绿化植物栽植前的准备

1. 苗木准备

（1）选苗

进行垂直绿化时，不要影响建筑物和构筑物的强度及其他功能需要。栽植前应对栽植位置的朝向、光照、地势、雨水截留、人流、绿地宽度、立面条件、土壤等状况进行调查。垂直绿化应因地制宜，根据环境条件和景观需要，以适用、美观、经济为原则，选择适宜的植物材料。根据建筑物和构筑物的式样、朝向、光照等立地条件选择不同类型的垂直绿化植物材料。用于垂直绿化的藤本植物应选择枝叶丰满、根系发达的良种壮苗；用于墙面贴植的植物应选择有 3 ～ 4 根主分枝，枝叶丰满，可塑性强的植株。常绿植物非季节性栽植应用容器苗，栽植前或栽植后都要进行疏叶。

选择的垂直绿化植物要满足以下条件：枝繁叶茂，病虫害少，若花繁色艳则效果更好；果实累累、形色奇佳，如能食用或兼具经济价值则是最佳选择；进行垂直绿化时所用植物要具有卷须、吸盘、吸附根，可攀壁生长，对建筑物无副作用，如叶色艳丽、常绿不凋落的最好；耐寒、耐旱、抗性强、易于栽培、管理方便，并兼具景观作用。

（2）栽前修剪

垂直绿化植物根系发达、冠覆盖面积大、茎蔓较细，起苗时容易损伤较多的根系，栽植前要对苗木进行适当重剪，苗龄小的落叶植物留 3 ～ 5 个芽，对主蔓重剪；苗龄较大的，对其主、侧蔓留数个芽，重剪和疏剪；常绿植物以疏剪为主，适当短截。同时，在栽植时还要根据根系损伤情况再次进行修剪。

2. 土壤准备

栽植前应进行土壤测定，垂直绿化栽植土重要的是理化性状要求。在栽植地点有效土层下方有不透气的应打碎，对不能打碎的应钻穿，使其上下贯通。

3. 辅助设施准备

栽植地段环境较差，无栽植条件的，应设置栽植槽。栽植槽内净高宜为30 ～ 50cm；净宽 40 ～ 50cm。为防止人为破坏，在栽植物周围可设置保护设施。

（二）垂直绿化植物的栽植

1. 定点挖穴

挖穴的规格根据植物种类和栽植地环境不同而异。一般穴径要比植物根幅或土球大 20 ～ 30cm，深与穴径相等或略深。因垂直绿化植物大多数为深根性，所以挖穴要略深。一般蔓生性木本垂直绿化植物穴深为 45 ～ 60cm，高大的垂直绿化植物且兼具果实生产的应为 80 ～ 100cm。

2. 土壤改良

如果穴内土层为黏实土，栽植前应添加枯枝落叶或腐叶土，有利于透气；栽植地地下水位高的，要在穴内添加一定量的沙土；如在建筑区遇有灰渣多的地段，要适当加大穴径和深度，并添加适量客土。

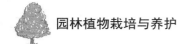

3. 起苗与包装

落叶木本垂直绿化植物多数采用裸根起苗，且一般多用苗龄不大的植株，起苗范围略大即可。植株大的木本蔓性类或呈灌木状的垂直绿化植物，应先找好冠，在冠幅的 1/3 处挖掘。其他垂直绿化植物由于自然冠幅大小不易确定，在干蔓正上方的，可以冠较密处的 1/3 处为准或凭经验起苗，其中直根性和具肉质根的落叶或常绿木本垂直绿化植物应带土球起苗。沙壤地中所起的小苗土球小于 50cm 的，要用浸湿的蒲包包装，如果土壤较黏，则用草绳包扎。

4. 假植及运输

已经起出的木本垂直绿化苗木，如不能马上运走应立即原地假植。裸根木本垂直绿化植物如果在半天内近距离运输，则只需盖上草帘或帆布即可；如运输超过半天，要在装车后对苗木根系喷水或盖上湿草帘，上面再盖一层帆布；运输时间长的，应先蘸泥浆，再按一定量加入湿苔藓等，最后用草袋包装后装运，在运输途中要注意检查苗木，并及时给苗木喷水，苗木运到目的地后，要立即栽植，如果苗根较干，要先湿水浸泡（不超过 24 小时）。对不能及时栽植的，要进行假植。

5. 定植

（1）栽植间距

栽植间距一般根据苗木品种、大小及要求见效的时间长短而定，一般为40 ～ 50cm。墙面贴植，栽植间距宜为 80 ～ 100cm。垂直绿化材料宜靠近建筑物和构筑物的基部进行栽植。

（2）栽植技术

除吸附类植物作垂直立面或作地被的垂直绿化植物外，其他垂直绿化植物栽植方法与一般园林树木一样，即做到"三埋二踩一提苗"。栽植工序应紧密衔接，做到随挖、随运、随种、随灌，裸根苗不得长时间暴晒和长时间脱水。栽植穴大小应根据苗木的规格而定，长宜为 20 ～ 35cm，宽宜为20 ～ 35cm，深宜为 30 ～ 40cm。苗木摆放立面应将较多的分枝均匀地与墙面平行放置。苗木栽植的深度应以覆土至根颈为准，根际周围应夯实。苗木栽好后随即浇水，次日再浇水一次，两次水均应浇透。第二次浇水后应进行根际培土，做到土面平整、疏松。在干旱地区，可在雨季前铲除土堰，将土培于穴内。秋季栽植的，入冬时将堰土呈月牙形培于垂直绿化植物的主风方向，以利于越冬防寒。

（3）枝条固定

栽植无吸盘的绿化材料，要进行牵引和固定。植株枝条应根据长势分散固定。固定点的设置可根据植物枝条的长度、硬度而定。墙面贴植应剪去内向、外向的枝条，保存可填补空当的枝叶，按主干、主枝、小枝的顺序进行固定，固定好后要修剪和平整。

（三）垂直绿化植物的盆器栽植技术

1. 上盆

一般北方使用的新瓦盆含碱，需用水充分浸泡，使其吸足水，利于除碱。旧盆浸后有青苔的则应刷净，浸后待盆稍干再用。在栽植前首先需要填塞盆底的透水孔，浅盆可用双层铁丝网或塑料窗纱填塞；较深的盆可用两片碎瓦片，叠合填塞；千筒盆则需要用多块瓦片将盆下层垫空。不能将透水孔堵死，以免排水不畅，造成植株烂根。填土时应在盆底放大粒土，稍上放中粒土，中上部放细粒土，一边放入一边用木棒抖动，以使盆土与植株根贴实，但不可将土压得太紧，以保证盆土的透气透水。深盆栽植需要在离盆口 1～2cm 留水口，以便于浇水，浅盆不用留水口。填完土后，用细喷壶浇足定根水，至盆底孔有水流出为止，特别要注意避免出现浇"半截水"，导致上下干湿不均，影响根系的生长。然后将其放置到无风半阴处，并注意对植株经常喷水。约半个月后，进行正常管理。

2. 翻盆

盆栽垂直绿化植物生长多年后，须根密布盆底，浇水时不易渗透、排水困难，肥料也不能满足需要，会影响植株的正常生长，应翻盆换土，并同时结合修根。

翻盆换土一般 1～2 年进行一次。枝叶茂盛、根系发达的喜肥类型，可每年进行一次。

翻盆时间一般于植株休眠期或生长迟缓期进行为宜，最好在萌芽前的早春 3 月初至 4 月初进行。常绿类型植物可在晚春或夏季梅雨季节翻盆；春花类型的宜在花后进行。

在脱盆前如盆土较干，应于脱盆前 1～2 日浇足水，以便于脱盆。脱盆时，用手掌拍打盆的四周，使土团与盆壁分离，然后用一只手握住主蔓基部，另一只手的手指由排水孔向外顶出。脱盆后，要去除部分旧土并增添新土，以增加肥力、促发新根。须根多而易活的类型，可多去一些旧土。反之，则应多保留一点旧土。剔除旧土时，视情况进行根系修剪更新，去除部分粗长老根、病根和死根。选择大一号的盆，添加新土。

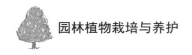

第六节　地被植物栽植技术

一、地被植物栽植技术

（一）地被植物及分类

能覆盖地面并有一定观赏价值的低矮植物叫地被植物。地被植物种植后能很快覆盖地面，形成一层茂密的枝叶，将土层稳定，同时还会有不同深浅的绿色和美丽的花色供人们欣赏。地被植物一般包括蔓生植物、丛生植物、草甸植物、缠绕藤本植物及蕨类植物。地被植物的具体分类如下。

1. 按生态环境分

（1）喜阳地被植物

喜阳地被植物指在全日照空旷地上生长的地被植物。如常夏石竹、半枝莲、鸢尾、百里香、紫茉莉等。喜阳地被植物一般在阳光充足的条件下才能正常生长，其花叶茂盛，在半阴处则生长不良，在庇荫处种植往往会自然死亡。

（2）喜阴地被植物

喜阴地被植物指在建筑物密集的阴影处或郁闭度较高的树丛下生长的地被植物。如虎耳草、连钱草、玉簪、蛇莓、蝴蝶花、桃叶珊瑚等。这类植物在日照不足的遮阴处仍能正常生长，在全日照条件下反而会叶色发黄，甚至会产生叶片先端出现焦枯等不良现象。

（3）耐阴地被植物

耐阴地被植物指一般在稀疏的林下或林缘处，以及其他阳光不足之处生长的地被植物。如诸葛菜、蔓长春花、石蒜、细叶麦冬、八角金盘、常春藤、蕨类等。此类植物在半阴处生长良好，在全日照条件下及浓阴处均生长欠佳。

2. 按观赏特点分

（1）常绿地被植物

四季常青的地被植物，可达到终年覆盖地面的效果，如砂地柏、石菖蒲、麦冬、葱兰、常春藤等。这类植物没有明显的休眠期，一般在春季交替换叶。

（2）观叶地被植物

这些地被植物有特殊的叶色和叶姿，单株或群体均可供人观赏，如八角金盘、菲白竹、连钱草等。

（3）观花地被植物

花期长、花色艳丽的低矮植物，在其开花期以花取胜，如金鸡菊、诸葛菜、红花酢浆草、毛地黄、矮花美人蕉、花毛茛、石蒜、紫花地丁等。有些观花地被植物可在成片的观叶植物中插种，例如，在麦冬类或石菖蒲观叶地被中插种一些萱草、石蒜等观花地被植物，则更能发挥地被植物的绿化效果。

（二）地被植物选择的标准

①多年生，植株低矮，高度不超过 100cm。

②全部生育期露地栽培。

③繁殖容易，生长迅速，覆盖力强，耐修剪。

④花色丰富，持续时间长或枝叶观赏性好。

⑤具有一定的稳定性。

⑥抗性强、无毒、无异味。

⑦能够管理，即不会泛滥成灾。

二、地被植物栽植技术实施

（一）地被植物栽植前的准备

1. 栽植地的准备

（1）整地、施肥

地被植物一般为多年生植物，大多没有粗大的主根，根系主要分布在 30cm 以上的表层土壤里，仅有少数低矮灌木的根系分布稍深一些。在种植地被植物前，要尽可能使种植场地的表层土壤疏松、透气、肥沃，地面平整、排水良好，为其生长发育创造良好的立地条件。对于土壤瘠薄的植物在整地时可以施入腐熟的有机肥，最后平整场地。

（2）定点、放线、挖穴

根据设计图纸，按比例放线于地面，以设计提供的标准点或固定建筑物、构筑物等为依据，确定地被植物的种植点，定点时依图按比例测出其范围，并用石灰标画出范围的边线。

一字形栽植时，挖浅沟；成片栽植时，多以品字形浅穴为主，在放线范围内翻挖、松土，深度为 15 ～ 30cm。在轮廓线外侧预留宽和深为 3 ～ 5cm 的保水沟，以利于灌水。

2. 苗木的准备

（1）起苗

在苗圃，用播种法先培育出幼苗或扦插培育出幼株，再进行大面积移栽。用花卉做地被植物的，多数是穴盘育苗，之后在营养盒中培育，栽植时只需将营养盒去掉即可，此法培育的苗木其根系保持完整，成活率高。木本地被植物一般较小，多数裸根起苗，灌木树种按灌木丛高度的 1/3 确定根系挖掘的幅度。

（2）包装

容器苗可直接用箱装运，尽快运到栽植地，并立即栽植。木本地被植物要根据苗木大小进行分级、打捆，将根系喷水，用编织袋包扎或装入编织袋内，要始终保持苗木根系及地上部分湿润。

（3）运输

运输途中，要保证苗木水分，运到栽植地后立即栽植或假植。

（二）地被植物栽植技术

1. 修剪

（1）地上部分修剪

由于起苗、运输过程中苗木地上部分会受到损伤，栽植前要对受伤枝条进行适当修剪。同时也要对病虫枝、枯死枝进行修剪。

（2）根系修剪

起苗后剪去过长的根系、病虫根，将根系受伤的部分修剪整齐，利于愈合发出新根。

2. 种苗栽植技术

按设计的株行距，在栽植现场挖好栽植穴并进行栽植。栽植使用的苗木是已经长出 3 ～ 4 片真叶的幼苗。

地被植物单株比较小，多以整体观赏效果为主，必须成片种植才能显示出其效果，所以要求种植的植物生长速度快、整齐。在种植时要根据植物的生长特性、植株的生长速度、生境条件、种苗大小和养护管理水平等适当地加密种植间距，使其在种植后能基本达到覆盖效果。

草本地被植物由于植株矮小，栽植时株行距为 20 ～ 25cm，矮生灌木株行距为 35 ～ 40cm，过稀郁闭较慢，会加大除草工作量，并且在短期内达不到覆盖的效果，过密则浪费苗木。如玉簪、萱草、鸢尾、马蔺等可按株距为 20cm×25cm 进行栽植；甘野菊、一枝黄花、大花秋葵等冠幅大的地被植物，可适当将株行距加大到 40cm×40cm。对于自播繁殖能力强的二月兰、紫花地丁、美女樱等地被植物，可先行播种，翌年自播繁衍，种子受风力影响可能造成分布不均匀，对于过密处的幼苗要及时疏苗，补植地被稀疏的地方，以免植物过密而瘦弱，导致开花不好，或者过稀又裸露地面，此时可人工辅助使其达到合理的株行距。对于较大的灌木植株如迎春、连翘，可根据景观布置要求进行群体栽植、片植或 3 ～ 5 丛植。对于较小的灌木苗，也可几株合并栽植以扩大灌群。如果是较快覆盖地面的大面积景观地被，可以先密植，以后视生长势逐渐疏苗，移去部分植株，以平衡其生长势。

（三）地被植物的养护

1. 防止水土流失

栽植地的土壤须保持疏松、肥沃，排水一定要好。一般每年检查 1 ～ 2 次，暴雨过后要仔细查看有无冲刷损坏。水土流失严重的地区，应立即采取措施，堵塞漏洞。

2. 增加土壤肥力

在地被植物生长期内，应根据各类植物的需要及时补充肥力，尤其是一些观花地被植物。常用的方法有喷施法，方法简便，适合大面积使用，可在植物生长期进行，以增施稀薄的硫酸铵、尿素、过磷酸钙、氯化钾等无机肥为主，也可在早春、秋末、植物休眠前后撒施，结合覆土，这样对植物越冬有利。要因地制宜充分利用堆肥、饼肥、河泥及其他有机肥源。在一些比较贫瘠的土地上栽植地被植物，还要根据土壤的不同及其养分含量的不同，以及不同植物的不同生育期，进行平衡施肥。

3. 抗旱浇水

地被植物一般要选适应性强的抗旱品种，可不必浇水，但出现连续干旱少雨时，为防止地被植物严重干旱应浇水。

4. 病虫害防治

地被植物要有较强的抗病虫力，有时由于排水欠佳或施肥不当等也会引起病虫害发生，大面积地被栽植易发生立枯病，能使成片地被植物枯萎，应采用喷药预防，阻止其蔓延扩大。其次应注意防治灰霉病等。

5. 防治空秃

地被植物在出现空秃时会影响观赏效果，要立即检查，翻松土层，如土质差应换土补栽。

6. 更新复苏

当成片地被植物出现过早衰老时，应对表土刺孔，使根部土壤疏松透气，同时加强水肥管理，利于更新复苏。对一些观花类多年生地被植物，应每隔 5 ～ 6 年进行一次分株翻种，以免引起自然衰退。分株翻种时，应将衰老植

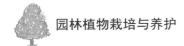

株及病株去掉，选健壮植株重新栽种。

7. 修剪

一般低矮品种不需经常修剪，以粗放管理为主，对一些少数带残花或者花茎高的，须在开花后适当压低，或结合采收种子适当修剪。

第七节　水生植物栽植技术

一、水生植物栽植技术

（一）水生植物的分类

水生植物一般指常年生长在水中或沼泽地中的多年生草本植物。按其生态习性可分为以下几种。

1. 挺水植物

植株高大，直立挺拔，花色艳丽，绝大多数有茎叶之分，根生于泥中，茎叶挺出水面，如荷花、千屈菜、菖蒲、泽泻等。

2. 浮水植物

根生于泥水中，无明显地上茎或茎细弱不能直立，叶面浮于水面或略高于水面，花大色艳，如睡莲、王莲、芡实等。

3. 沉水植物

根生于泥水中，茎叶全部沉于水中，仅在水浅时偶尔露出水面，具有发达的通气组织，如莼菜、狸藻等。

4. 漂浮植物

根伸展于水中，叶浮于水面，随水漂浮流动，在水浅处可生根于泥中，生长速度快，如浮萍、凤眼莲等。

（二）水生植物的特点

水生植物依赖水而生存，其在形态特征、生长习性及生理机能等方面与陆生植物有明显的差异。主要表现在以下方面。

1. 通气组织发达

除少数湿生植物外，水生植物体内都具有发达的通气系统，可以使进入水生植物体内的空气顺利地到达植株的各个部分，尤其是处于生长阶段的荷花、睡莲等。从叶脉、叶柄到膨大的地下茎，都有大小不一的气腔相通，保证进入到植株体内的空气散布到各个器官和组织，以满足位于水下器官各部分呼吸和生理活动的需要。

2. 机械组织退化

通常有些水生植物的叶及叶柄部分生长在水中，不需要有坚硬的机械组织来支撑个体，所以水生植物不如陆生植物坚硬。又因其器官和组织的含水量较高，因而叶柄的木质化程度较低，植株体比较柔软，水上部分的抗风力也差。

3. 根系不发达

一般情况下，水生植物的根系不如陆生植物发达。因为水生植物的根系，在生长发育过程中直接与水接触或在湿土中生活，吸收矿物质营养及水分比较省力，因而导致其根系缺乏根毛，并逐渐退化。

4. 有发达的排水系统

正常情况下，水生植物体内水分过多，也不利于植物的正常生长发育。水生植物在雨季或气压低，或植物的蒸腾作用较微弱时，能依靠体内的管道细胞、空腔及叶缘水孔所组成的分泌系统，把多余的水分排出，以维持正常的生理活动。

5. 营养器官表现明显差异

有些水生植物为了适应不同的生态环境，其根系、叶柄和叶片等营养器官在形态结构上表现出了不同的差异。如荷花的浮叶和立叶，菱的水中根和泥中根等，它们的形态结构均产生了明显的差异。

6. 花粉传授有变异

由于水体的特殊环境，某些水生植物如沉水植物为了满足花粉传授的需要就产生了特有的适应性变异。例如，苦草为雌雄异株，雄花的佛焰苞长6mm，而雌花的佛焰苞长12mm。金鱼藻等沉水植物具有特殊的有性生殖器官，能适应以水为传粉媒介的环境。

7. 营养繁殖能力强

营养繁殖能力强是水生植物的共同特点，如荷花、睡莲、鸢尾、水葱、芦苇等利用地下茎、根茎、球茎等进行繁殖；金鱼藻等可进行分枝繁殖，当分枝断掉后，每个断掉的小分枝，又可长出新的个体；黄花蔺、荇菜、泽苔草等除根茎繁殖外，还能利用茎节长出的新根进行繁殖；苦草、菹草等在沉入水底越冬时就形成了冬芽，翌年春季，冬芽萌发成新的植株。水生植物这种繁殖快且多的特点，对保持其种质特性，防止品种退化以及杂种分离都是

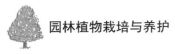

有利的。

8.种子幼苗始终保持湿润

因水生植物长期生活在水环境中，与陆生植物种子相比，其繁殖材料如种子（除莲子）及幼苗，无论是处于休眠阶段（特别是睡莲、王莲），还是萌芽生长期，都不耐干燥，必须始终保持湿润，若受干则会失去发芽力。

二、任务实施

（一）面积较小的水池中水生植物的栽培技术

先将池内多余水分排出，使水位降至 15cm 左右，再按规划设计要求，用铲子在种植点挖穴，将选好的水生植物秧苗直立放入穴中，用土盖好。

（二）较高水位湖塘中水生植物的栽培技术

1.围堰填土法

冬末春初期间，大多数水生植物尚处于休眠状态，雨水也少，此时可放干池水，按绿化设计要求，事先按栽植水生植物的种类及面积大小进行设计，再用砖砌起抬高种植穴后进行栽植。适用于栽植王莲、荷花、纸莎草、美人蕉等畏水深的水生植物种类及品种。

2.抛植法

此法只适合于荷花的种植，当不具备围堰条件时，用编织袋将荷花数株秧苗装在一起，扎好后，加上镇压物（如砖、石等），抛入湖中。

（三）容器栽植法

1.容器的准备

栽培水生植物（如荷花、睡莲等）的容器，通常有缸、盆、碗等。选择哪种容器，应视植株的大小而定。

2.栽植技术

先将容器内盛泥土，至容器的 3/5 即可，要使土质疏松，可在泥中掺一些泥炭土。将水生植物的秧苗植入容器中，再掩土灌水。有一些种类的水生植物（如荷藕等）栽种时，要将其顶芽朝下成 20° ~ 25° 的斜角，放入靠容器的内壁地方，埋入泥中，并让藕秧的尾部露出泥外。像王莲、纸莎草、美人蕉等可用大缸、塑料筐填土种植。

第八节 观赏竹类及棕榈类栽植技术

一、观赏竹类及棕榈类栽植技术

（一）观赏竹的分类

竹类植物是多年生常绿单子叶植物，包括常绿乔木、灌木、藤本，少数呈草本状，且杆形矮小，质地柔软。竹类茎多中空，有节。竹子有地下茎，是营养贮藏输导器官，也是强大的分生繁殖器官。竹类的地下茎是其在土壤中横向或短缩生长的茎。茎部分节，节上生根长芽。芽可抽生新的地下茎或发笋长竹。竹类只有须根，无主根。竹子地下茎的形态因竹种而异，根据其地下茎的分生繁殖和形态特征可以分为以下三类。

1. 单轴型

单轴型地下茎细长，横走地下，称为竹鞭。鞭上有节，节上生根，每节一芽，交互排列。芽既能抽生新鞭，在土壤中蔓延生长，又能出笋长竹，竹株稀疏散生，又称为散生竹类，如毛竹、桂竹、罗汉竹等。

2. 合轴型

合轴型地下茎短缩，节密根多，杆基形似烟斗，无横走的地下茎。杆基有4～8枚大型芽交互排列，竹株密集丛生，又称丛生竹型，如慈竹、佛肚竹、凤尾竹、麻竹、孝顺竹、青皮竹等。

3. 复轴型

复轴型地下茎有真正的竹鞭，兼有单轴型和合轴型的繁殖特点，既有横走地下的细长竹鞭，又有短缩地下茎、发笋生长的竹株，兼具散生竹型和丛生竹型的双重特点，故又称为混生竹型，如方竹、菲白竹、箸竹、箭竹等。

（二）观赏竹的生态学特性

观赏竹一般都喜温暖、湿润的气候和水肥充足、疏松的土壤条件。它喜光，也有一定的耐阴性，一般生长密集，甚至可以在疏林下生长。

不同类型的观赏竹对温度、湿度和肥料的要求也有不同。一般丛生竹对水肥的要求高于混生竹，混生竹高于散生竹。散生竹耐低温程度大于混生竹，混生竹又大于丛生竹。所以在自然条件下丛生竹多分布于南亚热带和热带江河两岸及溪流两旁，而散生竹多分布于长江与黄河流域平原、丘陵、山坡和较高海拔的地方。

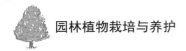

（三）母竹的选择

母竹质量主要反映在年龄、粗度、长势及土球大小等方面。

1.母竹年龄

散生母竹的选择以1～2年生鞭芽饱满、鞭根健全、生长健壮、枝叶繁茂、叶色深绿、竹节正常、无病虫害及开花迹象为宜，因其芽肥大且多，组织充实、内含物丰富，恢复再生能力强，发笋、成竹量多。而三年以上老龄竹年龄过大，发笋能力差，成林慢，不宜做母竹。不满一年生的母竹易折断，也不宜做母竹。丛生母竹要选择生长健壮、大小适中、无病虫害、秆茎芽眼肥大、须根发达的1～2年生母竹，留枝2～3盘。

在竹林边缘或稀疏竹林中的大龄竹，由于竹叶繁茂，光合作用产物多，养分充足，抽鞭发笋能力及抗风、抗旱能力强，当年可出笋，同时挖掘时不易伤鞭根，所以在此阶段选择母竹有利于提高栽植成活率。

2.母竹粗度

一般选择直径为2～4cm的母竹，竹秆过粗，在挖掘、搬运、栽植时易损伤竹芽，从而加大工作量，且母竹蒸腾量大，失水多，栽后易被风吹动，影响栽植成活率；过细时挖掘及栽植容易，成活率高，但竹体内营养物质少，抽鞭发笋能力弱。

（四）观赏竹类栽植方法

1.移竹栽植法

在园林绿化应用中常采用此法，其栽植能否成功要看母竹是否发笋长竹。如果栽植后2～3年还不发笋，则说明栽植失败。

（1）丛生竹栽植

丛生竹主要分布于我国广东、广西、福建、云南、四川和重庆等地，而珠江流域为其分布中心。其种类很多，竹秆大小和高矮相差悬殊，但繁殖特性和适生环境的差异一般不大，因而在栽培管理上也大致相同。

（2）散生竹栽植

散生竹栽植成功的关键是要保证母竹与竹鞭的密切联系，所带竹鞭具有旺盛孕笋和发鞭能力。由于散生竹种的生长规律和繁殖特点大同小异，因而栽植技术相似。

（3）混生竹的栽植

混生竹的种类很多，大都生长矮小，虽除茶秆竹外其经济价值多不大，但其中如方竹、菲白竹等则具有较高的观赏价值。混生竹既有横走地下茎

（鞭），又有秆基芽眼，都能出笋长竹，其生长繁殖特性在散生竹与丛生竹之间，栽植方法可二者兼而有之。

2. 移鞭法

当母竹不足时可采用移鞭法建园。移鞭法的优点是不带母竹，运输方便。但竹鞭上长出的新竹细小，成林时间长，同时若当年不发新竹，母鞭得不到足够的有机养分供应，会失去生活能力，第二年也不会再发笋长竹。

3. 埋节法

埋节法即先利用单节秆段在圃地中育苗，然后移植造林。凡是竹秆或竹枝具有隐芽的丛生竹类都可用此法繁殖。

（1）插秆要求

要求母竹生长健壮，无病虫害。截取节段以隐芽饱满的 1～2 年生秆的中下部各节为宜。

将选定的母竹整齐地砍断，削去竹梢，各节枝条除主枝留第一节外，全部从基部剪除。按母竹及各节隐芽的健壮程度锯截成单节段或双节段，其节下保留 20～25cm，节上保留 10cm 左右。随砍随埋，成活率较高，若不能及时埋下，可放在流动的清水里或埋入湿沙中，以原条保存为好。

（2）节段的处理

为了促进生根，埋节前可用植物生长素处理，如吲哚乙酸。采取平埋法、斜埋法和直埋法等，在圃地较高、土壤较干燥、日晒强烈的地方，为减少竹节蒸发，提高成活率，可采用平埋法。按株行距 15cm×25cm 开沟，深宽 10～15cm。再将节段切口塞满湿泥，双节段还需在两节之间凿一小口，注水封泥。然后把节段平放沟中，节上切口向上，节下切口向下，节芽（枝）向两侧，覆土 3cm 左右，稍加压实，最后盖草淋水。斜埋和直埋方法与此相似，斜埋时切口向上，节芽（枝）向两侧，与地面倾斜 20° 左右。

埋节后要经常管护，雨水多时要排除积水，干旱时要适当灌溉，出现露节现象时要及时培土。当竹节隐芽出土 3cm 左右时，每节留 1～2 个芽，抹除多余的弱芽，然后覆土。竹苗生根后可施些稀释的氮肥或人粪尿，并经常除草，防治病虫害，以利竹苗生长。

园林中栽植具有竹鞭的散生竹和混生竹时，为了避免不定向的伸展，破坏其他的植物景观，在竹子栽植的范围边缘应加设地下隔离墙。其高度以竹种与土壤质地而定，一般为 25～60cm，但大型竹种在土质较好的地方则需要高 100cm 左右，以防止竹鞭伸展到其他植物丛或群落中。

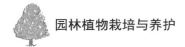

二、观赏竹类及棕榈类栽植实施

（一）观赏竹类栽植技术

1. 栽植地的选择

在园林绿化设计中，要根据毛竹的生长特性和生物学特性选择栽植地，毛竹在土层深厚、肥沃、湿润、排水和通气良好，并呈微酸性反应的壤土上生长最好，沙壤土或黏壤土次之，重黏土和石砾土最差。过于干旱、瘠薄的土壤，含盐量 0.1% 以上的盐渍土和 pH 值 8.0 以上的钙质土以及低洼积水或地下水位过高的地方，都不宜栽植毛竹。

2. 母竹的挖掘与运输

（1）挖掘

母竹选定后，先判定其竹鞭的走向。一般毛竹竹秆基部弯曲，竹鞭多分布于弓背内侧，分枝方向与竹鞭走向一致。在离母竹 30cm 左右的地方找鞭，按来鞭（即着生母竹的鞭的来向）20～30cm、去鞭（即着生母竹的鞭向前钻行将来发新鞭长新竹的方向）40～50cm 的长度截断竹鞭，沿竹鞭两侧 20～35cm 的地方开沟深挖，一起挖出竹鞭与母竹，带土 25～30kg。毛竹无主根，干基及鞭节上的须根再生能力差，一经受伤或干燥萎缩很难恢复，不易栽活。因此，挖母竹时要注意鞭不撕裂，保护鞭芽，少伤鞭根，不摇竹秆，不伤母竹与竹鞭连接的"螺丝钉"。凡是带土多、根幅大的母竹成活率高，发笋成竹也快。挖出母竹后，留枝 4～6 盘，削去竹梢，注意使切口光滑、整齐。

（2）包装运输

母竹挖出后，若就近栽植则不必包扎，要防止鞭芽受损或宿土震落。远距离运输必须将竹蔸鞭根和宿土一起包好扎紧。包扎方法是：在鞭的近圆柱形的土柱上下各垫一根竹竿，用草绳一圈一圈地横向绕紧，边绕边捶，使绳土密接，并在鞭竹连接，即"螺丝钉"着生处侧向交叉捆几道，完成"土球"包扎。在搬运和运输途中，要注意保护"土球"和"螺丝钉"，并保持"土球"湿润。装车后，先在竹叶上喷少量水，再用篷布将竹子全部覆盖好，防止风吹，减少水分散失。卸车时要小心，不要拖、压、摔、砸土球。

3. 栽植

栽植坑穴一般长 100cm、宽 60cm。在坑穴底部垫土约 10cm。根据竹蔸大小和带土情况，修整坑穴，放入竹蔸，除去包装，顺应竹蔸形状，使竹鞭自然舒展，与土壤紧密接触，分层回填土壤踏实。填土厚度比原土痕深

3～5cm，太深底层土温低、通气不良，不利于鞭根的生长和笋芽的发育，易腐烂且笋出土阻力大；太浅易被风吹倒，鞭根易裸露失水。中小型观赏竹通常生长较密，因此可将几支一同挖起作为一株母竹，每株1～2支，母竹挖起后应砍去竹梢，保留4～5盘分枝，修剪过密枝叶，以减少水分蒸发，提高种植成活率。

4. 灌定根水

栽后灌足水，进一步使根土密接。浇透后再覆一层松土，并在竹秆基部堆成馒头形。为了保墒还可以在土堆上加盖一层稻草，防止栽植穴内水分蒸发。

5. 栽后管理

如果母竹高大或在风大的地方栽植时要在栽植后立支架，以防风吹竹秆摇晃，降低栽植成活率。栽植后进行常规的养护管理，如发现露根、露鞭或竹蔸松动，要及时培土覆盖。松土除草时不要损伤竹根、竹鞭和笋芽。在9月以后孕笋期停止松土除草。

（二）棕榈类植物栽植技术

1. 移植前的准备

栽植地的选择：除低湿、黏土、风口等处外均可以栽植，以土壤湿润、肥沃深厚、中性、石灰性、微酸性黏质壤土为好，并要注意排水。

植株的选择与挖掘：园林中栽植的苗木以生长旺盛、高度为2.5m的健壮树为好。棕榈无主根，根系分布范围为30～50cm，有的可扩展到1～1.5m，爪状根分布紧密，深为30～40cm，最深可达1.2～1.5m。对将要进行移植的棕榈提前断根处理，断根后土球大小约为地径的2倍，断根处深度为50～60cm。断根后最好保留30天以上，待新根开始萌动时再移植。植株起好后对于运输距离较远的应进行包扎，运输距离较近的一般不包扎，但要注意保湿。

挖栽植穴、施基肥：种植地点在移植前20天挖好穴，穴规格一般是土球的1.5倍，并及时施好基肥。

2. 起苗、包装及运输

起挖时应尽可能带大土球，并防止土球松散和开裂，尽量保护根系组织，把根群的损伤程度减到最小，以便能维持正常的呼吸作用和吸水能力，提高移植成活率。同时，施工时应准确放线定穴，避免返工。在起挖、搬运、装卸植株的施工过程中，应使其茎干部分免受损伤，假茎部分不被挤压和弯曲，

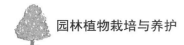

这也是植株健康及尽快复壮的保证。

3. 叶片修剪

移植时所留叶片的数量，应根据种类不同、移植时的气候、移植及养护条件等综合判断。一般应以保留原叶片数的 40% 左右、总叶量的 30% 左右为宜。留叶过多会因水分蒸发过量而造成叶片枯黄；留叶过少则植株恢复困难且周期长，初期的景观效果也不好，故应慎重对待。至于叶片修剪的形状，应以减少叶片在空气中的暴露面积为原则，故不宜为争高度而采用"排骨"修剪法造成全部叶片受到损伤。

4. 栽植

挖穴、修穴：开挖足够大的种植穴，并在种植穴内加入腐熟的农家肥及复合肥，以利栽植后快速恢复生长。棕榈植物在移植时损伤了大部分根尖，而在移植后的一个月内又未萌发新的根尖，因此植株的吸水能力较弱，此时若土壤透气性好，则有利于苗木成活。

栽植：棕榈叶大柄长，成片栽植时株行距不小于 3m 植穴挖好后先回填一些疏松的土壤，并踩实。然后放入植株，分层回填土，填土到植穴深的一半时，将树向上提起，然后将土拍实，继续填土再拍实，直至填土至根颈处。

固定：用三根竹搭成三角状支撑是最经济实用的方法，绑扎高度在树干的 2/3 处。

第四章　园林植物养护管理

第一节　园林植物生长调查

一、园林植物生长调查的相关知识

生长和发育是生物所特有的现象。园林树木通过细胞的分裂、扩大和分化，使其重量和体积不可逆的增加称为生长。在园林植物生长过程中，通过细胞、组织和器官的分化，使植物体结构和功能从简单到复杂的变化过程称为发育。植物的生长和发育是紧密联系的，体现于植物整个生命活动过程中，其不仅受遗传基因的支配控制，同时还受环境条件的影响。

（一）园林植物的生命周期

由种子繁殖的园林植物，其个体发育的变化过程是指卵细胞受精产生合子开始，发育成胚胎，形成种子，萌发成幼苗、长大、开花、结实，直至衰老死亡的全过程，也称为园林植物的生命周期。营养繁殖的园林植物的生命周期是指从繁殖开始直至个体生命结束的全过程。总之，园林植物的生命周期是指从生命开始到生命结束的生活史。植物在生命过程中，始终存在着地上部分与地下部分、生根与发育、衰老与更新、整体与局部等的矛盾。

对园林植物的栽培与养护就要根据园林植物的生命周期的节律性变化规律及其与外界环境的关系，发现矛盾，采取相应的栽培养护措施，调节和控制园林植物的生长发育，使其健壮生长，充分发挥其园林绿化、美化功能和其他效应。

1. 木本园林植物的生命周期

（1）胚胎期

胚胎期指从卵细胞受精形成合子开始到胚具有发芽能力时止。胚胎期主要是促进种子的形成、安全贮藏，并适宜的环境条件下播种并使其顺利发芽。而有的种子成熟后给予发芽条件还不能立即发芽，必须经过一段时间的休眠后才能发芽。

（2）幼年期

幼年期指从种子萌发到植株第一次开花止。幼年期是植物地上、地下部分进行旺盛的离心生长的时期。植株在高度、冠幅、根系长度、根幅等方面生长很快，根系扩展比树冠快，光合作用与吸收面积迅速扩大，同化产物积累逐渐增多，为营养生长转向生殖生长创造了条件，并做好了第一次开花的准备。

幼年期的特点是可塑性大，对外界环境条件有较强的适应能力，易接受外界环境对其产生的影响，是定向培育的有利时期。幼年期的长短因树种、品种、环境条件和栽培技术的不同而不同。如月季为1年，桃、李、杏为3～5年，云冷杉及银杏等为20～40年，红松为60年以上。即速生树种幼年期短，而慢生树种幼年期长。

栽培措施：①加强土壤管理，充分供应水肥，促进营养器官均衡而健康地生长；②培育良好的树体结构，轻修剪，多留枝条，使树木根深叶茂；③对观花、观果树木，要促进其生殖生长，控制顶芽，促进侧芽萌发和侧枝生长，促进花芽形成，为提早开花做准备；④在苗木休眠期加强树体管理，使树木能安全越冬，如浇防冻水、树干缠干等。

（3）青年期

青年期指从植株第一次开花到大量开花前，花果性状逐渐稳定为止。此期的特点是树冠和根系迅速扩大，是离心生长最快的时期，能达到或接近最大营养面积，是生长占优势向生长与发育趋于平衡的过渡时期，这个时期的长短取决于养护管理程度。这个时期同时也开始开花结实，且数量逐年上升，但花、果的数量少且质量差。

栽培措施：①以观花、观果为目的的，为了促进其迅速进入壮年期，要轻修剪，以促进树体结构尽快建成，使树冠尽早达到预定的最大营养面积，同时缓和树势，促进花芽的形成，培养骨干枝和丰满优美的树形，为壮年期的大量开花打下基础；②要合理施肥，加强土壤和水分的管理，对生长过旺的植物要少施氮肥，多施磷钾肥，适当控制水分，以缓和营养生长；③对于生长势弱的植物，适当增加肥水管理，促进植物体的生长。

（4）壮年期

壮年期指从植株大量开花结实开始，到结实量大幅下降为止，是观花、观果植物一生中最具观赏价值的时期。此期的特点是根系和树冠达到最大，树冠分枝数量增多，花芽发育完全，开花结果部位扩大，数量增多，是树冠及开花结果的稳定时期，并且叶片、芽及花等的形态表现出定型的特征，开花结果趋于平衡，但由于开花结果数量增多，营养物质消耗加大，易出现开花结果的大小年现象，加强管理可减少或消除此现象。同时根系和枝条的生长受到抑制。此期的后期，骨干枝离心生长停止，树冠顶部和主枝先端出现枯梢，地下部分的须根大量死亡，树冠内部发生少量生长旺盛的更新枝，开始出现向心更新。

栽培措施：最大限度地延长植物的壮年期，使其长期地发挥观赏作用。①提供充足的肥水，要早施基肥，分期追肥，施肥量随开花结果量逐年增加；②合理整形修剪，使生长、结果及花芽分化达到稳定平衡状态；③在大年时适当疏除多余的花果，并将病虫枝、老弱枝、重叠枝、下垂枝、干枯枝疏剪掉，改善树冠通风透光条件，对于生长势衰弱的树木，可适当重剪、回缩更新，加强土壤管理，加大肥水供应，保证树体健壮，防止树体早衰，延长壮年期。

（5）衰老期

衰老期指树冠逐渐缩小，开花结实量逐渐下降，树势下降直至死亡。此期的特点是根系和叶片的吸收及合成能力下降，且开花和结果消耗了大量营养物质，致使植物体内贮藏的营养物质越来越少，骨干枝、骨干根大量死亡，营养枝和结果母枝越来越少，枝条纤细且生长量很小，树体生长严重失衡，树冠更新复壮能力减弱，抗逆性显著降低，木质腐朽，树皮剥落，树体衰老，对外界不良环境抵抗能力降低，直至最后死亡。

栽培措施：①对于花灌木要促其萌芽更新，或砍伐重新栽植；②对于古树名木要采取更新复壮技术，尽可能延续其生命周期。

2. 草本植物的生命周期

（1）一、二年生草本植物的生命周期

一、二年生草本植物的生命周期为 1～2 年，一生经过胚胎期、幼苗期、成熟期、衰老期。

胚胎期：从卵细胞受精发育成合子起至种子发芽止。

幼苗期：从种子发芽起至第一次开花止。一般经历 2～4 个月，二年生草本花卉多数要经过冬季低温，在第二年春天才能进入开花期。

栽培措施：此期加强土肥水管理，使植株尽快达到一定的高度和株形，为开花打下良好基础。

成熟期：从植株大量开花起至开花减少止。此期植株大量开花，花色、

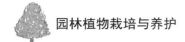

花形是其固有的最稳定、最有代表性的时期，是观赏盛期，一般持续 1～3 个月。

栽培措施：为提高观赏效果，延长观赏期，要加强水肥管理，同时对枝条进行摘心、扭梢处理，使其萌发更多的侧枝并开花。

衰老期：从开花大量减少，种子逐渐成熟起至植株枯萎死亡，是种子的收获期。此期应及时采收种子，以免种子散落。

（2）多年生草本植物的生命周期

多年生草本植物各生长发育阶段与木本园林植物相似，但生长时期比木本园林植物相对短些，其需要经历幼年期、青年期、衰老期这几个时期。

（二）园林植物的年生长发育周期

1. 树木的物候期

树木的年周期是指树木自春季休眠芽开始萌发，经过夏秋生长，冬季再以休眠芽过冬，到第二年春天休眠芽萌发前的时间。树木的年生长周期是指树木每年都有与外界环境相适应的形态和生理机能的变化，并呈现出一定的生长发育规律性。树木在一年中，随着气候的季节性变化而发生萌芽、抽枝、展叶、开花、结实、落叶及休眠等规律性变化的现象，被称为生物气候学时期，简称物候期。树木的器官形态随季节变化而发生相应的变化，研究树木的生长发育主要是研究树木的物候期，通过观测物候期，了解树木生理机能与形态发生的节律性变化及其与自然季节变化之间的规律。进行树木物候期的观测，对园林设计、园林树木的栽植与养护具有非常重要的意义。

2. 落叶树木的年周期

温带地区的一年中有明显的四季变化，其中落叶树种在不同的物候期季相变化最为明显。一年中有两个最明显的物候特征期，一是生长期，指从春季开始进入萌芽生长后至秋季落叶前的时期。在整个生长期中树木都处于生长阶段，表现为营养生长和生殖生长两个方面。二是休眠期，即树木在冬季到来时，为了适应低温和度过不利于树木生存的环境条件，树木处于休眠状态。同时在生长期与休眠期之间又各自有一个过渡期，即从生长转入休眠的落叶期和从休眠转入生长的萌芽期，其经历的时间很短，但对植物的影响很大，当外界环境条件发生较大变化时，一些树木的抗寒性、抗旱性等常会出现与环境不相适应的状况，从而发生各种危害。

（1）萌芽期

萌芽期（休眠转入生长期）指从日平均气温稳定在 3℃以上，芽开始萌动膨大、芽的开放到叶的展出为止。树木休眠的解除，通常以芽的萌发、芽鳞片的开绽作为树木解除休眠的形态标志，而生理活动则更早。树木由休眠转入生长，要求有适宜的温度、水分和营养物质。

（2）生长期

生长期指从树木萌芽生长到秋季落叶止，这一时期包括整个生长季，是树木年生长周期中时间最长的时期，也是树木物候变化最大、最多的时期。此期树木随着季节的变化和气温的升高，会发生一系列极为明显的生命活动现象。如萌芽、抽枝、展叶、花芽的分化与形成、开花结实等过程，在这一过程中会形成许多器官，如叶芽、花芽等。生产中常以树木的萌芽作为树木开始生长的标志。

不同树种在生长期中，按其固定的物候期顺序进行着一系列的生命活动。树种不同物候顺序不同，同一树种各器官生长发育的顺序也有所不同。主要有地上部分与地下部分活动先后的顺序、展叶与开花的顺序、花芽分化与新梢生长的顺序、果实发育与新梢生长的关系等。如有的树种是先开花后放叶，有的树种先放叶、抽枝，后形成花芽并开花。

（3）落叶期

落叶期（生长转入休眠期）指从叶柄开始形成离层，至叶片落尽或完全失绿为止。秋季枝条成熟后的叶片自然脱落是落叶树木进入休眠的重要标志，说明树木已做好了越冬的准备。在新梢开始自下而上加粗生长时，就开始逐渐木质化，并开始贮藏营养物质。新梢停止生长后，其积累过程继续加强，同时有利于花芽分化和枝干的加粗。当树木的果实成熟后，其养分的积累更加突出，会一直持续到落叶前。秋季气温降低、日照变短是导致树木落叶而进入休眠的主要因素。树木在进入落叶期后，顶芽形成，高生长结束，其依靠在生长期形成的大量叶片，在秋季适宜的温度、湿度、光照条件下，进行旺盛的光合作用，从而使枝条木质化，并将养分向贮藏器官或根部转移，进行养分的积累和贮藏。树木体内的水分逐渐减少，细胞液浓度提高，增强了树木的越冬能力，为树木的休眠和下一年的生长创造了条件。

（4）休眠期

休眠期指秋季树木正常落叶至翌春树液流动，芽开始膨大时为止这一时期。它是树木进化中为适应不良环境，如低温、高温、干旱等所表现出来的一种特性。正常的休眠有冬季、夏季和旱季的休眠，树木夏季休眠一般只是某些器官的活动被迫休止，并不是表现为落叶。温带、亚热带的落叶树休眠，主要是对冬季低温所形成的适应性。所以，休眠是相对生长期而言的一个概念，即休眠是相对的。根据休眠期的生态表现和生理活动特性，可以分为自

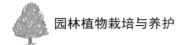

然休眠和被迫休眠。

自然休眠：也叫深休眠或熟休眠，是由树木生理过程所引起的或由树木遗传性所决定的。落叶树进入自然休眠后，要在一定的低温条件下经过一段时间后才能结束。在未通过自然休眠时，即使给予树木以适合生长的外界条件，也不能萌芽生长。

被迫休眠：落叶树在通过自然休眠后，因外界条件不适宜，芽不能萌发而呈休眠状态，一旦条件合适，芽就会开始生长。

（三）树木根系的生长

1. 根系在土壤中的分布

各类根系在土壤中生长分布的方向不同，有的水平生长、有的垂直生长。根据根系在土壤中生根的方向分为水平根和垂直根。

（1）水平根

水平根多数是沿着土壤表层的平行方向生长。在土壤中分布深度和范围依地区、土壤、树种、繁殖方式、砧木等不同而发生变化。如红皮云杉、落羽杉、刺槐、梅花、桃花、连翘、榆叶梅等水平根系分布在 30～40cm 较浅的土层内，属于浅根性树种；油松、核桃、银杏、苹果、梨、樟树及栎树等水平根系分布较深，属于深根性树种。水平根的横向分布，从定植的第二年起即超出树冠范围，甚至可以是树冠的 2～3 倍。

根系的水平分布范围受土壤质地、水分和养分管理的影响很大。生长在深厚肥沃的土壤中和经常进行土肥水管理的树木，水平根的分布区域较小，而分布区内的须根特别多；生长在干燥瘠薄土壤中的水平根分布区域较大，但须根稀少。

（2）垂直根

垂直根是与土表呈垂直方向生长的根系。垂直根将树木固定在土壤中，从较深的土层中吸收水分、养分及微量元素。其分枝弱、寿命长，与水平根之间有过渡类型的根。垂直根的入土深度取决于土层厚度及其理化特性。在疏松、通气良好、肥沃的土壤中，垂直根发育较强，在地下水位高或土壤下部有不透水层的情况下，则限制根系向下发展。如土壤下层有孔隙或孔道，树木根系甚至可深达 10m 以上。其深浅因树木种类、砧木不同而有很大的变化，如银杏、核桃、油松等具有较强的垂直根，梅花、金银木、连翘等垂直根不发达。

不同树种根系在土壤中生长的深浅程度不同，根据根系在土壤中生长的深浅可分为深根性根系和浅根性根系。

深根性根系：其根系主根发达，深入土层，垂直向下生长，如马尾松一年生苗的主根长达 20 ～ 30cm，长大后可深达 5m 以上。具有深根性根系的树种称为深根性树种。

浅根性根系：根系的主根不发达，侧根或不定根向四面扩张，长度远远超过主根，根系大部分分布在土壤表层，如刺槐的根系一般分布在 30 ～ 40cm 的土壤中，将具有浅根性根系的树种称为浅根性树种。

树木根系的深浅既由植物的遗传特性决定，也受外界环境条件，特别是土壤条件的影响。长期生长在河流两岸或低湿地区的树种，如柳树、枫杨等，因其在较浅的土壤中就能获得足够的水分，因而形了成浅根性根系的特性；生长在干旱地区的马尾松和生长在沙漠地区的骆驼刺，为了生存要从土壤深层获得水分，则形成了深根性根系的特性。同一树种生长条件不同，根系也会发生变化，如浅根性的柳树，生长在地下水位低、土质疏松、排水及通气良好的土壤中，也可以形成较深的根系。同样，深根系的马尾松生长在土壤瘠薄的荒山中，根系分布就会比较浅。

2. 影响根系生长的因素

（1）树体内的有机营养

根的生长、吸收、合成等都取决于地上部分供应的有机营养。发新根除与外界环境有关外，与地上部分供应的有机营养的多少有密切关系，营养物质丰富，发出的新根就多，发根时间长，根系生长旺盛。如果开花、结果过多或叶片受到伤害时，会造成养分供应不足，导致根系会明显受到影响，此时即使给予其施肥、灌水等处理，也很难改善根系的生长状况，应及时采取疏花、疏果措施，减少有机养分的消耗，或通过保叶措施改善叶的机能，将会有明显的恢复和促进根系生长发育的作用。

（2）土壤温度

树木根系的活动与土壤温度有密切关系，树种不同对土壤温度要求也不同。一般原产北方的树种对土温的要求较低，而南方树种对土温的要求较高，冬季土壤温度过低会导致根系生长缓慢，甚至停止，但土温过高也会造成根系的灼伤与死亡。

（3）土壤的含水量与通气状况

树木根系的生长与土壤的含水量及通气状况有密切关系。最适宜树木根系生长的土壤含水量是占土壤最大田间持水量的 60% ～ 80% 的含水量。当土壤含水量低到某一限度时，即使温度和其他因子都适宜，也会使根系的生长受到破坏。当土壤干旱时，土壤溶液的浓度变高，根系不能正常吸收水分，

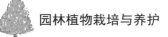

从而发生外渗现象，因此在施肥后一定要立即浇水，以利于根系的吸收。同时，土壤干旱也会使根的木质化加速，自疏现象严重，且开始死亡。在根系正常生长范围内使土壤适度干旱，土壤通气性好，地上部受到一定的生长抑制，对根系生长发育和花芽分化都有好处。

（4）土壤肥力

树木根系总是向肥多的方向生长，当土壤肥沃或在施肥的条件下，根系发达，细根多且密，生长活动时间长。反之，在瘠薄的土壤中，根系生长瘦弱，细根稀少，生长时间缩短。因此，施肥可以促进树木吸收根的生长，适当增施无机肥（如氮肥和磷肥），可以促进植物枝叶生长，从而间接促进根系的生长。但如果施用氮肥过量则会引起树木枝叶徒长而削弱了根系的生长。微量元素如硼、锰等对根系的生长发育都有良好的影响。另外，根系的生长还受土壤的厚度及质地的影响。

（四）树木的年生长量和生长势

树木每年以新梢的生长来不断扩大树冠，新梢生长包括加长生长和加粗生长。一年内枝条生长达到的长度与粗度，称为年生长量。在一定时间内，枝条加长生长和加粗生长的快慢，称为生长势。生长量和生长势是衡量树木生长强弱与某些生命活动状况的常用指标，也是栽培措施是否得当的判断依据之一。

二、园林植物生长调查过程

（一）树木根系生长的调查

原产温带、寒带的树木根系生长所要求的温度较低，与地上部分相比，生长开始的早，结束的晚。并且只要能满足所需的条件，全年都可以不断地生长。但是，当外界环境条件恶劣时，根则被迫停止生长进入休眠。亚热带树种根系活动要求温度高，因此在北方栽植时先发芽后发根。在寒冷地区春天气温高于地温，树木通常是先发芽后发根。一般在叶片大量形成后、枝梢生长缓慢或停止生长时，是树木发根最多的时期。而根系与果实发育的高峰又是相反的，所以当年的结实量，也会明显影响根系的生长。这是树木体内营养物质调节与平衡的结果。

一般生长在温带寒地的落叶树木，根系能在较低的温度下先于枝芽开始活动。而生长于亚热带的树种，其根系开始生长要求的温度高，在冬春较为寒冷的地区，因早春地温升高得慢，气温升高相对快，则先发芽后发根。

（二）树木枝的生长调查

1. 树木枝的加长生长调查

（1）新梢开始生长期调查

新梢开始生长期叶芽幼叶伸出芽外，节间伸长，幼叶分离。节间较短，叶片由前期形成的芽内幼叶原始体发育而成，其叶面积较小，叶形与后期叶有一定的差别，叶的寿命也较短，叶腋内侧芽的发育质量差，常成为潜伏芽。此期的新梢生长主要依靠于树体在上一生长季节贮藏的营养物质，新梢生长速度慢。

（2）新梢旺盛生长期调查

新梢开始生长后，随着叶片的增多和叶面积的加大，枝条很快进入旺盛生长期。枝条明显伸长，幼叶迅速分离，叶片增多，叶面积加大，光合作用加强，生长量加大，节间逐渐变长，糖分含量低，树体内非蛋白氮含量多，新梢生长加速。叶片具有该种或品种的代表性，叶片较大、寿命长、叶绿素含量高、同化能力强、侧芽饱满，此期枝条的生长由利用贮藏物质转为利用当年的同化物质。所以，上一生长季节的营养贮藏水平和本期肥水的供应对新梢生长势的强弱有决定性的作用。

（3）新梢缓慢生长与停止生长期调查

此期枝条的节间缩短，新梢生长量减少，生长速度变缓，顶芽形成，新生叶片变小，枝条生长停止，叶片衰老，光合作用逐渐减弱，枝内形成木栓层，枝条开始积累淀粉和半纤维素，蛋白质的合成加强，枝条充分木质化并转向成熟。枝条停止生长的早晚与树种、部位及环境条件关系密切，一般北方树种早于南方树种，成年树木早于幼年树木，观花和观果树木的短果枝或花束状果枝早于营养枝，树冠内部枝条早于树冠外围枝条，有些徒长枝会因没有及时停止生长而受冻害。有时由于土壤缺乏营养、透气性差、过于干旱等，会使枝条提前 1 ～ 2 个月结束生长，但如果后期施用过多氮肥、灌水过多等均能导致枝条生长期延长，在北方这些树木枝条极易受到冻害。

2. 树木枝的加粗生长调查

枝条加粗生长比加长生长开始的晚，停止的也晚。同一株树下部枝条加粗生长比上部稍晚。春天芽萌动时，芽附近的形成层先开始活动，再向枝条基部发展。所以，落叶树木形成层的活动晚于萌芽。枝条下部形成层细胞开始分裂的时期出现得相对较晚。枝条加粗生长所需的营养主要是上年贮备的，当新梢不断加长，形成层活动持续进行，新梢生长越旺盛，加粗生长就越快，此时形成层活动强烈且延续的时间长。加长生长高峰与加粗生长高峰是相互错开的，当加长旺盛生长时，加粗生长就变得较缓慢，在加长生长后 1 ～ 2 周才出现加粗生长的高峰。一般在秋季由于叶片积累了大量光合产物，所以还有一次加粗生长高峰，枝干明显加粗。如油松的迅速生长在春季，3 月下旬芽开始膨大，5 月上旬前生长迅速，5 月下旬停止生长，形成新的顶芽，生长期约 60 天。加粗生长从 5 月中、下旬开始，7 月中、下旬有一段停止，到 8 ～ 9 月出现第二次高峰，一直延续生长到 11 月初结束，生长期约 5 个半月。

有时部分植株的当年新生顶芽在 7 ～ 8 月期间再进行延伸，出现第二次生长，第二次抽梢往往不能形成顶芽或顶芽瘦小，对第二年高生长有不利影响。

（三）树木物候观测调查

指对乔木和灌木从春季芽开始膨大变色时开始，至其生长结束进入休眠止，一年中的生长情况进行的调查。

第二节　成活期养护管理技术

一、成活期养护管理相关知识

（一）水分管理

树木经过移栽后，由于根系的损伤和生长环境的变化，对水分的需要十分敏感。因此，新栽树木的水分管理是成活期养护管理的重要内容，包括树木地上部分水分和地下土壤水分两部分管理。土壤水分供应是否充足、合理、及时是新栽树木成活的关键。

对于枝叶修剪量较小的名贵大树，在高温干旱季节，即使能保证土壤的水分供应，也易发生水分亏损。因此，当发现树叶有轻度萎蔫症状时，可采取增加树冠内空气湿度的方法，降低温度，减少蒸腾，促进树体水分平衡。常绿树栽植或反季节栽植时，一般栽后也要向树上喷水。

（二）修剪、抹芽除萌

树体地上部分的萌发，能促进根系的生长。因此，对新栽植的树木，特别是对移植时进行过重度修剪的树木上萌发的芽要加以保护，以使其抽枝发叶，待树体恢复生长后再修剪。在栽植过程中虽然进行了修剪，但后来发现发芽、展叶、抽枝缓慢或枝叶发生萎蔫，通过采用浇水、喷雾、叶面喷肥等养护措施仍不能缓解这种现象时，此时可进行补充修剪。

树木经过修剪，树干或树枝上可能会发出许多萌蘖枝，其既消耗营养，又扰乱树形。

（三）松土除草

因浇水、降雨及人为活动等导致树盘土壤板结、透气不良而影响树木生长时，应及时松土，促进土壤与大气的气体交换，有利于树木新根的发生与生长。

有时树木基部土壤会长出许多杂草或其他植物与树木争夺水分和养分，藤本植物还会缠绕树身，妨碍树木正常生长，所以应及时除去。

（四）施用生长液与施肥

树木栽植后，有时地下根系恢复缓慢，不能及时吸收足够的水分与养分供给地上部分生长的需要，此时应适当施用生长素溶液，如 2，4-D、萘乙酸、吲哚丁酸、3 号生根粉等刺激其尽快发出新根。

树木栽后不久，发现新叶停止生长，甚至个别树木发生枝叶萎蔫，在这时可以试验性地进行叶面喷肥。

（五）新栽植树木成活的调查

1. 调查的目的

对新栽树木进行成活与生长情况的调查，一方面是为了及时补栽，不影响绿化效果，另一方面是为了分析生长不良与死亡的原因，总结经验与教训，以指导今后的绿化实践工作。

在春季与秋季新栽树木的生长初期，其靠体内的营养一般也能抽枝、展叶，表现出喜人的景象。但是其中有一些植株是"假活"，是由于树内所储存的水分和养分的供应而发芽。一旦气温升高，水分亏损，这种"假活"植株就会出现萎蔫，若不及时救护，就会在高温干旱期间死亡。因此，新栽树木是否成活至少要经过第一年高温干旱的考验以后才能确定。

2. 新栽树木生长不良或死亡的原因

一是苗木质量问题。起苗时没按规程操作，伤根太多，带的须根太少，枝叶过多，造成树冠水分代谢不平衡。起苗后没有立即栽植或假植，根系裸露时间过长，根系干死。

二是栽植技术问题。种植穴太小，造成根系不舒展，有窝根现象。栽植时埋土过深或过浅，填充土壤没有踩实。

三是养护管理问题。栽植后没有及时灌水，种植地积水，栽植穴踩压等所造成的机械性损伤。

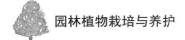

四是栽植时间问题。栽植时间过晚，如在北方的晚秋栽植不耐寒的树木。

五是苗木适应性问题。新栽植树木不适应当地的气候条件，如南树北移，树木没有很好地进行抗寒锻炼，因而生长不良或死亡。

二、成活期养护管理技术实施

（一）扶正培土

树盘整体下沉或局部下陷，应及时在空缺处覆土填平，防止雨后积水烂根。铲除耙平树盘堆积过高的土壤。对于倾斜的树木应采取措施扶正。

1. 扶正时间

如果树木刚栽不久就发生歪斜，应立即扶正。对错过最佳扶正时期的，落叶树种应在休眠期间扶正，常绿树种在秋末扶正。

2. 扶正的技术措施

树木扶正时不能强拉硬顶，以免损伤根系。先检查根颈入土的深度，如果栽植较深，应在树木倒向一侧根盘以外，挖沟至根系以下，向内掏土至根颈下方，用锹或木板伸入根团以下向上撬起，向根底塞土压实，即可扶正。如果栽植较浅，在树木倒向的反侧掏土稍微超过树干轴线以下，将掏土一侧的根系下压，回土踩实。对于未立支架的大树，在扶正培土以后还应设立支架。

（二）水分管理

1. 灌水与排水

树木栽后一定要及时灌三遍水，然后封堰。在干旱季节降雨少时，发现树木缺水，要立即围土封堰进行灌水，以保证地上与地下水分代谢的适当均衡，才有利于树木成活。一般情况下，栽后第一年应灌水 5 ～ 6 次（根据具体情况决定），特别是在高温干旱时尤其要注意浇水，要保持土壤最大持水量在 60% 以上。

在多雨季节要排水，特别是在南方，将产生积水的树木在树干的基部适当培土，使树盘的土面适当高于地面，以使树木不被水淹。

2. 树冠喷水

对已经萌芽树木的树冠喷水，时间在上午 10 时以前，下午 16 时以后，向树冠喷水，以降低树冠水分的蒸腾作用。移栽珍贵枝叶较多的大树时可以安装高喷装置，每隔 1 ～ 2 小时喷一次。喷水要细而均匀，树干和树冠各部位及其周围空间都要喷到，喷水时可以用高压喷水枪，要细雾喷洒，次多量少，以免滞留在土壤中，造成根部积水。

3. 使用抗蒸腾剂或架高遮阴网

使用抗蒸腾剂或架遮阴网，可减少水分蒸发及防止强烈日晒。

（三）修剪

在不影响树形的情况下，再剪去一部分枝叶，或者可以去顶或截干，以减少蒸发量，暂时缓解根部吸收的水分不够消耗的现象，促进其成活。同时，还应修整以往留芽位置不当或因剪口芽不合适造成枯桩或发芽太弱的树木，剪去枯枝或弱枝，而以强壮的新枝做延长枝。进一步进行造型修剪，对一切扰乱树形的枝条进行调整与删除。

（四）抹芽除萌

对于萌蘖枝，除长势较好、位置合适的外，其余应尽早抹除。

（五）松土除草

在新栽树木成活期间，松土不要太深，避免伤及新根。通常除草与松土同时进行，并把除下来的杂草覆盖在树盘上。有的地方为了防止土壤水分蒸发太快，还在树盘上覆盖树叶、树皮或碎木片及栽植地被植物等。

（六）施肥

在新栽树木新根没有形成或吸收能力较弱时，不要追肥，如施肥可在第一个生长季结束后进行，为了促进树木的生长，可施用尿素或有机液肥，追肥时浓度宁淡勿浓。

（七）成活的调查与补植

1. 栽后树木成活的调查

调查一般分两个阶段进行：一是栽后1个月左右，调查栽植成活的情况；二是在秋末，调查栽植成活率。

新栽树木成活调查方法，如果栽植量大，可以分地段对不同树种进行抽样调查，如果数量少可全部进行调查。已成活的植株应测定新梢生长量，确定生长势的等级，最后分级归纳出树木成活的具体情况，做表上报或存档。

2. 补植

每次调查后，对无挽救希望或挽救无效而死亡的树木，都应及时进行补植。如果由于季节、树种习性与条件的限制，于生长季补植无成功的把握时，则可在适宜栽植的季节补植。补植的树木规格应与该地同种树木大小一致。

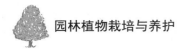

选用的补植苗木质量与养护管理水平都应高于一般树木的养护水平。

第三节　园林植物树体管理

一、园林植物树体管理的相关知识

（一）树体的保护和修补原则

树木的树干和骨干枝上，往往因病虫害、冻害、日灼及机械损伤等造成伤口，这些伤口如不及时保护、治疗、修补，经过长期雨水侵蚀和病菌寄生，易使内部腐烂形成树洞。另外，树木经常受到人为的有意无意的破坏，如树盘内的土壤被长期践踏变得很坚实，人为地在树干上刻字或拉枝折枝等。如果树木的树皮受到大面积损伤而没有及时处理，就可能为病虫害的发生创造了条件。以上所有这些对树木的生长都有很大影响，因此对树体的保护和修补是非常重要的养护措施。

树体保护首先应贯彻"防重于治"的原则，做好各方面的预防工作，尽量防止各种灾害的发生，同时还要做好宣传教育工作。对树体上已经造成的伤口，应该及早治疗，防止扩大。

（二）造成树木受损的非感染和传播性因素

1.树冠结构

乔木树种的树冠构成基本为两种类型：一类具有明显的主干，顶端生长优势显著；另一类无明显的主干。

（1）有主干型

有主干型树木如果在中央主干发生虫蛀、损伤、腐朽，则其上部的树冠就会受影响。如果中央主干折断或严重损伤，有可能形成一个或几个新的主干，而其基部的分枝处的连接强度较弱。有的树木具有双主干，两主干在生长过程中逐渐相接，在相连处夹嵌树皮，而其木质部的年轮组织只有一部分相连，结果在两端形成突起使树干成为椭圆状、橄榄状，随着直径的生长，这两个主干交叉的外侧树皮出现褶皱，然后交叉的连接处产生劈裂，这类情况危险性极大，必须采取修补措施来进行加固。

（2）无主干型

此类树木通常由多个直径和长度相近的侧枝构成树冠，由于排列的不合理，会造成树木具有潜在危险，即几个一级侧枝的直径与主干直径相似，几个直径相近的一级侧枝几乎着生在树干的同一位置。古树、老树树冠继续有较旺盛的生长。

2. 分枝角度

侧枝在分枝部位曾因外力而劈裂但未折断，一般在裂口处可形成新的组织而愈合，但该处易发生病菌感染而腐烂。如果发现有肿突、锯齿状的裂口，应特别注意检查。对于有上述情况的侧枝应适当剪短以减轻其重，否则侧枝前端下沉可能造成基部劈裂，如果侧枝较重会撕裂其下部的树皮，而造成该侧根系因没有营养来源而死亡。

3. 树冠偏冠

树冠一侧的枝叶多于其他方向，树冠不平衡，因受风的影响树干成扭曲状，如果长期在这种情况下生长，木质部纤维则会呈螺旋状方向排列来适应外界的应力条件，在树干外部可看到螺旋状的扭曲纹。树干扭曲的树木当受到相反方向的作用力时，如出现与主风方向相反的暴风等，树干易沿螺旋扭曲纹产生裂口，这类伤口如果处理不及时，就会成为真菌感染的入口。

4. 树干内部裂纹

当树干横断面出现裂纹，在裂纹两侧尖端的树干外侧形成肋状隆起的脊时，如果该树干裂口在树干断面及纵向延伸，肋脊在树干表面不断外突，并纵向延长，则形成类似板状根的树干外突；树干内断面裂纹如果被今后生长的年轮包围、封闭，则树干外突程度小而呈近圆形。因此，从树干的外形饱圆度可以初步诊断内部的情况，但必须注意有些树种树干形状的特点不能一概而论。树干外部发现条状肋脊，表明树干本身的修复能力较强，一般不会发生问题。但如果树干内部发生裂纹而又未能及时修复导致形成条肋，而在树干外部出现纵向的条状裂口，则树干最终可能会纵向劈成两半，将会构成危险。

5. 分枝强度

侧枝特别是主侧枝与主干连接的强度要比分枝角度重要，侧枝的分枝角度对侧枝基部连接强度的直接影响不大，但分枝角度小的侧枝生长旺盛，而且与主干的关系要比那些水平的侧枝强。

6. 夏季树枝折断和垂落

有时树木在夏季炎热无风的下午，会发生树枝折断垂落的现象。一般情况，垂落的树枝大多位于树冠边缘，呈水平状态，且远离分枝的基部。断枝的木质部一般完好，但可能在髓心部位能看到色斑或腐朽，这些树枝可能在

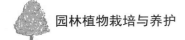

以前受到过外力的损伤但未表现症状，因此难以预测和预防。

7. 树干倾斜

树干严重向一侧倾斜的树木最具潜在的危险性，如位于重点监控的地方，应采取必要的措施或伐除。

8. 树木根系问题

（1）根系暴露

如在大树树干基部附近挖掘、取土，导致树木大侧根暴露于土表，甚至被切断，此类树木在城市中就成为了不安全的因素。它的影响程度还取决于树体高度、树冠枝叶浓密程度、土壤厚度和质地、风向、风速等。

（2）根系固着力差

在一些立地条件下，例如土层很浅、土壤含水量过高，树木根系的固着力差，不能抵抗大风等异常天气条件，甚至不能承受树冠的重负，特别是在严重水土流失的立地环境，常见主侧根裸露在地表，因此在土层较浅的立地环境下不宜栽植大乔木，或必须通过修剪来控制树木的高度和冠幅。

（3）根系缠绕

在树木栽植时由于栽植穴过小，人为地把侧根围绕在树干周围，或由于根系周围的土壤问题侧根无法伸展，造成侧根围绕主根生长，危害性大。此类情况经常在苗圃中就已经形成，所以在苗木栽植前要认真选择苗木。

（4）根系分布不均匀

树木根系的分布一般与树冠范围相应，有时由于长期受来自一个方向的强风作用，在迎风一侧的根系要长些，密度也高。如果这类树木在迎风一侧的根系受到损伤，可能造成较大的危害。另外，在一些建筑工地，筑路、取土、护坡等工程会经常破坏树木的根系，甚至有的树木几乎一半根系被切断或暴露在外，常常会造成树木倾倒。

（5）根及根颈的感病

造成树木根系及根颈的感病与腐朽的病菌很多，根系问题通常导致树木发生严重的健康问题及最严重的缺陷，而更为重要的是在树木出现症状之前，可能根系的问题就已经存在了。当一些树木的主根系因病害受损长出不定根时，这些新的根系能很快生长以支持树木的水分和营养，而原来的主根可能不断地损失最终完全丧失支持树木的能力，这类问题通常发生在树干的基部被填埋、雨水过多、灌溉过度、根部覆盖物过厚，或者地被植物覆盖过多的情况中。

二、园林植物树体管理技术实施

（一）树干伤口的治疗

1. 清理伤口

对于枝干上因病、虫、冻、日灼或修剪等造成的伤口，需用锋利的刀刮净削平四周，使皮层边缘呈弧形。

2. 消毒

用 2% ～ 5% 的硫酸铜溶液、0.1% 的升汞溶液、石硫合剂原液对处理好的伤口进行消毒。

3. 涂抹保护剂

对在进行修剪时造成的伤口，要将伤口削平后涂以保护剂，选用的保护剂要容易涂抹且黏着性好。受热不融化，不透雨水，不腐蚀树体组织，同时又有防腐消毒的作用，如铅油、接蜡等。大量应用时也可用黏土加少量的石硫合剂混合物作为涂抹剂，如用激素涂剂对伤口的愈合更有利，用含有 0.01% ～ 0.1% 的 α- 萘乙酸膏涂在伤口表面，可促进伤口愈合。受雷击的树木枝干，应将烧伤部位锯除并涂以保护剂。

4. 加固保护

风使树木枝折裂时，要立即用绳索捆缚加固，然后对伤口处消毒涂抹保护剂。根据现场情况还可以用两个半弧圈的铁箍加固，为了防止摩擦树皮要在铁箍与树干之间垫软物，再用螺栓连接，随着干径的增粗逐渐放松螺栓的松紧度。还可以用带螺纹的铁棒或螺栓旋入树干，起到连接和夹紧的作用。

（二）树皮修补

在春季及初夏，形成层活动期树皮极易受损与木质部分离，出现上述情况时，可采取适当的处理使树皮恢复原状。即采取措施保持木质部及树皮的形成层湿度，小心地从伤口处去除已经被撕裂的树皮碎片，重新把树皮覆盖在伤口上用钉子或强力防水胶带固定，另外用潮湿的布带、苔藓、泥炭等包裹伤口避免太阳直射。

一般在形成层旺盛生长时愈合，处理后 1 ～ 2 周可打开覆盖物检查树皮是否生存、愈合，如果已在树皮周围产生愈伤组织则可去除覆盖，但要继续遮光。

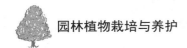

（三）移植树皮

有时在树干上捆绑铁丝，会造成树木的环状损伤，可以补植一块树皮使上下已断开的树皮重新连接恢复传导功能，或嫁接一个短枝来连接恢复功能。具体操作如下。

①清理伤口，在伤口上下部位铲除一条树皮形成新的伤口带，宽约2cm，长为6cm。

②在树干的适当部位切取一块树皮，宽度与清理的伤口带一致，长度较伤口带稍短。

③把新取下的树皮覆盖在清理完的伤口上，用涂有防锈清漆的小钉固定在伤口上。

按上述操作过程，将整个树干的伤口全部用树皮覆盖，在植皮操作时一定要保持伤口湿度，全部接完后用湿布等包扎物将移植的树皮伤口上下15mm 范围内包扎好，在其上用强力防水胶带再次包扎，包扎范围上下超过里层材料各 25mm。经过 1～2 周后移植的树皮即可愈合，形成层与木质部重新连接。

（四）桥接和根接

1.桥接

一些庭园大树树体受到病虫、冻伤、机械损伤后，树皮会形成大面积损伤，形成树洞，树木生长势受到阻碍，影响树液流通，致使树木严重衰弱，可采取桥接技术恢复树势。

桥接是用几条长枝连接受损处，使上下连通以恢复树势。将树体的坏死树皮切削掉，选树干上树皮完好处，利用树木的一年生枝条作接穗，根据皮层切断部位的长短确定所需枝接接穗，在树干连接处（可视为砧木）切开和接穗宽度一致的上下接口，接穗稍长一点，将上下削成同样削面插入，固定在树皮的上下接口内，使二者形成层吻合贴切，用塑料绳及小钉加以固定，在接合处再涂保护剂封口，促进伤口愈合。

2.根接

根颈及根部受伤害，使树体丧失吸收养分和水分的能力，破坏了植株地上与地下部分的平衡。采用根接的方法，在春季萌发新梢时或秋季休眠前，将地下已经损伤或衰弱的侧根更换为粗壮健康的新根。

（五）吊枝和顶枝

用单根或多股绞集的金属线、钢丝绳在树枝之间或树枝与树干间连接起来，用以减少树枝的移动、下垂，降低树枝基部的承重。也可以把原来由树枝承受的重量通过悬吊的缆索转移到树干的其他部分或另外增设的构架之上。

顶枝的作用与吊枝基本相同。采用金属、木桩、钢筋混凝土材料做支柱，将支竿从下方、侧方承重来减少树枝或树干的压力。支柱应有坚固的基础，上端与树干连接处要有适当形状的托杆和托碗，并加软垫，以免损伤树皮。立支柱的同时还要考虑到美观，并与周围环境要协调一致。也可以将几个主枝用铁索连接起来，这种加固技术对树体更有效。

（六）涂白

在日照强烈、温度变化剧烈的大陆性气候地区，利用涂白能减弱树木地上部分吸收太阳辐射热，延迟芽的萌动期。树干涂白后能反射阳光，减少枝干温度的局部增高，可以有效地预防日灼危害。同时杨柳树栽完后马上涂白，还可防蛀害虫。

第四节　特殊环境下园林植物的养护管理

一、特殊环境下园林植物的养护管理相关知识

（一）铺装地面树木的生长环境

1.树盘土壤面积小

在有铺装的地面进行园林植物栽植，大多数情况下种植穴的表面积都比较小，土壤与外界的交流受到制约。如城市行道树栽植时容留的树盘土壤表面积一般仅 $1 \sim 2m^2$，有时覆盖材料甚至一直铺到树干基部，树盘范围内的土壤表面积极小。

2.生长环境条件恶劣

栽植在铺装地面上的园林植物，除根际土壤被压实、透气性差，导致土壤水分、营养物质与外界的交换受阻外，还会受到强烈的地面热量辐射和水分蒸发的影响，其生长环境比一般立地条件下要恶劣得多。在一些城市中，夏季中午的铺装地表温度可高达 50℃以上，不但土壤微生物被致死，树干基部也可能受到高温的伤害。而近年来我国许多城市建设的各类大型城市广场，常采用大理石作大面积铺装，更加重了地表高温对园林植物生长的危害。

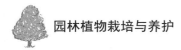

3. 易受机械性伤害

由于铺装地面大多为人群活动密集的区域，园林植物生长容易受到人为的干扰和难以避免的损伤，如刻伤树皮、钉挂杂物，在树干基部堆放有害、有碍物质，以及市政施工时对树体造成各类机械性伤害等。

（二）干旱地的环境特点

1. 干旱地的气候特点

干旱地的形成是温度、降雨和蒸发状况相互影响的结果，是降水量、土壤含水量及地面的水量同径流、蒸发和植物蒸腾消耗的水量之间不能平衡所致。我国西部的一些城市位于干旱气候地区，而其他城市中的一些干旱立地环境，可能不是由大气候条件所致，而是因为城市下垫面结构的特殊性使降水不能渗入土壤，大多以地表径流的形式流失导致的。即使湿润区域也同样会出现干旱的特点。

（1）干旱带来高温

干旱对园林植物的影响主要是高温和太阳辐射所带来的植物生理上的热逆境与高蒸发、蒸腾带来的水分逆境，会造成园林植物不适应而死亡。

（2）干旱地带降水少而且没有规律

干旱地区的降水量一般很少超过500mm，而且常常集中在一年中的某段时间，乡土植物对这种极不稳定的水分条件有较强的适应性，但多数园林植物则需要全年灌溉。

（3）干旱地区常常有大风与强风

大风增强蒸腾与蒸发作用，并破坏土壤结构。

2. 干旱地的土壤特点

由于蒸发量大大超过降雨量，一般地面水很少能通过土壤渗漏，缺水抑制了化学性侵蚀，其表现的特点主要如下。

（1）土壤次生盐渍化

当土壤水分蒸发量大于降水量时，不断丧失的水分使得表层土壤干燥，地下水通过毛细管的上升运动到达土表，在不断补充因蒸发而损失的水分的同时，盐碱伴随着毛管水上升，并在地表积聚，盐分含量在地表或土层某一特定部位的增高，会导致土壤次生盐渍化发生。

（2）土壤贫瘠

由于迅速的氧化作用使土壤有机质的含量严重下降。

（3）土壤生物减少

干旱条件导致土壤生物种类（细菌、线虫、蚁类、蚯蚓等）数量的减少，生物酶的分泌也随之减少，土壤有机质的分解受阻，影响树体对养分的吸收。

（4）土壤温度升高

干旱造成土壤热容量减小，温差变幅加大。同时，因土壤的潜热交换减少，土壤温度升高，这些都不利于园林植物根系的生长。

（三）盐碱地的环境特点及对植物的影响

1. 盐碱地的环境特点

盐碱土是地球上分布广泛的一种土壤类型，约占陆地总面积的25%。我国从滨海到内陆、从低地到高原都有分布。盐碱土是盐土与碱土的合称。盐土分为滨海盐土、草甸盐土、沼泽盐土，主要含氯化物、硫酸盐；碱土分为草甸碱土、草原碱土、龟裂碱土，主要含碳酸钠、碳酸氢钠。

在雨季，降水大于蒸发，土壤呈现淋溶脱盐特征，盐分顺着雨水由地表向土壤深层转移，也有部分盐分被地表径流带走。而在旱季，降水小于蒸发，底层土壤的盐分随毛细管移至地表，表现为积盐过程。在荒裸的土地上，土壤表面水分蒸发量大，土壤盐分剖面变化幅度大，土壤积盐速度快，因此要尽量防止土壤的裸露。尤其在干旱季节，土壤覆盖有助于防止盐化的发生。

2. 盐碱地对园林植物的影响

（1）引发生理干旱

盐碱土中积盐过多导致园林植物根系吸收养分、水分非常困难，甚至会出现水分从根细胞外渗的情况，这会破坏树体内正常的水分代谢，造成生理干旱，树体萎蔫、生长停止甚至全株死亡。一般情况下，土壤表层含盐量超过0.6%时，大多数树种已不能正常生长。土壤中可溶性含盐量超过1.0%时，只有一些特殊耐盐树种才能生长。

（2）危害树体组织

树体内积聚的过多盐分使蛋白质合成受到严重阻碍，从而导致含氮的中间代谢产物积累，造成树体组织细胞中毒。另外盐碱的腐蚀作用也能使园林植物组织直接受到破坏。

（3）滞缓营养吸收

过多的盐分使土壤物理性状恶化、肥力减低，树体需要的营养元素摄入减慢，利用转化率也减弱。而钠的大量存在使树体对钾、磷和其他营养元素（主要是微量元素）的吸收减少，磷的转移受抑，严重影响树体的营养状况。

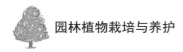

（4）影响气孔开闭

在高浓度盐分的作用下，叶片气孔保卫细胞内的淀粉形成受阻，气孔不能关闭，园林植物容易因水分过度蒸腾而干枯死亡。

（四）屋顶花园环境特点

1.屋顶花园的作用

屋顶花园是在完全人工化的环境中栽植园林植物，采用客土、人工灌溉系统为园林植物提供必要的生长条件，是营造在建筑物顶层的绿化形式，主要是为了充分利用空间，尽量在"水泥森林"中增加绿色与绿量。在我国，许多现代化城市，特别是大城市，屋顶花园的营造已十分普遍，所发挥的景观与生态作用都十分显著。

（1）改善城市生态环境

充分利用空间，增加城市绿量，改善城市生态环境。屋顶花园绿化几乎以等面积绿化了建筑物所占面积，还改变了城市绿化的立体层次，增加了城市的绿地覆盖率。由于屋面比地面空气流通好，易与周围大气进行热量交换，所以夏季屋面的最高温度明显高于地面，冬季最低气温又明显低于地面。而绿色屋顶由于植物的蒸腾作用和潮湿下垫面的蒸发作用所消耗的潜热比未绿化的屋面大，从而使绿色屋顶的贮热量及地气的热交换量大大减少，屋顶空气获得的热量少，热效应降低，因而减弱了城市的"热岛"效应。

（2）丰富城市景观

屋顶花园的存在柔化了生硬的建筑物外形轮廓，植物的季相美更赋予建筑物动态的时空变化，丰富了城市风貌。

（3）改善建筑物顶层的物理性能

屋顶花园构成屋面的隔离层，夏天可使屋面免受阳光直接暴晒烘烤，显著降低其温度。冬季可发挥较好的隔热层作用，降低屋面热量的散失。由此节省顶层室内降温与采暖的能源消耗。

（4）心理释放功能

能给高层上居住的人们提供绿色的园林美景，使人们避开喧嚷的城市或劳累的工作环境，在宁静安逸的气氛中得到休息和调整，并且还能促进和保证人们的身体健康。

2.屋顶花园的环境特点

由于受到载荷的限制，在屋顶营造花园不可能有很深的土壤，因此屋顶花园的环境特点主要表现为土层薄、营养物质少、缺少水分。同时屋顶风大，阳光直射强烈，夏季温度较高，冬季温度偏低，昼夜温差变化大。

二、特殊环境下园林植物的养护管理实施

（一）铺装地面的园林植物养护技术

1. 树种选择

由于铺装地面立地的特殊环境，因此人们应选择根系发达，具有耐干旱、耐贫瘠，根系发达，树体能耐高温与阳光暴晒且不易发生灼伤的树种。

2. 土壤处理

适当更换栽植穴的土壤，改善土壤的通透性和土壤肥力，更换土壤的深度为 50 ～ 100cm。并且需要在栽植后加强水肥管理。

3. 树盘处理

树盘处理应保证栽植在铺装地面的园林植物有一定的根系土壤体积。据美国波士顿的调查资料显示，在铺装地面栽植的园林植物，根系至少应有 $3m^3$ 的土壤，且增加园林植物基部的土壤表面积要比增加栽植土壤的深度更为有利。铺装地面切忌一直延伸到树干基部，否则随着园林植物的加粗生长，地面铺装物会嵌入树干体内，园林植物根系的生长也会抬升地面，造成地面破裂不平。

树盘地面可栽植花草，覆盖树皮、木片、碎石等，一方面可以提升景观效果，另一方面可以起到保墒、减少扬尘的作用。也可采用两半的铁盖、水泥板覆盖，但其表面必须有通气孔，盖板最好不直接接触土表。如是水泥、沥青等表面没有缝隙的整体铺装表面，应在树盘内设置通气管道以改善土壤的通气性。通气管道一般采用 PVC 管，直径 10 ～ 12cm，管长 60 ～ 100cm，于管壁处钻孔，通常将其安置在种植穴的四角。

人行道的园林植物往往缺乏水分，因此栽植时要注意种植穴、园林植物的规格与人行道坡度之间的关系，应使园林植物树冠的落水线落入种植穴内的土壤中，或从铺装断开的接头处渗入。而在持续降水时，多余的水分可以越过土壤表面流走。

（二）干旱地的园林植物养护技术

1. 选择耐旱树种

耐旱树种具有发达的根系，叶片较小，叶片表面常有保护蒸发的角质、蜡质层。如旱柳、毛白杨、夹竹桃、华盛顿棕榈、合欢、胡枝子、锦鸡儿、

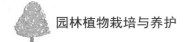

紫穗槐、胡颓子、白栎、石楠、构树、小檗、火棘、黄连木、胡杨、绣线菊、木半夏、臭椿、木芙蓉、雪松、枫香等。

2. 选择合适的栽植时间

以春季为主，一般在 3 月中旬至 4 月下旬，在此期间土壤比较湿润，土壤的水分蒸发和树体的蒸腾作用也比较低，园林植物根系再生能力旺盛，愈合发根快，种植后有利于园林植物的成活生长。但在春旱严重的地区，以在雨季栽植为宜。

3. 提高栽植技术

（1）泥浆堆土

将表土回填树穴后，浇水搅拌成泥浆，再挖坑种植，并使根系舒展，然后用泥浆培稳园林植物，以树干为中心培出半径为 50cm、高 50cm 的土堆。泥浆能增强水和土的亲和力，减少重力水的损失，可较长时间保持根系的土壤水分，堆土还可减少树穴土壤水分的蒸发，减少树干在空气中的暴露面积，降低树干的水分蒸腾。

（2）使用保水剂

将保水剂埋于园林植物根部，能较持久地释放保水剂所吸收的水分供园林植物生长。将其与土壤按一定比例混合拌匀使用，也可将其与水配成凝胶后，灌入土壤使用，均有助于提高土壤保水能力。

（3）开集水沟

旱地栽植园林植物，可在地面挖集水沟蓄积雨水，这有助于缓解旱情。

（4）容器隔离

采用塑料袋容器（10 ～ 300L）将树体与干旱的立地环境隔离，创造适合园林植物生长的小环境。袋中填入腐殖土、肥料、珍珠岩，再加上能大量吸收和保存水分的聚合物，与水搅拌后成冻胶状，可供根系吸收 3 ～ 5 个月。若能使用可降解塑料制品，则对园林植物生长更为有利。

（三）盐碱地园林植物的养护管理技术

1. 施用土壤改良剂

施用土壤改良剂可达到直接在盐碱土栽植园林植物的目的，如施用石膏可中和土壤中的碱，适用于小面积盐碱地改良，施用量为 $3 \sim 4t/hm^2$。

2. 防盐碱隔离层

对盐碱度高的土壤，可采用防盐碱隔离层来控制地下水位的上升，阻止地表土壤返盐，在栽植区形成相对的局部少盐或无盐环境。具体方法为：在地表挖 1.2m 左右的坑，将坑的四周用塑料薄膜封闭，底部铺 20cm 厚的石渣或炉渣，在石渣上铺 10cm 厚的草肥，形成隔离盐碱层，形成适合园林植物生长的小环境。

3. 埋设渗水管

埋设渗水管可控制高矿化度地下水位的上升，防止土壤急剧返盐。如天津园林绿化研究所采用渣石、水泥制成内径 20cm、长 100cm 的渗水管，将其埋设在距树体 30 ～ 100cm 处，设有一定坡降并高于排水沟。在距树体 5 ～ 10m 处建一收水井，集中收水外排，第一年便可使土壤脱盐 48.5%。采用此法栽植白蜡、垂柳、国槐、合欢等，树体生长良好。

4. 暗管排水

暗管排水的深度和间距可以不受土地利用率的制约，其有效排水深度稳定，适用于重盐碱地区。单层暗管埋深 2m，间距 50cm。双层暗管第一层埋深 0.6m，第二层埋深 1.5m，上下两层在空间上形成交错布置，在上层与下层交会处垂直插入管道。使上层的积水由下层排出，下管排水流入集水管。

5. 抬高地面

天津园林绿化研究所在含盐量为 0.62% 的地段采用换土并抬高地面 20cm 的方法栽种汕松、侧柏、龙爪槐、合欢、碧桃、红叶李等树种，使其成活率达到 72% ～ 88%。

6. 避开盐城栽植

土壤中的盐碱成分因季节而变化，春季干旱、风大，土壤返盐重。秋季土壤经夏季雨淋盐分下移，部分盐分被排出土体，定植后，园林植物经秋、冬缓苗易成活，所以秋季是盐碱地园林植物栽植的最适季节。

7. 生物技术改土

主要指通过合理的换茬种植，减少土壤的含盐量。如对盐渍土可采用种稻洗盐、种耐盐绿肥翻压改土的措施，仅用 1 ～ 2 年的时间，便可使土壤降低 40% ～ 50% 的含盐量。

8. 施用盐碱改良肥

盐碱改良肥内含钠离子吸附剂、多种酸化物及有机酸，是一种有机 – 无机型特种园艺肥料，pH 值为 5.0，利用酸碱中和、盐类转化、置换吸附原理，既能降低土壤的 pH 值，又能改良土壤结构，提高土壤肥力。因此可有效利用于各类盐碱土改良。

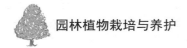

（四）屋顶花园园林植物养护管理技术

1. 屋顶花园种植施工

（1）底面处理

排水系统设在防水层上，可与屋顶雨水管道相结合。将过多的水分排出以减少防水层的负担。

架空式种植床。在离屋面10cm处设混凝土板承载种植土层。混凝土板需有排水孔排水，可充分利用原来的排水层顺着屋面坡度排出，但绿化效果欠佳。

直铺式种植。在屋顶面板上直接铺设排水层和种植土层，排水层可由碎石、粗砂、陶粒组成，其厚度应能形成足够的水位差，使土层中过多的水流向屋面排水口。花坛设有独立的排水孔，并与整个排水系统相连。日常养护时，注意及时清除杂物、落叶，特别要防止总落水管被堵塞。

（2）防水处理

屋顶绿化后应绝对避免出现渗漏现象，一旦出现问题，将使房屋的使用者产生排斥心理，直接影响屋顶绿化的推广。最好将其设计成复合防水层。

刚性防水层：在钢筋混凝土结构层上用普通硅酸盐水泥砂浆掺5%防水剂抹面。刚性防水层造价低，但怕震动，耐水、耐热性差，暴晒后易开裂。

柔性防水层：用油、毡等防水材料分层粘贴而成，通常为三油二毡或二油一毡。使用寿命短，耐热性差。

涂膜防水层：用聚氨酯等油性化工涂料涂刷成一定厚度的防水膜，高温下易老化。

（3）防腐处理

为防止灌溉水肥对防水层可能产生的腐蚀作用，需要对其作技术处理，提高屋面的防水性能。主要的方法步骤如下：

先铺一层防水层，由二层玻璃布和五层氯丁防水胶（二布五胶）组成。然后在上面铺设4cm厚的细石混凝土，内配钢筋。在原防水层上加抹一层厚2cm的火山灰硅酸盐水泥砂浆。用水泥砂浆平整修补屋面，再敷设硅橡胶防水涂膜。这种方法适用于大面积屋顶防水处理。

（4）灌溉系统设置

如采用水管灌溉，一般每100m² 设一个。但最好采用喷灌或滴灌形式来补充水分，安全而便捷。

（5）基质要求

屋顶花园园林植物栽植的基质除要满足提供水分、养分的一般要求外，应尽量采用轻质材料，以减少屋面载荷。常用基质有田园土、泥炭、草炭、木屑等。轻质人工土壤的自重轻，多采用土壤改良剂以促进其形成团粒结构。其保水性及通气性良好，且易排水。

2. 屋顶花园绿化植物养护管理技术

（1）浇水、除草

屋顶上的土壤因干燥、高温、光照强、风大、植物的蒸腾量大、失水多等特点，在夏季日光较强时易产生日灼、枝叶焦边及干枯的危害，要经常浇水或喷水，形成较高的空气湿度。一般在上午9点以前、下午16点以后各浇水一次，或使用喷灌进行灌溉。并且还要及时除掉杂草。

（2）施肥、修剪

由于在屋顶上的多年生植物生长在较浅的土层中，缺乏养分，因此要及时施肥，同时要注意周围的环境卫生。对植物的枯枝、徒长枝等进行及时修剪，以保持树体的优美外形，减少养分消耗，以利于根系的生长。

（3）补充人造种植土

经常浇水和雨水的冲淋会使人造土流失，并且还会导致种植土层厚度不足，因此要及时添加种植土，同时还要注意调节其 pH 值。

（4）防寒、防风

屋顶上冬季风大、气温低，可能会使一些在地面上能安全越冬的植物在屋顶受到冻害。因此，在冬季要用包扎物对树体进行包裹，其中盆栽植物可以搬入温室越冬。同时，为了防止屋顶上的大风吹倒植物，要对大规格的乔灌木进行加固处理，即可在树木根部堆放石体，起到压固根系的作用，或在树木根部土层下增设塑料网，以扩大根系的固土力，也可将树干组合在一起，绑扎支撑。

（5）检查、维修

要经常检查屋顶植物的生长情况、排水设施的工作状况，对其定期疏通与维修。

第五节　古树名木的保护与管理

一、古树名木的保护与管理的相关知识

（一）古树名木的概念

古树名木在不同部门有不同的概念。

1. 中华人民共和国住房和城乡建设部

1982 年 3 月中华人民共和国住房和城乡建设部（原为国家建设部）的文件规定，古树一般指树龄在 100 年以上的大树。名木是指树种稀有、名贵或具有历史价值和纪念意义的树木。2000 年 9 月国家建设部重新颁布了《城市古树名木保护管理办法》，将古树定义为树龄在 100 年以上的树木，把名木定义为国内外稀有的、具有历史价值和纪念意义以及重要科研价值的树木。凡树龄在 100 年以上，或者特别珍贵稀有，具有重要历史价值和纪念意义、重要科研价值的古树名木，为一级古树名木，其余为二级古树名木。

2.《中国农业百科全书》

《中国农业百科全书》对古树名木的内涵界定为："树龄在百年以上的大树，具有历史、文化、科学或社会意义的木本植物。"

3. 中华人民共和国生态环境部

中华人民共和国生态环境部（原为国家环保局）的定义为：一般树龄在百年以上的大树即为古树，而那些树种稀有、名贵或具有历史价值、纪念意义的树木则可称为名木。同时还相应作出了更为明确的说明，如距地面 1.2m、胸径在 60cm 以上的柏树类、白皮松、七叶树，胸径在 70cm 以上的油松，胸径在 100cm 以上的银杏、国槐、楸树、榆树等古树。其中树龄在 300 年以上的，定为一级古树。胸径在 30cm 以上的柏树类、白皮松、七叶树，胸径在 40cm 以上的油松，胸径在 50cm 以上的银杏、楸树、榆树等，若其树龄在 100 年以上 300 年以下的，定为二级古树。稀有名贵树木指树龄在 20 年以上、胸径在 25cm 以上的各类珍稀引进树木。外国朋友赠送的礼品树、友谊树，有纪念意义和具有科研价值的树木，不限规格一律保护。其中，各国家元首亲自种植的定为一级保护，其他定为二级保护。

（二）古树名木保护的意义

我国现存的古树、名木种类之多，树龄之长，数量之大，分布之广，声名之显赫，影响之深远，均为世界罕见。对古树、名木这类有生命的国宝，应大力保护，深入研究，发扬优势，使之成为中华民族观赏园艺的一大特色。

我国现存的古树，已有千年历史的不在少数。它们历尽沧桑，饱经风霜，经历过历代战争的洗礼和世事变迁的漫长岁月，依然老态龙钟，生机盎然，为祖国古老灿烂的文化和壮丽山河增添了不少光彩。保护和研究古树，不仅因为它是一种独特的自然和历史景观，而且还因为它是人类社会历史发展的见证者。其对研究古植物、古地理、古水文和古历史文化等都有重要的科学价值。

1. 古树名木是历史的见证

我国的古树名木不仅在横向上分布广阔，而且在纵向上跨越数朝历代，具有较高的树龄。如我国传说中的周柏、秦松、汉槐、隋梅、唐杏（银杏）、唐樟等，均可作为历史的见证。山东茗县浮莱山的"银杏王"已有 3000 年以上高龄；山西太原晋祠的"周柏"也已经有 3000 余年的历史；陕西省长安县温国寺和北京戒台寺的两株古白皮松（九龙松），均已 1300 多年，堪称中国和世界白皮松树龄之最。

2. 古树对研究树木生理具有特殊意义

树木的生长周期很长，我们无法用跟踪的方法对其生长、发育、衰老、死亡的规律加以研究，古树的存在把树木生长、发育以时间的顺序展现为空间上的排列，使我们能以处于不同年龄阶段的树木为研究对象，从中发现该树种从生到死的总规律。

3. 古树名木为文化艺术增添光彩

不少古树名木曾使历代文人、学士为之倾倒，吟咏抒怀，它在文化史上有其独特的作用。例如嵩阳书院的"将军柏"，就有明、清文人赋诗三十余首之多。苏州拙政园文征明手植的明紫藤，其胸径 22cm，枝蔓盘曲蜿蜒逾 5m，旁立光绪三十年江苏巡抚端方题写的"文征明先生手植紫藤"青石碑，此名园、名木、名碑被朱德的老师李根源先生誉为"苏州三绝"，具有极高的人文旅游价值。此外为古树而作的诗画，为数极多，都是我国文化艺术宝库中的珍品。

4. 古树名木是名胜古迹的最佳景点

古树名木和山水、建筑一样具有景观价值，是重要的风景旅游资源。它苍劲挺拔、风姿多彩，镶嵌在名山峻岭和古刹胜迹之中与山川、古建筑、园林融为一体，或独成一景成为景观主体，或伴一山石、建筑，成为该景的重要组成部分，吸引着众多游客前往游览观赏，流连忘返。如黄山以"迎客松"为首的十大名松，泰山的"卧龙松"等均是自然风景中的珍品。而北京天坛公园的"九龙柏"，北海公园团城上的"遮荫侯"，泰山的"卧龙松"，苏州光福的"清、奇、古、怪"四株古圆柏更是人文景观中的瑰宝，吸引着人们去游览观赏。

5. 古树对树种规划有较大的参考价值

古树多属乡土树种，保存至今的古树，是久经沧桑的活文物，可就地证明其对当地气候和土壤条件有很高的适应性，因此古树是树种规划的最好依据。所以，调查本地栽培及郊区野生树种，尤其是古树、名木可作为制定城镇园林绿化树种规划的可靠参考，从而在规划树种时作出科学、合理的选择，而不致因盲目引种造成无法弥补的损失。

6.古树名木具有较高的经济价值

古树名木饱经沧桑，是历史的见证，是活的文物，它既有生物学价值，也具有较高的历史文化价值，同时也为当地带来间接或直接的经济价值。主要体现在以古树名木为旅游资源的开发，为发展旅游提供了难得的条件。而对于一些古老的经济树木来说，它们依然具有生产潜力。

（三）古树衰老的原因

任何树木都要经过生长、发育、衰老、死亡等过程。在了解古树衰老的原因后，可以通过人为措施使衰老以至死亡的阶段延迟到来，延长树木的生命，使树木最大限度地为人类造福。

树木一生一般都要经过种子萌芽—幼年—性成熟开花—衰老—死亡的生命周期过程。古树就是处在衰老—死亡的生命阶段。树木由衰老到死亡不是简单的时间推移过程，而是复杂的生理、生态、生命与环境相互影响的一个变化过程，受树种遗传因素及环境因素的共同制约，古树衰老的原因归纳起来为：一是树木自身内部因素；二是环境条件的影响和人为因素的综合结果。

1.树木自身因素

树木在其一生中都要经过由种子萌发经幼苗、幼树逐渐发芽到开花结果，最后衰老死亡的整个生命过程。树木自幼年阶段一般需经数年生长发育才能开花结实，进入成熟阶段，之后其生理功能逐步减弱，逐渐进入老化过程，这是树木生长发育的自然规律。但是，由于树种自身遗传因素的影响，树种不同，其寿命长短、由幼年阶段进入衰老阶段所需时间、树木对外界不利环境条件影响的抗性以及对外界环境因素所引起的伤害的修复能力等都有所不同。

2.人为因素

（1）土壤条件

土壤密实度过高。古树名木大多生长在城市公园、宫、苑、寺庙或是宅院内、农田旁等，一般土壤深厚、土质疏松、排水良好、小气候适宜，比较适宜古树名木的生长。但是，随着经济的发展，人民生活水平的提高，旅游已成为人们生活中不可缺少的一部分。特别是有些古树姿态奇特，或是具有神奇的传说，常会吸引到大量的游客，使得地面受到频繁的践踏，密实度增高，土壤板结，土壤团粒结构遭到破坏，通透气性能及自然透水性降低，树木根系呼吸困难，须根减少且无法伸展，水分遇板结土壤层渗透能力降低，大部分随地表流失，树木得不到充足的水分和养分，致使树木生长受阻。

树干周围铺装地面过大。在公园、名胜古迹点，由于游人增多，为了方便观赏，在树木周围用水泥砖或其他硬质材料铺装，仅留下比树干粗度略大的树池。铺装地面平整、夯实，加大了地面抗压强度，人为地造成了土层透气通水性能下降，树木根系呼吸受阻，无法伸展，产生根不深、叶不茂的现象。同时，由于树池较小，不便于对古树进行施肥、浇水，使古树根系处于透气、营养与水分均极差的环境中。

根部营养不足。许多古树栽植在殿基之上，虽然植树时在树坑中换了好土，但树木长大后，根系很难向四周（或向下）的坚土中生长。此外，古树长期固定生长在某一地点，持续不断地吸收消耗土壤中的各种营养元素，导致土壤中营养元素缺乏，并且由于根系活动范围受到限制，加速了古树的衰老。

（2）环境污染

土壤理化性质恶化。随着旅游业的发展，近些年来，有不少人在公园古树林中搭帐篷开各种展销会、演出会或是开辟场地供周围居民（游客）进行锻炼。这不仅使该地土壤密实度增高，同时由于这些人在古树林中乱倒各种污水，以及有些地方还增设临时厕所，造成土壤含盐量增加，土壤理化性质被严重破坏，对古树的生长极为有害。

空气污染。随着城市化进程的不断推进，各种有害气体如二氧化硫、氟化氢、氯化物、二氧化氮、烟尘等造成了大气污染，有生命的古树不同程度地承受着有害气体、烟尘等的侵害与污染，过早地表现出衰老症状。

（3）人为的损害

对于古树人为直接的损害，主要有：在树下摆摊设点、乱堆东西（如建筑材料中的水泥、石灰、沙子等），特别是石灰，堆放不久树体就会受害死亡。有的还在树上乱画、乱刻、乱钉钉子。在地下埋设各种管线，煤气管道的渗漏、暖气管道的放热等，均对古树的正常生长产生了较严重的影响。

3. 病虫为害

古树由于年代久远，在其漫长的生长过程中，难免会遭受一些人为和自然的破坏，从而形成各种伤残，例如主干中空、破皮、树洞、主枝死亡等现象，还会导致树冠失衡、树体倾斜、树势衰弱而诱发病虫害。但从对众多现存古树生长现状的调查情况来看，古树的病虫害相对普通树木来说要少，而且致命的病虫更少。不过，多数古树已经过了其生长发育的旺盛时期，步入了衰老至死亡的生命阶段，加之日常对其养护管理不善，人为和自然因素对古树造成损伤时有发生，古树树势衰弱已属必然，这些都为病虫的侵入提供了条件。对已遭到病虫危害的古树，如得不到及时和有效的防治，其树势衰弱的速度将会进一步加快，衰弱的程度也会因此而进一步增强。

4. 自然灾害

古树的衰老除受树木自身因素和人为因素的影响外，还常遭受自然因素的影响，如大风、雷电、干旱、地震等，这些自然因素对古树的影响往往具有一定的偶然性和突发性，其危害的程度有时是巨大的，甚至是毁灭性的。

（1）大风

七级以上的大风，主要是台风、龙卷风和另外一些短时风暴，春夏之交至初秋尤甚。它们吹折枝干或撕裂大枝，严重者可将树木拦腰折断。而不少古树因蛀干害虫的危害，枝干中空、腐朽或有树洞，更容易受到风折的危害，枝干被折断直接造成叶面积减少，枝断者还易引发病虫害，使本来生长势弱的树木更加衰弱，严重时直接导致古树死亡。

（2）雷电

目前古树多数未设避雷针，其古木高耸且电荷量大，易遭雷电袭击。有的古树遭雷电袭击后，干皮开裂，树头枯焦，树势明显衰弱。

（3）干旱

持久的干旱会使得古树发芽迟，枝叶生长量少，枝的节间变短，叶子卷曲，严重者可使古树落叶，小枝枯死，树势因此而衰退，并易遭病虫侵袭。

（4）地震

古树多朽木、空洞、开裂，遭强震袭击后往往造成树木倾倒或干皮进一步开裂。

（5）雪压、雨凇（冰挂）、冰雹

树冠雪压是造成古树名木折枝毁冠的主要自然灾害之一，特别是在发生大雪时，若不及时进行清除，常会导致毁树事件的发生。如黄山风景管理处，每年在大雪时节都要安排及时清雪，以免大雪压毁树木。雨凇（冰挂）、冰雹是空气中的水蒸气遇冷凝结成冰的自然现象，一般发生在4～7月，这种灾害虽然发生概率较低，但灾害发生时大量的冰凌、冰雹压断或砸断小枝、大枝，对树体也会造成不同程度的损伤，会削弱树势。

二、古树名木的保护与管理过程

（一）对古树名木调查、登记、分级、存档

1. 调查、登记

由专人进行细致、系统调查，调查内容主要包括树种、树龄、树高、冠幅、胸径、生长势、病虫害、生境以及对观赏与研究的作用、养护措施等。同时，还应收集有关古树的历史及其他资料，如有关古树的诗、画、图片及神话传说等。

2. 分级、存档

我国通常将古树按树龄分为四级。一级古树是指树龄 1000 年以上的古树，或具很高的科学、历史、文物价值，姿态奇特可观的名木；二级古树是指树龄 600 ～ 1000 年的古树，或具重要价值的名木；三级古树是指树龄 300 ～ 599 年的古树，或具一定价值的名木；四级古树是指树龄 100 ～ 299 年的古树，或具保存价值的名木。

对于各级古树名木，均应设永久性标牌，编号在册，并采取加栏、加强保护管理等措施。一级古树名木要列入专门的档案，组织专人加强养护，定期上报。对于生长一般、观赏及研究价值不大的，可视具体条件实施一般的养护管理措施。

（二）古树名木的一般性养护管理技术

1. 支撑、加固

古树由于年代久远，主干或有中空，主枝常有死亡，这会造成树冠失去均衡，树体容易倾斜。又因树体衰老，枝条容易下垂，因而需用他物支撑。如北京故宫御花园的龙爪槐、皇极门内的古松均用钢管呈棚架式支撑，钢管下端用混凝土基加固，干裂的树干用扁钢箍起，收效良好。

2. 树干伤口的治疗

对于枝干上因病、虫、冻、日灼或修剪等造成的伤口用合理的方法进行疗伤。

3. 树洞修补

（1）古树树洞的类型

树洞多是由于古树的木质部或韧皮部受到人为创伤后未及时进行防腐处理，再受到雨水的侵蚀，引起真菌类危害，久而久之就形成的。如不及时处理，树洞会越变越大，将会导致古树名木倾倒、死亡。根据树洞的着生位置及程度，可将树洞分为以下五类。

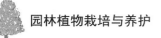

朝天洞：洞口朝上或洞口与主干的夹角大于 120°。修补面必须低于周边树皮，中间略高，注意修补面不能积水。

通干洞或对穿洞：有两个以上洞口，洞内木质部腐烂相通，只剩韧皮部及少量木质部。只作防腐处理，尽可能处理得彻底，树洞内有不定根时，应切实保护好不定根，并及时设置排水管。

侧洞：洞口面与地面基本垂直，多见于主干上。只作防腐处理，对有腐烂的侧洞要进行清腐处理。

夹缝洞：树洞的位置处于主干或分枝的分杈点，通常会出现引流不畅，必须修补。

落地洞：树洞靠近地面近根部，落地洞的修补要根据实际情况，落地洞分为对穿与非对穿两种形式，通常非对穿形式的落地洞要补，对穿的一般不修补，只作防腐处理。对于落地洞的修补以不伤根系为原则。

总之，在对树洞处理前，要分析树洞产生的原因（是病虫害造成的还是外力碰伤所致），及时处理，以防危害扩大，导致树势衰弱。

（2）树洞的处理技术

树洞内的清腐：用铁刷、铲刀、刮刀、凿子等刮除洞内朽木，要尽可能地将树洞内的所有腐烂物和已变色的木质部全部清除至硬木即可，注意不要伤及健康的木质部。

灭虫、消毒处理：杀灭树洞内的害虫要用广谱、内吸性的药剂如毒枪，可采用 200 倍稀释液进行涂刷或以 800 ～ 1000 倍液喷施，待药液晾干后，再用树洞专用杀菌剂处理，对树洞内的真菌、细菌等病菌进行杀灭。过一天后，用愈伤涂膜剂对伤口全面涂抹，防止病虫的侵入，并促进愈伤组织的再生。

填充补洞：树洞填充的关键是填充材料的选择。所选的填充材料除绿色环保外，还要具备 pH 值最好为中性、材料的收缩性与木材的大致相同、与木质部的亲和力要强等特点。所以，填充材料要用木炭或同类树种的木屑、玻璃纤维、聚氨酯发泡剂或尿醛树脂发泡剂以及铁丝网和无纺布，封口材料为玻璃钢（玻璃纤维和酚醛树脂），仿真材料为地板黄、色料。

刮削洞口树皮：待树洞填完后，用刮刀将树洞周围一圈的老皮和腐烂的皮刮掉，至显出新生组织为止。然后，将愈伤涂膜剂直接涂抹于伤口上，促进新皮的产生。

树洞外表修饰及仿真处理：为了提高古树的观赏价值，按照随坡就势、因树做形的原则，可采用粘树皮或局部造型等方法，对修补完的树洞进行修饰处理，恢复原有风貌。

在修饰外表时要根据不同树洞的形状，注意防洞口边缘积水，如何有利于新生皮的包裹。然而，在具体处理不同形状的树洞时还得按照各自特点，做针对性的处理方案。

（3）树洞的修补

开放法：树洞不深或树洞过大都可以采用此法，如伤孔不深无填充的必要时可按前述的伤口治疗方法处理。如果树洞很大，给人以奇树之感，欲留做观赏时可采用此法。方法是将洞内腐烂木质部彻底清除，刮去洞口边缘的死组织，直至露出新的组织为止，用药剂消毒，并涂防护剂，同时改变洞形，以利排水。也可在树洞最下端插入排水管。以后需经常检查防水层和排水情况，以免堵塞。防护剂每隔半年左右重涂一次。

封闭法：较窄树洞时，在洞口表面贴以金属薄片，待其愈合后嵌入树体。也可将树洞经处理消毒后，在洞口表面钉上板条，以油灰和麻刀灰封闭（油灰是用生石灰和熟桐油以 1 ∶ 0.35 混合而成的，也可以直接使用安装玻璃用的油灰，俗称"腻子"），再涂以白灰乳胶，颜料粉面，以增加美观，还可以在上面压树皮状纹或钉上一层真树皮。

填充法：填充物最好是水泥和小石砾的混合物，也可就地取材。填充材料必须压实，为加强填料与木质部连接，洞内可钉若干电镀铁钉，并在洞口内两侧挖一道深约 4cm 的凹槽。填充物从底部开始，每 20 ～ 50cm 为一层用油毡隔开，每层表面都向外略倾斜，以利排水，填充物边缘应不超过木质部，使形成层能在其上面形成愈伤组织。外层用石灰、颜色粉涂抹，为了增加美观，并富有真实感，最后可在最外面钉一层真树皮。

（4）设避雷针

据调查，千年古银杏大部分曾遭过雷击，受伤的树木生长受到严重影响，树势衰退，如不及时采取补救措施树木可能很快就会死亡。所以，高大的古树如果遭受雷击后应立即将伤口刮平，涂上保护剂并堵好树洞。雷电不但可能会致人死亡，而且也会对树木造成致命伤害。因此，对于易遭受雷击的古树名木应安装上避雷装置，尤其是生长在空旷地的高大古树、周围无建筑物遮挡的古树，必须安装避雷装置。

（5）灌水、松土、施肥

春、夏干旱季节灌水防旱，秋、冬季浇水防冻，灌水后应松土，一方面保墒，另一方面也可以增加土壤的通透性。古树施肥要慎重，一般在树冠投影部分开沟（深 0.3m、宽 0.7m、长 2m 或深 0.7m、宽 1m、长 2m），沟内施有机肥，或适量施化肥等增加土壤的肥力，但要严格控制肥料的用量，绝不能造成古树生长过旺。特别是原来树势衰弱的树木，如果在短时间内生长过盛会加重根系的负担，造成树冠与树干及根系的平衡失调，结果适得其反。

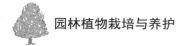

（6）树体喷水

鉴于城市空气浮尘污染，古树的树体特别是在枝叶部位截留灰尘极多，不仅影响观赏效果，更会减少叶片对光照的吸收而影响光合作用。可采用喷水的方法加以清洗。此项措施因费工费水，一般只在重点区域采用。

（7）整形修剪

古树名木的整形修剪必须慎重。一般情况下，以基本保持原有树形为原则，尽量减少修剪量，避免增加伤口数。对病虫枝、枯弱枝、交叉重叠枝进行修剪时，应注意修剪手法，以疏剪为主，以利通风透光，减少病虫害滋生。必须进行更新、复壮修剪时，可适当短截，促发新枝。

（8）防治病虫害

古树衰老，容易招虫致病，加速死亡。应更加注意对病虫害的防治，如黄山迎客松有专人看护来监视红蜘蛛的发生情况，一旦发现即作处理。北京天坛公园针对天牛是古柏的主要害虫，从天牛的生活史着手，抓住每年3月中旬左右天牛要从树内到树皮上产卵的时机，往古柏上打二二三乳剂，称之为"封树"。5月份易发生蚜虫、红蜘蛛，要及时喷药加以控制。7月份注意树上的害虫危害。

（9）设围栏、堆土、筑台

在人为活动频繁的立地环境中的古树，要设围栏进行保护。围栏一般要距树干3～4m，或在树冠的投影范围之外，处于人流密度大的树木，以及树木根系延伸较长者，对围栏外的地面也要作透气性的铺装处理。在古树干基堆土或筑台可起保护作用，也有防涝效果，砌台比堆土效果好，应在台边留孔排水，切忌围栏造成根部积水。

（10）立标志牌、设宣传栏

安装标志牌，标明树种、树龄、等级和编号，明确养护管理负责单位，设立宣传栏，介绍古树名木的重大意义与现状，可起到宣传教育和保护古树名木的作用。

（三）古树名木复壮养护管理措施

古树名木的共同特点是树龄较高、树势衰老，自体生理机能下降，根系吸收水分、养分的能力和新根再生的能力下降，树木枝叶的生长速率也较缓慢，如遇不适的外部环境或剧烈变化，极易导致树体生长衰弱或死亡。所谓更新复壮是指运用科学合理的养护管理技术，使原本衰弱的树体重新恢复正常生长，延缓其生命的衰老进程。古树名木更新复壮技术的运用是有前提的，它只对那些虽说年老体衰，但仍在其生命极限之内的树体有效。采取的复壮措施主要如下。

1.埋条促根

在古树根系范围内，填埋适量的树枝、熟土等有机材料，以改善土壤的通气性以及肥力条件，主要有放射沟埋条法和长沟埋条法。前者的具体做法是在树冠投影外侧挖放射状沟 4～12 条，每条沟长 120cm 左右，宽为 40～70cm，深 80cm。沟内先垫放 10cm 厚的松土，再把截成长 40cm 枝段的苹果、海棠、紫穗槐等树枝缚成捆，平铺一层，每捆直径 20cm 左右，上撒少量松土，每沟施麻酱渣 1kg，尿素 50g，为了补充磷肥可放少量动物骨头和贝壳等，覆土 10cm 后放第二层树枝捆，最后覆土踏平。

如果树体间相距较远，可采用长沟埋条，沟宽 70～80cm、深 80cm、长 200cm 左右，然后分层埋树条施肥，覆盖踏平。

2.地面处理

地面处理一般采用根基土壤铺梯形砖、带孔石板或种植地被的方法，目的是改变土壤表面受人为践踏的情况，使土壤能与外界保持正常的水气交换。在铺梯形砖时，下层用沙衬垫，砖与砖之间不勾缝，留足透气通道。许多风景区采用带孔或有空花条纹的水泥砖或铺铁筛盖，如黄山玉屏楼景点，用此法处理"陪客松"的土壤表面，效果很好。采用栽植地被植物措施，对其下层土壤可作与上述埋条法相同的处理，并设围栏禁止游人践踏。

3.换土

当古树名木的生长位置受到地形、生长空间等立地条件的限制，而无法实施上述的复壮措施时，可考虑更新土壤的办法。如北京市故宫园林科，从 2012 年起开始用换土的方法抢救古树，使老树复壮。典型的范例有：皇极门内宁寿门外的 1 株古松，当时幼芽萎缩，叶片枯黄，好似被火烧焦一般，职工们在树冠投影范围内，对主根部位的土壤进行换土，挖土深 0.5m（随时将暴露出来的根用浸湿的草袋盖上），以原来的旧土与沙土、腐叶土、锯末、粪肥、少量化肥混合均匀之后填埋其中，换土半年之后，这株古松重新长出新梢，地下部分长出 2～3cm 的须根，复壮成功。

4.挖复壮沟

复壮沟深一般 80～100cm，宽 80～100cm，长度和形状因地形而定。可以是直沟，也可以是半圆形或"U"字形。沟内放有复壮基质、各种树枝及增补的营养元素等。

复壮基质采用松、栎、槲的自然落叶，由 60% 腐熟加 40% 半腐熟的落

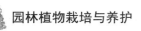

叶混合，再加少量氮、磷、铁、锰等元素配制而成。这种基质含有丰富的多种矿质元素，pH 值在 7.1 ～ 7.8，富含胡敏素、胡敏酸和黄腐酸，可以促进古树根系生长。同时有机物逐年分解与土粒胶合成团粒结构，从而改善了土壤的物理性状，促进微生物活动，将土壤中固定的多种元素逐年释放出来。施后 3 ～ 5 年内土壤有效孔隙度可保持在 12% ～ 15%。

埋入各种树木枝条使树与土壤形成大空隙。增施肥料，改善营养。以铁元素为主，施入少量氮、磷元素。硫酸亚铁使用剂量按长 1m、宽 0.8m 复壮沟，施入 0.1 ～ 0.2kg，为了提高肥效，一般掺施少量的麻酱渣或马掌而形成全肥，以更好地满足古树的需要。

复壮沟施工位置在古树树冠投影外侧，从地表往下纵向分层。表层为 10cm 素土，第二层为 20cm 的复壮基质，第三层为树木枝条 10cm，第四层又是 20cm 的复壮基质，第五层是 10cm 的树条，第六层为厚 20cm 的粗沙和陶粒。

5. 病虫害防治

病虫害是造成古树衰弱甚至死亡的主要因素之一。北京市园林科学研究所在防治心松柏、古槐等主要病虫害时，主要采用了浇灌法、埋施法及打针法，收到了良好效果。

（1）浇灌法

浇灌法利用内吸剂通过根系吸收、经过输导组织至全树而达到杀虫、杀螨等作用，解决古树病虫害防治经常遇到的分散、高大、立地条件复杂等情况而造成的喷药难，次数、杀伤天数、污染空气等问题。

方法：在树冠垂直投影边缘的根系分布区内挖 3 ～ 5 个深 20cm、宽 50cm、长 60cm 的弧形沟，然后将药剂浇入沟内，待药液渗完后封土。

（2）埋施法

埋施法利用固体的内吸作用将杀虫、杀螨剂埋施根部，以达到杀虫、杀螨和长时间保持药效的目的。

方法：与浇灌法类似，将固体颗粒均匀撒在沟内，然后覆土浇足水。

（3）打针法

对于周围环境复杂、障碍物较多，而且吸收根区很难寻找的古树，利用其他方法很难解决防治问题时，可以通过打针法解决。此方法是通过向树体内注射内吸杀虫、杀螨药剂，药剂经过树木的输导组织至树木全身，从而达到较长时间的杀虫、杀螨目的。

方法：用手摇钻（或电钻）在树干基部各个方向钻不同数量的孔，孔径

0.6cm、深 0.6cm，与树干呈 35°，然后注入药剂，注完后用湿泥封死孔口。

6. 化学药剂疏花疏果

当植物缺乏营养，或生长衰退时，会出现多花多果现象，这是植物在生长过程中的自我调节现象，但结果却能造成古树营养的进一步失调，后果严重。采用疏花疏果的方法可以降低古树的生殖生长，扩大营养生长，增加树势而达到复壮的目的。疏花疏果的关键是疏花，可以通过喷施化学试剂来达到目的，一般喷洒的时间以秋末、冬季或早春为好。

7. 喷施或灌施生物混合制剂

据雷增普等报道，用生物混合剂（5406、细胞分裂素、农抗 120、农丰菌、生物固氮肥相混合）于 1991～1992 年进行了古圆柏、古侧柏的叶面喷施和灌根处理，明显促进了古柏枝、叶与根系的生长，增加了枝叶中叶绿素含量及磷含量，也增加了耐旱力。

第五章　园林花卉栽培与养护技术

第一节　园林花卉栽培设施及其器具

一、温室

（一）温室及作用

温室是指覆盖着透明材料，附有防寒、加温设备的建筑。

温室的作用。对于花卉生产，温室能全面地调节和控制环境因子。尤其是温室设备的高度机械化、自动化使花卉的生产达到了工厂化、现代化，生产效率提高了数十倍，是花卉生产中最重要、应用最广泛的栽培设施。温室在花卉生产中的主要作用有：

①在不适合花卉生态要求的季节，创造出适合于花卉生长发育的环境条件，以达到花卉的反季节生产要求。

②在不适合花卉生态要求的地区，利用温室创造的条件来栽培各种类型的花，以满足人们的需求。

③利用温室可以对花卉进行高度集中栽培，实行高肥密植，以提高单位面积的产量和质量，节省开支，降低成本。

（二）温室的类型和结构

1. 根据建筑形式分类

单屋面温室：温室的北、东、西面是墙体，南面是透明层。这种温室仅有一向南倾斜的透明屋面，构造简单，适合作小面积的温室，一般跨度在 6～8m，北墙高 2.7～3.5m，墙厚 0.5～1.0m，顶高 3.6m。其优点是节能保温，投资小，其缺点是光照不均匀。

双屋面温室：这种温室通常是南北延长，东西两侧有坡面相等的透明材

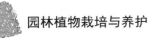

料。双屋面温室一般跨度在 6.0～10m，也有达到 15m 的。屋面的倾斜角要比单屋面温室的要小，一般在 28°～35° 之间，使温室内从日出到日落都能受到均匀的光照，故又称全日照温室。双屋面温室的优点是光照均匀，温度较稳定。缺点是保温较差、通风不良，需要有完善的通风和加温设备。

不等屋面：温室东西向延伸，温室的南北两侧具有两个坡度相同而斜面长度不等的屋面，向南一面较宽，向北一面较窄。跨度一般在 5～8m，适合做小面积温室。与单屋面温室比，提高了光照，通风较好，单保温性能较差。

连栋式温室：又称连续式温室，由两栋或两栋以上的相同结构的双屋面或不等屋面温室借纵向侧柱连接起来，形成室内联通的大型温室。这种温室的优点是占地面积小，建筑费用省，采暖集中，便于经营管理和机械化生产。其缺点是光照和通风不如单栋温室好。

2. 根据温室设置的位置分类

地上式：室内与室外地面近于水平。

半地下式：四周矮墙深入地下，仅留侧窗在地面上。这类温室保温好，室内又可保持较高湿度。

地下式：仅屋顶露于地面上。这类温室保温、保湿效果好，但光照不足，空气不流通。

3. 根据屋面覆盖材料分类

玻璃面温室：以玻璃作为覆盖材料。玻璃的优点是透光度大，使用年限久（可到 40 年以上），缺点是玻璃重量重，要求加大支柱粗度，这会造成温室内遮光面积加大，同时玻璃不耐冲击，易破损。

塑料温室：以塑料为屋面覆盖材料。塑料的优点是重量轻，可以减少支柱的数量，减少室内的遮光面积，价格便宜。缺点是易老化，使用寿命一般在 1～4 年，易燃、易破损和易污染。

塑料玻璃温室：以玻璃钢（丙烯树脂加玻璃纤维或聚氯乙烯加玻璃纤维）作为覆盖材料。其特点是透光率高，重量轻，不易破损，使用寿命长（一般为 15～20 年）。缺点是易燃、易老化和易被灰尘污染。

4. 根据建筑材料分类

木结构温室：屋架、支柱及门窗等都为木质。木结构温室造价低，但使用几年后，温室密闭度降低。

钢结构温室：屋架、支柱及门窗等都为钢材。优点是坚固耐用，用料较细，遮光面积小，能充分利用日光。缺点是造价高、容易生锈。

铝合金结构温室：屋架、支柱及门窗等都为铝合金。特点是结构轻、强度大、密闭度高、使用年限长，但造价高。

钢铝混合结构温室：支柱、屋架等采用钢材，门窗等与外界接触的部分是铝合金构件。这种温室具有钢结构和铝合金结构二者的长处。造价比铝合金结构低。

5. 根据温度分类

高温温室：冬季室温保持在15℃以上。供冬季花卉的促成栽培，同时还可养护热带花卉。

中温温室：冬季室温保持在8～15℃，供栽培亚热带及对温度要求不高的热带花卉。

低温温室：冬季室温保持在3～8℃，用以保护不耐寒花卉越冬，也作耐寒性草花栽培。

另外还可根据加温设备的有无分为不加温温室和加温温室。

6. 根据用途分类

生产性温室：以花卉生产为主，建筑形式以适用于栽培需要和经济适用为原则，不追求外形美观。一般造型和结构都较简单，室内生产面积利用充分，有利于降低生产成本。

观赏性温室：这种温室专供展览、观赏及科普之用，一般放置于公园、植物园及高校内，外观要求美观，高大，以吸引游人流连、观赏和学习。

（三）温室内的配套设备

为了调节温室内的环境条件，必须以相应的光照、温度、湿度和灌溉设备及控制系统为配套措施。

1. 光照调节设备

补光设备补光的目的，一是为了满足花卉的光合作用的需求，在高纬度地区冬季进行花卉生产时，温室中的光照时数和光照强度均不足，因此需补充高强度的光照。二是调节光周期以调节花期，这种补光不需要很强的光照强度。常用的有人工补光和反射补光两种。

人工补光设备：目前常用的人工补光设备主要有内炽灯、荧光灯、高压水银灯、金属卤化灯、高压钠灯、小型气体放电灯等。补光灯上有反光罩，安置在距离植物1.0～1.5m处。

反射补光设备：在单屋面温室中，因为墙体的影响，北面、东西面的光照条件较差，所以可以通过将室内建材和墙面涂白，在墙面悬挂反光板等方法来提高温室内北部的光照条件。

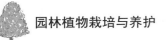

遮阴设备：夏季在温室内栽培花卉时，常由于光照强度太大而导致温室内温度过高，影响花卉的正常生长发育。为了削弱光照强度，减少太阳辐射，需要对植物进行遮阴，遮阴材料以遮阳网最常用，其形式多样，透光率也各不相同，可根据所栽培植物选择合适的遮阳网。另外也可以使用苇帘或竹帘来进行遮阴。

遮光设备遮光的主要目的是通过缩短光照时间来调节花卉的花期。常用的遮光材料是黑布或黑色塑料薄膜，一般将其铺设在温室顶部及四周。

2.温度调节设备

（1）加温设备

烟道加温设备。通过燃烧产生烟雾，然后通过炉筒或烟道散热来增加温室温度，最后将烟排除设施外。这种方法室内温度不易控制，且分布不均匀，空气干燥，室内空气质量差，但其设备投入较小，所以该法多见于简易温室及小型加温温室。

暖风加温设备。用燃料加温使空气温度达到一定指标，然后通过风道输入温室。达到升温的目的。暖风设备通常有两种：一是燃油暖风机，使用柴油作为燃料；二是燃气暖风机，使用天然气作为燃料。

热水加温设备。通过锅炉加热，将热水送至热水管，再通过管壁辐射，使室内温度增高。这种加温方法温度均衡持久，缺点是费用大。这种方法主要用于玻璃温室以及其他大型温室和连栋塑料大棚。

蒸汽加温设备。用蒸汽锅炉加热产生高温蒸汽。然后通过蒸汽管道在温室内循环，散发热量。蒸汽加温预热时间短，温度容易调节，多用于大面积温室加温，但其保温性较差，热量不均匀。

电热加温设备。电热加温是采用电加热元件对温室内空气进行加热或将热量直接辐射到植株上。可根据加温面积的大小采用电加热线、电加热管、电加温片和电加温炉等不同加温方式。这种加温设备由于电费高，所以一般不大面积使用。

（2）保温设备设施的保温途径主要是增加外围维护结构的热阻，减少通风换气，减少维护结构底部土壤传热。常见的保温设备有：①外覆盖保温材料。一般夜间或遇低温天气时，在温室的透光屋面上覆盖保温材料来减少温室中的热量向外界辐射，以达到保温的目的。常用的保温材料有保温被、保温毯和草帘等。草帘的成本比较低，保温效果较好。保温被、保温毯外面用防水材料包裹，不怕雨雪、质量轻、保温效果好、使用年限长，但一次性投入较高。②防寒沟。在温度较低的地区可以在温室的四周挖防寒沟，一般沟宽30cm，深50cm左右，内填干草，上面覆盖塑料薄膜，用以减少温室内的土壤热量散失。

通风、降温设备：在炎热夏季，温室需要配置降温设施，以保护花卉不会受到高温影响，能正常地生长发育。常见降温设备有以下几种。

①遮阴设备。

②通风窗。在温室的顶部、侧方和后墙上设置通风窗，当气温升高时，将所有通风窗打开，以通风换气的方式达到降温的目的。

③压缩式制冷机。通过使用压缩式制冷机对温室进行降温，其降温快、效果好，但是耗能大、费用高、制冷面积有限，所以只用于人工气候室。

④水帘降温设备。一般由排风扇和水帘两部分组成。排风扇装于温室的一端（一般为南端），水帘装于温室的另一端（一般为北端）。水帘由一种特制的"蜂窝纸板"和回水槽组成。使用时冷水不断淋过水帘使其饱含水分，开动排风扇，随温室气体的流动、蒸发、吸收而起到降温作用。该系统适合于北方地区，而在南方地区效果不理想。

⑤喷雾设备。通过多功能微雾系统，将水以微米级的雾滴形式喷入温室，使其迅速蒸发，利用水蒸发潜热大的特点，大量吸收空气中热量，然后将湿空气排出室外，从而到达降温的目的。

3. 给水设备

喷灌设备：喷灌是采用水泵和水塔通过管道输送到灌溉地段，然后再通过喷头将水喷成细小水滴或雾状。既补充了土壤水分，又能起到降温和增加空气湿度的作用，还可避免土壤板结。

滴管设备：滴管系统由贮水池、过滤器、水泵、肥料注入器、输入管线、滴头和控制器组成。滴管从主管引出，分布各个单独植株上。滴管不沾湿叶片，省工、省水，防止土壤板结，可与施肥结合起来进行，但设备材料费用高。

二、塑料大棚

（一）塑料大棚的作用

塑料大棚是用塑料薄膜覆盖的一种大型拱棚，它与温室相比，具有结构简单，建造和拆除方便，一次性投资少等优点。

（二）塑料大棚的类型与构造

1. 按屋顶的形状分

拱圆形塑料大棚：我国绝大多数为拱圆形大棚，屋顶呈圆弧形，面积可

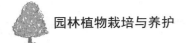

大可小，可单栋也可连栋，建造容易，搬迁方便。

屋脊形塑料大棚：采用木材或角钢为骨架的双屋面塑料大棚，多为连栋式。

2.按骨架材料分

竹木结构：大棚以 3～6cm 宽的竹片为拱杆，立柱为木杆或水泥柱。其优点是造价低廉，建造容易，缺点是棚内柱子多，折光率高，作业不方便，抗风雪荷载能力差。

钢架结构：使用钢筋或钢管焊接成平面或空间桁架作为大棚的骨架，这种大棚骨架强度高，室内无柱，空间大，透光性能好，但由于室内高湿的环境对钢材的腐蚀作用强，其使用寿命受到很大影响。

镀锌钢管结构：这种大棚的拱杆、纵向拉杆、立柱均为薄壁钢管，并用专用卡具连接形成整体。塑料薄膜用卡膜槽和弹簧卡丝固定，所有杆件和卡具均采用热镀锌防腐处理，是工厂化生产的工业产品，已形成标准、规范的产品。这种大棚为组装式结构，建造方便，并可拆卸迁移。棚内空间大，作业方便。骨架截面小，遮阴率低。构建抗腐蚀能力强。材料强度高，承载能力强，整体稳定性好，使用寿命长。

三、阴棚

（一）阴棚的功能

多数温室花卉属于半阴植物，如兰花，观叶花卉等，不耐夏季温室内的高温，一般到夏季需移到温室外。另外夏季扦插、播种、上盆均需遮阴。阴棚可以减少其下光照强度，降低温度，增加湿度，减少蒸腾作用。为夏季的花卉支配管理创造适宜的环境。

（二）阴棚的种类

临时性阴棚一般在春末夏初架设，秋凉时逐渐拆除。其主架由木材、竹材等构成，上面铺设苇帘或苇秆。建造时一般采用东西延长，高 2.5～3.0m，宽 6.0～7.0m，每隔 3m 设立柱一根。为了避免上、下午的阳光从东或西面照射到阴棚内，在东西两端还设置有遮阴帘，遮阴帘下缘要距离地面 60cm 左右，以利通风。

永久性阴棚骨架用铁管或水泥柱构成，其形状与临时性阴棚相同。棚架上覆盖遮阳网、苇帘、竹帘等遮阴材料，也可以使用紫藤葡萄等藤本植物遮阴。

四、风障

风障是在栽培畦的北侧按与当地季风垂直的方向设置的一排篱笆挡风屏障。在我国北方常用于露地花卉的越冬，多与温床、冷床结合使用，以提高保温能力。

（一）风障的作用

风障具有减弱风速、稳定畦面气流的作用。风障一般可减弱 10% ～ 50% 的风速，通常能使五六级大风在风障前变为一二级风。风障能充分利用太阳的辐射热，提高风障保护区的地温和气温。一般增温效果以有风天最显著，无风天不显著，距离风障越近增温效果越好。

（二）风障的结构和设置

风障包括篱笆、披风和基埂三个部分。

篱包是风障的主要部分，一般高 2.5 ～ 3.5m，通常使用芦苇、高粱杆、玉米秸秆、细竹等材料。具体方法是在垂直于风向处挖深 30cm 的长沟，载入篱笆，向南倾斜，与地面呈 70° ～ 80°，填土压实。在距地面 1.8m 左右处扎一横杆，形成篱笆。

披风是附在篱笆北面基部的柴草，高 1.3 ～ 1.7m，其下部与篱笆一并埋入沟中，中部用横杆扎于篱笆上。

基埂是风障北侧基部培起来的土埂，为固定风障及增强保温效果，高 17 ～ 20cm。

风障一般为临时设施，一般在秋末建造，到第二年春季拆除。

五、温床与冷床

温床和冷床是一种花卉栽培常用的简易、低矮的设施。不加温只利用太阳辐射热的为冷床。除了利用太阳辐射热外，还需要人为加温的为温床。

（一）温床与冷床的作用

①提前播种：提早开花春季露地播种要在晚霜后才能进行，但春季可以利用冷床或温床把播种期提前 30 ～ 40 天，以提早花期。

②花卉越冬保护：在北方地区，有些一二年生花卉不能露地越冬，如三色堇、雏菊等，可以在冷床或温床中播种并越冬。

③小苗锻炼：在温室或温床育成的小苗，在移入露地前，可以先在冷床中进行锻炼，使其逐渐适应露地气候条件，而后栽于露地。

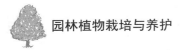

（二）温床和冷床的结构和性能

温床和冷床的形式相同，一般为南低北高的框式结构。床框用砖或水泥砌成或直接用土墙建成，可建成半地下式，并且可以在北面建造风障以提高保温性能。床框一般宽 1.2m，北面高 50 ～ 60cm，南面高 20 ～ 30cm，长度依地形而定。床框上覆盖玻璃或塑料薄膜。

温床的加温通常有发酵加温和电热线加温两种。发酵加温是利用微生物分解有机质所发出的热能来提高床内温度。常用的酿热物有稻草、落叶、马粪、牛粪等。使用时需提前将酿热物装入床内，每 15cm 左右铺一层，装入三层，每层踏实并浇水，然后顶盖封闭，让其充分发酵。温度稳定后，再铺上一层10 ～ 15cm 厚的培养土，作扦插或播种用，也可用于盆花越冬。电热线加温是在床底铺设电热线，再接通电源，以提高苗床温度。这种加温方法发热迅速，温度均匀，便于控制，但成本较高。

第二节　园林花卉无土栽培

一、无土栽培的概念与特点

无土栽培是近年来在花卉工厂化生产中较为普及的一种新技术。它是用非土基质和人工营养液代替天然土壤栽培花卉的新技术。

无土栽培的历史虽然悠久，但是真正的发展始于 1970 年丹麦 Grodam公司开发的岩棉栽培技术和 1973 年英国温室作物研究所的营养液膜技术（NFT）。近 30 年来，无土栽培技术发展极其迅速。目前，在美国、英国、俄罗斯、法国、加拿大等发达国家被广泛应用。

无土栽培的优点：①环境条件易于控制，无土栽培可使花卉得到足够的水分、无机营养和空气，并且这些条件便于人工控制，有利于栽培技术的现代化。②省水省肥，无土栽培为封闭循环系统，耗水量仅为土壤栽培的1/7 ～ 1/5，同时避免了肥料被土壤固定和流失的问题，肥料的利用率提高了1 倍以上。③扩大了花卉种植的范围，无土栽培在沙漠、盐碱地、海岛、荒山、砾石地或沙漠都可以进行，规模可大可小。④节省劳动力和时间，无土栽培许多操作管理课机械化、自动化，大大减轻了劳动强度。⑤无杂草、无病虫、清洁卫生，因为没有土壤，病虫害等来源得到控制，病虫害减少了。

无土栽培的缺点：①一次性设备投资较大，无土栽培需要许多设备，如水培槽、营养液池、循环系统等，故投资较大。②对技术水平要求高，营养液的配置、调整与管理都要求有一些具备专业知识的人才能管理好。

二、无土栽培的类型与方法

无土栽培的方式很多，大体上可分为两类：一类是固体基质固定根部的基质培；另一类是不用基质的水培。

（一）基质培及设备

在基质无土栽培系统中，固体基质的主要作用是支持花卉的根系及提供花卉的水分和营养元素。供液系统有开路系统和闭路系统，开路系统的营养液不循环利用，而闭路系统中营养液循环使用。由于闭路系统的设施投资较高，而且营养液管理比较复杂，所以在我国基质培只采用开路系统。与水培相较基质培缓冲性强、栽培技术较易掌握、栽培设备易建造，成本低，因此在世界各国的面积均大于水培，我国更是如此。

1. 栽培基质

（1）对基质的要求。用于无土栽培的基质种类很多，主要分为有机基质和无机基质两大类。基质要求有较强的吸水和保水能力、无杂质、无病虫、卫生、价格低廉，获取容易，同时还需要有较好的物理化学性质。无土栽培对基质的理化性质的要求有以下几种。

①基质的物理性状

容重：一般基质的容重在 $0.1 \sim 0.8 \mathrm{g/cm^3}$ 范围内。容重过大基质过于紧实，透水透气性差。容重过小，则基质过于疏松，虽然透气性好，利于根系的伸展，但不易固定植株，给管理上增加难度。

总孔隙度：总孔隙度大的基质，其空气和水的容纳空间就大，反之则小。总孔隙度大的基质较轻、疏松，利于植株的生长，但对根系的支撑和固定作用较差，易倒伏，总孔隙度小的基质较重，水和空气的总容量少。因此，为了克服单一基质总孔隙度过大和过小所产生的弊病，在实际中常将两三种不同颗粒大小的基质混合制成复合基质来使用。

大小孔隙比：大小空隙比能够反映基质中水、气之间的状况。如果大小孔隙比大，则说明空气容量大而持水量较小，反之则空气容量小而持水量大。一般而言，大小空隙比在 $1.5 \sim 4$ 这一范围内花卉都能良好生长。

基质颗粒大小：基质颗粒的大小直接影响容重、总孔隙度、大小空隙比。无土栽培基质粒径一般在 $0.5 \sim 50 \mathrm{mm}$。可以根据栽培花卉种类、根系生长特点、当地资源加以选择。

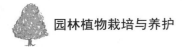

②基质化学性质

pH 值：不同基质其 pH 值不同，在使用前必须检测基质的 pH 值，根据栽培花卉所需的 pH 值采取相应的调节。

电导率（EC）：电导率是指未加入营养液前基质本身原有的电导率，反映了基质含有可溶性盐分的多少，电导率将直接影响到营养液的平衡。使用基质前应对其电导率了解清楚，以便于适当处理。

阳离子代换量：是指在 pH=7 时测定的可替换的阳离子含量。基质的阳离子代换量高既有不利的一面，即影响营养液的平衡，也有有利的一面，即保存养分，减少损失，并对营养液的酸碱反映有缓冲作用。一般有机基质如树皮、锯末、草炭等阳离子代换量高，无机基质中蛭石的阳离子代换量高，而其他基质的阳离子代换量都很小。

基质缓冲能力：是指基质中加入酸碱物质后，本身所具有的缓和酸碱变化的能力。无土栽培时要求基质缓冲能力越强越好。一般阳离子代换量高的，基质的缓冲能力也高。有机基质都有缓冲能力，而无机基质有些有很强的缓冲能力，如蛭石，但大多数无机基质的缓冲能力都很弱。

（2）常用的无土栽培基质有以下几种。

①无机基质

岩棉：岩棉是由辉绿岩、石灰岩和焦炭三种物质按一定比例，在 1600℃的高炉中融化、冷却、黏合压制而成。其优点是经过高温完全消毒，有一定形状，在栽培过程中不变形，具有较高的持水量和较低的水分张力，栽培初期 pH 值是微碱性。缺点是岩棉本身的缓冲性能低，对灌溉水要求较高。

珍珠岩：珍珠岩是由硅质火山岩在 1200℃下燃烧膨胀而成的。珍珠岩易于排水，通气，物理和化学性质比较稳定。珍珠岩不适宜单独作为基质使用，因其容重较轻，根系固定效果较差，一般和草炭、蛭石混合使用。

蛭石：蛭石是由云母类矿石加热到 800～1100℃形成的。其优点是质轻，孔隙度大，通透性好，持水力强，pH 值中性偏酸，含钙、钾较多，具有良好的保温、隔热、通气、保水和保肥能力。因为经过高温煅烧，无菌、无毒，化学稳定性好。

沙：为无土栽培最早应用的基质。目前在美国亚利桑那州、中东地区以及沙漠地带都用沙做无土栽培基质。其特点是来源丰富，价格低，但容重大，持水差。沙粒的大小应适当，一般以粒径 0.6～2.0mm 为好。在生产中，严禁采用石灰岩质的沙粒，以免影响营养液的 pH 值，使一部分营养失效。

砾石：一般使用的粒径在 1.6～20mm 的范围内。砾石保水、保肥力较沙低，通透性优于沙。生产中一般选用非石灰性的为好。

陶粒：陶粒是大小均匀的团粒状火烧豆页岩，采用800℃高温烧制而成。内部为蜂窝状的空隙构造，容重为500kg/m³。陶粒的优点是能漂浮在水面，透气性好。

炉渣：炉渣是煤燃烧后的残渣，来源广泛，通透性好、炉渣不宜单独用作基质。使用前要进行过筛，选择适宜的颗粒。

泡沫塑料颗粒：为人工合成物质，其特点为质轻，孔隙度大，吸水力强。一般多与沙、泥炭等混合应用。

②有机基质

泥炭：习称草炭，由半分解的植被组成，因植被母质、分解程度、矿质含量而有不同种类。泥炭容重较小，富含有机质，持水保水能力强，偏酸性，含花卉所需要的营养成分。一般通透性差，很少单独使用，常与其他基质混合使用。

锯末与木屑：为林木加工副产品，锯末质轻，吸水、保水力强并含有一定营养物质，一般多与其他基质混合使用。注意含有毒物质树种锯末不宜采用。

树皮：树皮的化学组成因树种的不同差异很大。大多数树皮含有酚类物质且C/N较高，因此新鲜的树皮应堆沤1个月以上再使用。树皮有很多种大小颗粒可供利用，在无土栽培中最常用直径为1.5～6.0mm的颗粒。

秸秆：农作物的秸秆均是较好的基质材料，如玉米秸秆、葵花秆、小麦秆等粉碎腐熟后与其他基质混合使用。特点是取材广泛，价格低廉，可对大量废弃秸秆进行再利用。

炭化稻壳：其特点为质轻，孔隙度大，通透性好，持水力较强，含钾等多种营养成分，pH高，使用中应注意调整。

此外用作栽培基质的还有砖块、火山灰、花泥、椰子纤维、木炭、蔗渣、苔藓、蕨根、沼渣、菇渣等。

（3）基质的混合及配制。在各种基质中，有些可以单独使用，有些则需要按不同的配比混合使用。但就栽培效果而言，混合基质优于单一基质，有机与无机混合基质优于纯有机或纯无机混合的基质。基质混合总的要求是降低基质的容重，增加孔隙度，增加水分和空气的含量。基质的混合使用，以2～3种混合为宜。

国内无土栽培中常用的一些混合基质。

草炭：蛭石为1∶1。

草炭：蛭石：珍珠岩为1∶1∶1。

草炭：炉渣为1∶1。

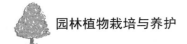

国外无土栽培中常用的一些混合基质。

草炭：珍珠岩：沙为 2：2：3。

草炭：珍珠岩为 1：1。

草炭：沙为 1：1 或 1：3。

草炭：珍珠岩：蛭石为 2：1：1。

在混合基质时，不同的基质应加入一定量的营养元素，并搅拌均匀。

（4）基质的消毒。大部分基质在使用之前或使用一茬之后，都应该进行消毒，避免病虫害发生。常用的消毒方法有化学药剂消毒、蒸气消毒和太阳能消毒等。

①蒸汽消毒

将基质堆成 20cm 高，长度根据地形而定，全部用防水防高温布盖上，用通气管通入蒸汽进行密闭消毒。一般在 70～90℃条件下消毒 1h 就能杀死病菌。此法效果良好，安全可靠，但成本较高。

②太阳能消毒

在夏季高温季节，在温室或大棚中把基质堆成 20～25cm 高，长度视情况而定，堆的同时喷湿基质，使其含水量超过 80%，然后用薄膜盖严，密闭温室或大棚，暴晒 10～15 天，消毒效果良好。

③化学药剂消毒

甲醛：甲醛是良好的消毒剂，一般将 40% 的原液稀释 50 倍，用喷壶将基质均匀喷湿，覆盖塑料薄膜，经 24～26h 后揭膜，再风干 2 周后使用。

溴甲烷：将基质堆起，用塑料管将药剂引入基质中，使用量为 100～150g/m³，基质施药后，随即用塑料薄膜盖严，5～7 天后去掉薄膜，晒 7～10 天后即可使用。溴甲烷有剧毒，并且是强致癌物，使用时要注意安全。

2. 基质培的方法及设备

槽培：槽培是将基质装入一定容积的栽培槽中以种植花卉。可用混凝土和砖建造永久性的栽培槽。目前应用较为广泛的是在温室地面上直接用砖垒成栽培槽，为降低生产成本，也可就地挖成槽再铺薄膜。总的要求是防止渗漏并使基质与土壤隔离，通常可在槽底铺 2 层薄膜。

栽培槽的大小和形状取决于不同花卉，如每槽种植两行，槽宽一般为 0.48m（内径）。如多行种植，只要方便田间管理就可。栽培槽的深度以 15～20cm 为好，槽长可由灌溉能力、温室结构以及田间操作所需走道等因素来决定。槽的坡度至少应为 4℃，这是为了获得良好排水性能，如有条件，还可在槽底铺设排水管。

基质装槽后，布设滴灌管，营养液可由水泵泵入滴灌系统后供给植株，也可利用重力供液，不需动力。

袋培：用尼龙袋或抗紫外线的聚乙烯塑料袋装入基质进行栽培。在光照较强的地区，塑料袋表面以内色为好，以便反射阳光并防止基质升温。光照较少的地区，袋表面以黑色为好，以利于冬季吸收热量，保持袋中基质温度。

袋培的方式有两种：一种为开口筒式袋培，每袋装基质 10 ～ 15L，种植 1 株花卉；另一种为枕式袋培，每袋装基质 20 ～ 30L，种植两株花卉。无论是筒式袋培还是枕式袋培，袋的底部或两侧都应该开两三个直径为 0.5 ～ 1.0cm 的小孔，以便多余的营养液从孔中流出，防止沤根。

岩棉栽培：岩棉栽培是指使用定型的、用塑料薄膜包裹的岩棉种植垫做基质，种植时在其表面塑料薄膜上开孔，安放已经育好小苗的育苗块，然后向岩棉种植垫中滴加营养液的一种无土栽培方式。开放式岩棉栽培营养液灌溉均匀、使用准确，一旦水泵或供液系统发生故障，对花卉造成的损失也较小。

岩棉栽培时需用岩棉块育苗，育苗时将岩棉根据花卉切成一定大小，除了上下两面外，岩棉块的四周用黑色塑料薄膜包上，以防止水分蒸发和盐类在岩棉块周围积累，同时还可以提高岩棉块温度。种子可以直播在岩棉块中，也可以将种子播在育苗盘或较小的岩棉块中，当幼苗第一片真叶出现时，再移栽至大岩棉块中。

定植用的岩棉垫一般长 70 ～ 100cm，宽 15 ～ 30cm，高 7 ～ 10cm，岩棉垫装在塑料袋内。定植前将温室内土地平整，必要时铺上白色塑料薄膜。放置岩棉垫时，注意要稍向一面倾斜，并在倾斜方向把塑料底部钻 2 ～ 3 个排水孔。在袋上开两个 8cm 见方的定植孔，用滴灌的方法把营养液滴入岩棉块中，使之浸透后定植。每个岩棉垫种植 2 株。定植后即把滴灌管固定在岩棉块上，让营养液从岩棉块上往下滴，保持岩棉块湿润，促使根系迅速生长。7 ～ 10 天后，根系扎入岩棉垫，可把滴灌头插到岩棉垫上，以保持根基部干燥。

立体栽培：立体栽培也称为垂直栽培，是通过竖立起来的栽培柱或其他形式作为花卉生长的载体，充分利用温室空间和太阳能，发挥有限地面生产潜力的一种无土栽培形式。主要适合一些低矮花卉。立体栽培依其所用材料的硬度，又分为柱状栽培和长袋栽培。

①柱状栽培

栽培柱采用石棉水泥管或硬质塑料管，在管四周按螺旋位置开孔，植株种植在孔中的基质中。也可采用专用的无土栽培柱，栽培柱由若干个短的模型管构成。每一个模型管上有几个突出的杯形物，用以种植花卉。一般采取底部供液或上部供液的开放式滴灌供液方式。

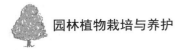

②长袋状栽培

长袋状栽培是柱状栽培的简化，用聚乙烯袋代替硬管。栽培袋采用直径15cm、厚0.15mm的聚乙烯膜，长度一般为2m，内装栽培基项，装满后将上下两端结紧，然后悬挂在温室中。袋子的周围开一些2.5～5cm的孔，用以种植花卉。一般采用上部供液的开放式滴灌供液方式。

立柱式盆钵无土栽培：将一个个定型的塑料盆填装基质后上下叠放，栽培孔交错排列，保证花卉均匀受光。供液管道由上而下供液。

有机生态型无土栽培：有机生态型无土栽培是指也使用基质，但不用传统的营养液灌溉，而使用有机固态肥并直接用清水灌溉花卉的一种无土栽培技术。有机生态型无土栽培用固态有机肥取代传统的营养液，具有操作简单、一次性投资少、节约生产成本、对环境无污染、产品品质优良无害的优点。

（二）水培方法与类型

水培就是将花卉的根系悬浮在装有营养液的栽培容器中，营养液不断循环流动以改善供氧条件。水培方式主要有以下几种。

1.薄层营养液膜法（NFT）

仅有一薄层营养液流经栽培容器的底部，不断供给花卉所需营养、水分和氧气。NFT的设施主要由种植槽、贮液池、营养液循环供液系统三个主要部分组成。

种植槽：种植槽可以用面白底黑的聚乙烯薄膜临时围合成等腰三角形槽，或用玻璃钢或水泥制成的波纹瓦作槽底。铺在预先平整压实的、且有一定坡降的地面上，长边与坡降方向平行。因为营养液需要从槽的高端流向低端，故槽底的地面不能有坑洼，以免槽内积水。用硬板垫槽，可调整坡降，坡降不要太小，也不要太大，以营养液能在槽内浅层流动畅顺为好。

贮液池：一般设在地平面以下，容量足够供应全部种植面积。大株形花卉以每株3～5L计，小株形以每株1～1.5L计。

营养液循环供液系统：主要由水泵、管道、过滤器及流量调节阀等组成。

NFT供液时营养液层深度不宜超过1～2cm，供液方法又可分为连续式或间歇式两种类型。间歇式供液可以节约能源，也可控制花卉的生长发育，它的特点是在连续供液系统的基础上加一个定时装置。NFT的特点是能不断供给花卉所需的营养、水分和氧气。但因营养液层薄，栽培难度大，尤其在遇短期停电时，花卉会面临水分胁迫，甚至有枯死的危险。

2. 深液流法（DFT）

这种栽培方式与营养液膜技术差不多，不同之处是槽内的营养液层较深（5～10cm），花卉根部浸泡在营养液中，其根系的通气靠向营养液中加氧来解决。这种系统的优点是解决了在停电期间NFT系统不能正常运转的困难。

3. 动态浮根法（DRF）

该系统是指在栽培床内进行营养液灌溉时，植物的根系随营养液的液位变化而上下左右波动。营养液达到设定的深度（一般为8cm）后，栽培床内的自动排液器将营养液排出去，使水位降至设定深度（一般4cm）。此时上部根系暴露在空气中可以吸收氧气，下部根系浸在营养液中不断吸收水分和养料，不会因夏季高温使营养液温度上升、氧气溶解度降低，可以满足植物的需要。

4. 浮板毛管法（FCH）

该方法是在DFT的基础上增加一块厚2cm、宽12cm的泡沫塑料板，板上覆盖亲水性无纺布，两侧延伸入营养液中。通过毛细管作用，使浮板始终保持湿润。根系可以在泡沫塑料板上生长，便于吸收水中的养分和空气中的氧气。此法根际环境稳定，液温变化小，根际供氧充分。

三、无土栽培营养液的配制与管理

（一）营养液的配制

1. 营养液的配制原则

营养液必须含有植物生长所必需的全部营养元素。高等植物必需的营养元素有16种，其中碳、氢、氧由水和空气供给，其余13种由根部从土壤溶液中吸收，所以营养液均是由含有这13种营养元素的各种化合物组成。

含各种营养元素的化合物必须是根部可以吸收的状态，也就是可以溶液水的呈离子态的化合物。通常都是无机盐类，也有一些是有机螯合物。

营养液中各种营养元素的数量比例应符合植物生长发育的要求，而且是均衡的。

营养液中各营养元素的无机盐类构成的总盐浓度及其酸碱反应应是符合植物生长要求的。

组成营养液的各种化合物，在栽培植物的过程中，应在较长时间内保持其有效状态。

组成营养液的各种化合物的总体，在根吸收过程中造成的生理酸碱反应

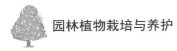

应是比较平衡的。

2.营养液的组成

营养液是将含有各种植物营养元素的化合物溶解于水中配制而成，其主要原料就是水和各种含有营养元素的化合物。

（1）水无土栽培中对用于配制营养液的水源和水质都有一些具体的要求。

水源。自来水、井水、河水、雨水和湖水都可用于营养液的配制。但无论用哪种水源都不应含有病菌，不影响营养液的组成和浓度。所以使用前必须对水质进行调查化验，以确定其可用性。

水质。用来配制营养液的水，硬度以不超过10°为好，pH在6.5～8.5之间，溶氧接近饱和。此外，水中重金属及其他有害健康的元素不得超过最高容许值。

（2）含有营养元素的化合物根据化合物纯度的不同，一般可以分为化学药剂、医用化合物、工业用化合物和农业用化合物。考虑到无土栽培的成本，配制营养液的大量元素时通常使用价格便宜的农用化肥。

3.营养液配制的方法

因为营养液中含有钙、镁、铁、锰、磷酸根和硫酸根等离子，配制过程中掌握不好就容易产生沉淀。为了生产上的方便，配制营养液时一般先配制浓缩储备液（母液），然后再稀释，混合配制工作营养液（栽培营养液）。

母液的配制。母液一般分为A、B、C三种，称为A母液、B母液、C母液。A母液以钙盐为主，凡不与钙作用而产生沉淀的盐类都可配成A母液。B母液以磷酸根形成沉淀的盐配制而成。C母液由铁和微量元素配制而成。

工作液的配制。在配制工作营养液时，为了防止沉淀形成，配制时先加九成的水，然后依次加入A母液、B母液和C母液，最后定容。配置好后调整酸度，测试营养液的pH值和EC值，看是否与预配的值相符。

（二）营养液管理

浓度管理：营养液浓度的管理直接影响植物的产量和品质，不同植物、同一植物的不同生育期营养液浓度不同。要经常用电导仪检查营养液浓度的变化。

pH值管理：在营养液的循环过程中随着植物对离子的吸收，由于盐类的生理反应会使营养液pH值发生变化，即变酸或变碱。此时就应该对营养的 pH 值进行调整。所使用的酸一般为硫酸、硝酸，碱一般为氢氧化钠、氢氧化钾。调整时应先用水将酸（碱）稀释成 1 ～ 2mol/L，缓慢加入储液池中，充分搅匀。

溶存氧管理：在营养液循环栽培系统中，根系呼吸作用所需的氧气主要来自营养液中的溶解氧。增氧措施主要是利用机械和物理的方法来增加营养液与空气接触的机会，增加氧气在营养液中的扩散能力，从而提高营养液中氧气的含量。

供液时间与次数：无土栽培的供液方法有连续供液和间歇供液两种，基质栽培通常采用间歇供液的方式。每天供液 1 ～ 3 次，每次 5 ～ 10min。供液次数多少要根据季节、天气、植株大小、生育期来决定。水培有间歇供液和连续供液两种。间歇供液一般每隔 2h—次，每次 15 ～ 30min。连续供液一般是白天连续供液，夜晚停止。

营养液的补充与更新：对于非循环供液的基质培，由于所配营养液一次性使用，所以不存在营养液的补充与更新。而循环供液方式存在营养液的补充与更新问题。因在循环供液过程中，每循环 1 周，营养液被植物吸收、消耗，营养液量会不断减少，回液量不足 1 天的用量时，就需要补充添加。营养液使用一段时间后，组成浓度会发生变化，或者是会发生藻类、发生污染，这时就要把营养液全部排出，重新配制。

第三节　园林花卉的促成及抑制栽培

一、促成及抑制栽培的意义

花期调控是采用人为措施，使花卉提前或延后开花的技术。其中比自然花期提前的栽培技术方式称促成栽培，比自然花期延迟的栽培称抑制栽培。我国自古就有花期调控技术，有开出"不时之花"的记载。现代花卉产业对花卉的花期调控有了更高的要求，根据市场或应用需求，尤其是在元旦、春节、五一劳动节、国庆节等节日用花，需求量大、种类多，按时提供花卉产品，具有显著的社会效益和经济效益。

二、促成及抑制栽培的原理

（一）阶段发育理论

花卉在其一生中或一年中经历着不同的生长发育阶段，最初是进行细胞、

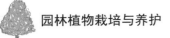

组织和器官数量的增加，体积的增大，这时花卉处于生长阶段，随着花卉体的长大与营养物质的积累，花卉进入发育阶段，开始花芽分化和开花。如果人为创造条件，使其提早进入发育阶段，就可以提前开花。

（二）休眠与催醒休眠理论

休眠是花卉个体为了适应生存环境，在历代的种族繁衍和自然选择中逐步形成的生物习性。要使处于休眠的园林花卉开花，就要根据休眠的特性，采取措施催醒休眠，使其恢复活动状态，从而达到使其提前开花的目的。如果想延迟开花，那么就必须延长其休眠期，使其继续处于休眠状态。

（三）花芽分化的诱导

有些园林花卉在进入发育阶段以后，并不能直接形成花芽，还需要一定的环境条件诱导其花芽的形成。这一过程称为成花诱导。诱导花芽分化的环境因素主要有两个方面，一是低温，二是光周期。

低温春化。多数越冬的二年生草本花卉，部分宿根花卉、球根花卉及木本花卉需要低温春化作用。若没有持续一段时期的相对低温，始终不能成花。温度的高低与持续时间的长短因种类不同而异。多数园林花卉需要 0 ～ 5℃，天数变化较大，最大变动 4 ～ 56 天，并且在一定温度范围内，温度越低所需时间越短。

光周期诱导。很多花卉生长到某一阶段，每天都需要一定时间的光照或黑暗才能诱导成花，这种现象叫光周期现象。长日照条件能促进长日照花卉开花，抑制短日照花卉开花。相反短日照条件能促使短日照花卉开花而抑制长日照花卉开花。所以可以人为改变光周期，以改变花期。

三、促进及抑制栽培的技术

（一）促成及抑制栽培的一般园艺措施

根据花卉的习性，在不同时期采取相应的栽培管理措施，可以应用播种、修剪、摘心及水肥管理等技术措施调节花期。

1. 调节花卉播种期和栽培期

不需要特殊环境诱导、在适宜的生长条件下只要生长到一定的大小即可开花的花卉种类，可以通过改变播种期和栽培期来调节开花期。多数一年生草本花卉属日中性，对光周期长短无严格要求，在适宜的地区或季节可分期播种。如翠菊的矮性品种，春季露地播种，6 ～ 7 月开花。7 月播种，9 ～ 10 月开花。2 ～ 3 月在温室播种，5 ～ 6 月开花。

二年生花卉在低温下形成花芽和开花。在温度适宜的季节，或冬季在温室保护下，也可调节播种期使其在不同时期开花。如金盏菊在低温下播种30～40天开花，自7～9月陆续播种，可于12月至翌年5月先后开花。

2. 采用修剪、摘心、抹芽等栽培措施

月季花、茉莉、香石竹、倒挂金钟、一串红等在适宜的条件下一年中可以多次开花，可以通过修剪、摘心等措施预订花期。如半支莲从修剪到开花2～3个月。香石竹从修剪到开花大约1个月。此类花卉可以根据需花的时间提前一定时间对其进行修剪。如一串红从修剪到开花，约20天，五一期间需要的一串红可以在4月5日前后进行最后一次修剪，十一期间需要的一串红在9月5日前后进行最后一次的修剪。

3. 肥水控制

人为地控制水分，强迫休眠，再于适当时期供给水分，则可解除休眠，又可发芽、生长、开花。采用此法可促使梅花、桃花、海棠、玉兰、丁香、牡丹等木本花卉在国庆节开花。氮肥和水分充足可促进营养生长而延迟开花，增施磷肥、钾肥有助于抑制营养生长而促进花芽分化。菊花在营养生长后期追施磷、钾肥可提早开花约1周。

（二）温度处理

温度处理。调节花期主要是通过温度的作用调节休眠期、成花诱导与花芽形成期、花茎伸长期等主要进程而实现对花期的控制。大部分越冬休眠的多年生草本和木本花卉以及越冬期呈相对静止状态的球根花卉，都可以采用温度处理。大部分盛夏处于休眠、半休眠状态的花卉，生长发育缓慢，防暑降温可提前度过休眠期。

1. 增温处理

促进开花。对花芽已经形成正在越冬休眠的种类，由于冬季温度较低而处于休眠状态，自然开花需要待来年春季。若移入温室给予较高的温度（20～25℃），并增加空气湿度，就能提前开花。一些春季开花的秋播草本花卉和宿根花卉在入冬前放入温室，一般都能提前开花。木本花卉必须是成熟的植株，并在入冬前已经形成花芽，且经过一段时间的低温处理。否则不会成功。

利用增温的方法来催花，首先要预定花期，然后在根据花卉本身的习性来确定提前加温的时间。在加温到20～25℃、相对湿度增加到80%以上时，垂丝海棠经10～15天就能开花，牡丹开花需要30～35天。

延长花期。有些花卉在适宜的温度下，有不断生长，连续开花的习性。但在秋冬季节气温降低时，就要停止生长和开花。若能在停止生长之前及时移入温室，使其不受低温影响，提供继续生长发育的条件，就可使它连续不断地开花。如月季、非洲菊、茉莉、美人蕉、大丽花等就可以采用这种方法来延长花期。要注意的是在温度下降之前，要及时加温、施肥、修剪，否则一旦气温下降影响生长后，再加温就来不及了。

2. 降温处理

延长休眠期以推迟开花。一般多在早春气温回升之前。将一些春季开花的耐寒、耐阴、健壮、成熟及晚花品种移入冷室。使其休眠延长来推迟开花。冷室的温度要求在1～5℃。降温处理时要少浇水，除非盆土干透,否则不浇水。预定花期后一般要提前30天以上将其移到室外，先放在避风遮阴的环境下养护，并经常喷水来增加湿度和降低温度，然后逐渐向阳光下转移，待花蕾萌动后再正常浇水和施肥。

减缓生长以延迟开花。较低的温度能延迟花卉的新陈代谢，延迟开花。这种措施大多用于含苞待放或开始进入初花期的花卉。如菊花、天竺葵、八仙花、月季、水仙等。处理的温度也因植物种类而异。

降温避暑。很多原产于夏季凉爽地区的花卉，在适宜的温度下，能不断地生长、开花。但遇到酷暑，就停止生长，不再开花，如仙客来、倒挂金钟。为了满足夏季观花的需要，可以采用各种降温措施使它们正常生长，进行花芽分化，或打破夏季休眠的习性，使其开花不断。

模拟春化作用而提前开花。改秋播为春播的草花，为了使其在当年开花，可以低温处理萌动的种子或幼苗，使其通过春花作用，在当年就可开花，适宜的处理温度为 0 ～ 5℃。

降低温度提前度过休眠期。休眠器官经一定时间的低温作用后，休眠即被解除，再给予转入生长的条件，就可以使花卉提前开花。如牡丹在落叶后挖出，经过 1 周的低温贮藏（温度为 1 ～ 5℃），再进入保护地加温催花，元旦就可以开花。

（三）光周期处理

光周期处理的作用是通过光照处理成花诱导、促进花芽分化、花芽发育和打破休眠。长日照花卉的自然花期一般为日照较长的春夏季，而要长日照花卉在日照短的秋冬季节开花，可以用灯光补光来延长光照时间。相反，在春夏季不让长日照花卉开花可以用遮光的方法把光照时间变短。对于短日照花卉，在日照长的季节，进行遮光，促进开花，相反给予长日照处理，就抑制开花。

1.光周期处理时期的计算

光周期处理开始的时期是由花卉的临界日长和所在地的地理位置来决定的。如北纬 40°，在 10 月初到翌年 3 月初的自然日长小于 12h，对于临界日长为 12h 的长日照花卉，如果要在此期间开花的话就要进行长日照处理。花卉光周期处理中计算日长小时数的方法与自然日长有所不同。每天日长的小时数应从日出前 20min 至日落后 20min 计算，因为在日出前 20min 和日落后 20min 之内太阳的散射光会对花卉产生影响。

2.长日照处理

用于长日照花卉的促成栽培和短日照花卉的抑制栽培。

（1）方法。长日照处理的方法较多，常用的主要有以下几种。

延长明期法：在日落后或日出前给予一定时间的照明，使明期延长到该花卉的临界日长小时数以上。实际中较多采用的是日落后补光。

暗中断法：在自然长夜的中期给予一定时间的照明，将长夜隔断，使连续的暗期短于该花卉的临界暗期小时数。通常冬季加光 4h，其他时间加光 1～2h。

间隙照明法：该法以"暗中断法"为基础，午夜不用连续照明，而改用短的明暗周期，一般每隔 10min 闪光几分钟。其效果与暗中断法相同。

（2）长日照处理的光源与照度。照明的光源通常用白炽灯、荧光灯，不同花卉适用光源有所差异，短日照花卉多用白炽灯，长日照花卉多用荧光灯。不同花卉照度有所不同。紫菀在 10lx 以上，菊花需要 50lx 以上，一品红需要 100lx 以上。50～100lx 通常是长日照花卉诱导成花的光强。

3.短日照处理

方法。在日出之后至日落之前利用黑色遮光物对花卉进行遮光处理，使日长短于该花卉要求的临界小时数的方法称为短日照处理。短日照处理以春季和夏初为宜。盛夏做短日照处理时应注意防止高温危害。

遮光程度：遮光程度应保持低于各类花卉的临界光照度，一般不高于 22lx，对于一些花卉还有特定的要求，如一品红不能高于 10lx，菊花应低于 7lx。

（四）应用花卉生长调节剂

花卉栽培中使用一些植物生长调节剂，如赤霉素、萘乙酸、2，4-D 等对花卉进行处理，并配合其他养护管理措施，可促进提前开花，也可使花期延后。

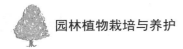

1.促进诱导成花

矮壮素、嘧啶醇可促进多种花卉花芽分化。乙烯利、乙炔对凤梨科的花卉有促进成花的作用，赤霉素对部分花卉有促进成花作用。另外赤霉属可替代二年生花卉所需低温而诱导成花。

2.打破休眠，促进花芽分化

常用的有赤霉素、激动素、吲哚乙酸、萘乙酸、乙烯等。通常用一定浓度的药剂喷洒花蕾、生长点、球根或整个植株，可以促进开花。也可以用快浸和涂抹的方式，于花芽分化期对其进行处理，对大部分花卉都有效应。

3.抑制生长，延迟开花

常用的有三碘苯甲酸、矮壮素。在花卉旺盛生长期处理花卉，可明显延迟其花期。

应用花卉生长调节剂对花卉花期进行控制时，应注意以下事项。

①相同药剂对不同花卉种类、品种的效应不同。如赤霉素对有些花卉，如万年青有促进成花的作用，对多数花卉如菊花，具有抑制成花的作用。相同的药剂因浓度不同，会产生截然不同的效果。如生长素低浓度时促进生长，高浓度抑制生长。相同药剂在相同花卉上，因使用时期不同也会产生不同效果，如 IAA 对藜的作用，在成花诱导之前使用可抑制成花，而在成花诱导之后使用则促进开花。

②不同生长调节剂使用方法不同。由于各种生长调节剂被吸收和在花卉体内运输的特性不同，因而各有其适宜的施用方法。如矮壮素、B9、CCC 可叶面喷施；嘧啶醇、多效唑可土壤浇灌；6-苄基腺嘌呤则需进行涂抹。

③环境条件的影响。有些生长调节剂以低温为有效条件，有些以高温为有效条件，有些需在长日照条件中发生作用，有的则在短日照条件下起作用。所以在使用时，需按照环境条件选择合适的生长调节剂。

第四节　园林花卉露地栽培与养护

一、一二年生草本花卉的栽培与养护

（一）概念及特点

1.一年生花卉

一年生花卉是指生活周期，即经营养生长至开花结实，以及最终死亡在一个生长季内完成的花卉。典型的一种为一年生花卉，即在一个生长季内完成全部生活史的花卉。另一种是多年生作一年生栽培的花卉，本身是多年生花卉，但在当地作一年生栽培。原因是这类花卉不耐寒，在当地露地环境中多年生栽培时，不能安全越冬，或栽培两年后生长不良，观赏价值降低，如一串红、矮牵牛、藿香蓟等。一年生花卉通常在春季播种，夏秋开花结实，入冬前死亡。

一年生花卉依其对温度的要求分为三种类型：①耐寒性花卉。苗期耐轻霜，不仅不受害，在低温下还可以继续生长。②半耐寒性花卉。遇霜冻受害甚至死亡。③不耐寒花卉。遇霜立即死亡，生长期要求高温条件。

一年生花卉多数喜阳光，喜排水良好而肥沃的土壤。花期可以通过调节播种期、进行光照处理或加施生长调节剂进行控制。

2.二年生花卉

指从播种到开花、结实和枯亡，整个生命周期在两年内（跨年度在两个生长季内）完成的花卉。通常包括下述两类花卉。典型的二年生花卉，即在两个生长季内完成全部生活史的花卉。多年生作二年生栽培的花卉，本身是多年生花卉，但在当地作二年生栽培。原因是这类花卉喜冷凉，怕热，在当地露地环境中多年生栽培时对气候不适应，会生长不良或栽培2年后生长变差，观赏价值降低。如三色堇、雏菊、金鱼草等。

二年生花卉通常在秋季播种，种子发芽，营养生长，翌年春季至初夏开花、结实，在炎热来临时枯死。

二年生花卉耐寒力强，有耐零度以下低温的能力，但不耐高温。苗期要求短日照，于 0～10℃低温条件下通过春化阶段，成长阶段则要求长日照，并随即在长日照下开花。

（二）繁殖要点

一二年生花卉以播种繁殖为主，多年生作一二年生栽培的种类，有些也可以进行扦插繁殖，如一串红、矮牵牛、彩叶草等。

一年生花卉在春季晚霜过后，气温稳定在花卉种子萌发的最低温度时可以露地播种，但为了提早开花，也可以在温室、温床、冷床等保护地提早播种育苗。为了延迟花期，也可以延迟播种，具体时间依计划用花时间而定。

二年生花卉通常在秋季播种，保证出苗后根系和营养体有一定的时间生长即可。

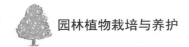

（三）栽培要点

一二年生花卉的露地栽培分两种情况。一是直接在应用地栽植商品种苗，这时的栽培实质上是管理。另一种是从种子期开始培育花苗，一般是先在花圃中育苗，然后在应用地使用，也可以在应用地直接播种，这时的栽培则包括育苗和管理两方面的内容。

1. 自育苗的栽培

露地一二年生花卉对栽培管理条件要求比较严格，在花圃中要占用土壤、灌溉和管理条件最优越的地段。栽植过程如下：

整地作畦→播种→间苗→移栽→（摘心）→定植→管理或

整地作畦→播种→间苗→移栽→越冬→移栽→（摘心）→定植→管理

（1）选地与整地

选地。绝大多数花卉要求肥沃、疏松、排水良好的土壤。其中土壤的深度、肥沃度、质地与构造等，都会影响到花卉根系的生长与分布。一二年生花卉对土壤水肥条件要求较高，因此栽培地应选择管理方便、地势平坦、光照充足、水源便利、土壤肥沃的地块。一般一年生花卉忌干燥及地下水位低的沙土，秋播花卉以黏土为宜。

整地。整地不仅可以增进土壤的风化和有益微生物的活动，增加土壤中可溶性养分含量，还可以将土壤中的病菌害虫翻至表层，暴露于日光或严寒等环境中，将其杀灭。

整地的时间因露地栽植时间的不同而不同。一般情况下，春季使用的土地应在上一年秋季进行，秋季使用的土地应在上茬花苗出圃后进行。整地深度依花卉种类及土壤状况而定。一二年生花卉生长周期短，根系入土不深，一般土壤翻耕 20～30cm 即可。整地的深度还因土壤质地不同而有异，沙土宜浅，黏土宜深。如果土质较差，还应将表层 30～40cm 深处换以好土，同时根据需要施入适量有机肥。

（2）育苗

播种。根据种子的大小采用合适的方法进行播种。

间苗。播种苗长出 1～2 枚真叶时，拔出过密的幼苗，同时拔出混杂其间的其他种或品种的杂苗及杂草。间苗时同时要去弱留强，去密留稀。从幼苗出土到长成定植苗需间苗 2～3 次，间下来的健壮小苗也可另行栽植。间苗后及时灌水，使幼苗根系与土壤密接。

移栽。经间苗后的花卉幼苗生长迅速，为了扩大营养面积继续培育，还需分栽 1～2 次，即移栽，移栽通常在花苗长出 4～5 枚真叶时进行，过小操作不便，过大易伤根。

摘心。摘除枝梢顶芽称为摘心，摘心可以控制植株的高度，使植株矮化，株丛紧凑，可以促进分枝，增加枝条数目，开花繁多，摘心还可以控制花期。草花一般可摘心 1～3 次。适宜摘心的花卉有万寿菊、一串红、百日草、半枝莲等。但主茎上着花多且花茎大或自然分枝能力强的种类不宜摘心，如鸡冠花、凤仙花、三色堇等。

（3）定植

将移栽过的花苗按绿化设计要求栽植到花坛、花境等应用地土壤中称为定植。移栽时要使土壤干湿适宜。避开烈日、大风天气。定植一般在阴天或傍晚进行。定植包括起苗和栽植两个步骤。

起苗。起苗在幼苗长出 4～5 枚真叶或苗高 5cm 时进行，幼苗和易移栽成活的可以裸根移栽，大苗和难成活的带土移栽。起苗时应在土壤湿润的状态下进行，土壤干旱干燥时，应在起苗前一天或半天将苗床浇一次水。裸根移栽的苗，将花苗带土挖出，然后将苗根附着的土块轻轻抖落，随即进行栽植。带土移栽的苗，先将幼苗四周的土铲开，然后从侧方将苗挖出，需保持完整的土球。

栽植。按一定的株行距挖穴或以移栽器打孔栽植。裸根苗将根系舒展于穴中，不卷曲，防止伤根。然后覆土，再将松土压实。带土球苗填土于土球四周，再将土球四周的松土压实，避免将土球压碎。栽植深度与原种深度一致或深 1～2cm。移栽完毕后，以喷壶充分灌水。若光照过强，还应适当遮阴。花苗恢复生长后进行常规管理即可。

（4）栽后管理

灌溉与排水。灌溉用水以清洁的河水、塘水、湖水为好。井水、自来水贮存 1～2 天后再用。已被污染的水不宜使用。

灌溉的次数、水量及时间主要根据季节、天气、土质、花卉种类及生长期等不同而异。花卉的四季需水不同，浇水应灵活掌握。春季逐渐进入旺盛生长时期，浇水量要逐渐增多。夏季花卉生长旺盛，蒸腾作用强，浇水量应充足。秋冬季节花卉生长缓慢，应逐渐减少浇水量。但秋冬季开花的花卉，应给予较充足的水分，以避免影响生长开花。冬季气温低，许多花卉进入休眠或半休眠期，要严格控制浇水量，同时还要看花卉的生长发育阶段，旺盛生长阶段宜多浇水，开花期应多浇水，结实期宜少浇水。最后要看土壤质地、深度和结构。黏土持水力强，排水难，壤土持水力强，多余水易被排出，沙土持水力弱。一个基本原则是保证花卉根系集中分布层处于湿润状态，即根系分布范围内的土壤湿度达到田间最大持水量的 70% 左右。如遇表土较浅，

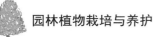
下有黏土盘的情况，应少量多次，深厚壤土，一次性将水灌足，待现干后再灌；黏土水分渗入慢，灌水时间应适当延长，最好采用间隙法。

一天中灌溉时间因季节而异。一般春秋季宜在上午 9 ~ 10 时进行；夏季宜在早晨 8 时前、下午 18 时后进行；冬季宜在上午 10 时以后、下午 15 时以前进行。原则上浇水时水温应与土温接近，温差不应超过 5℃。

灌溉一般用胶管、塑料管引水灌溉。大面积的灌溉，需用灌溉机械进行沟灌、漫灌、喷灌和滴管。

施肥。一二年生花卉因生长发育时间较短，对肥料的需求相对较少。基肥可结合整地过程施入土中。为补充基肥的不足，有时还需要进行追肥，以满足花卉不同生长发育阶段的需求。幼苗时期，主要促进茎叶的生长，追肥应以氮肥为主，以后逐渐增加磷、钾比例。施肥前要先松土，施用后立即浇水，避免中午前后和有风的时候追肥，也可用根外追肥的方式。

中耕除草。中耕除草的作用在于疏松表土，减少水分蒸发，增加土温，增强土壤的通透性，促进土壤中养分的分解，以及减少花、草争肥而有利于花卉的正常生长。雨后和灌溉之后，没有杂草也需要及时进行中耕。苗小中耕宜浅，以后可随着苗木的生长而逐渐增加中耕深度。

整形。一二年生花卉主要有以下几种整形形式。

丛生形：生长期间多次进行摘心，促使其萌发多数枝条，使植株成低矮丛生状。

单干形：保留主干，疏出侧枝，并摘除全部侧蕾，使养分向顶蕾集中。

多干形：留主枝数个，使其能开出较多的花。

修剪摘心。指摘除正在生长的嫩枝顶端。摘心可以促使侧枝萌发，增加开花枝数，使植株矮化，株形圆整，开花整齐。摘心也有抑制生长，推迟开花的作用。

抹芽。指剥去过多的腋芽或挖掉脚芽，限制枝数的增加或过多花朵的产生，使营养相对集中、花朵充实、花朵大，如菊花、牡丹等。

剥蕾。剥去侧蕾和副蕾，使营养集中供主蕾开花，保证花朵的质量，如芍药、牡丹、菊花等。

越冬防寒。防寒越冬是对耐寒能力较差的花卉进行的一项保护措施。我国北方地区寒冷季节露地栽培二年生的花卉必须进行防寒工作，否则易发生低温伤害。防寒方法很多，因地区及气候而异，常用的方法有以下几种。

覆盖法：霜冻到来之前，在畦面上覆盖干草、落叶、马粪、草帘等，直到翌年春季。

培土法：冬季将地上部分枯萎的宿根、球根花卉或部分木本花卉，壅土压埋或开沟压埋。待春暖后，将土扒开，使其继续生长。

灌水法：冬灌能减少或防止冻害，春灌有保温、增温效果。由于水的热容量大，灌水后能提高土的导热量，使深土层的热量容易传导到土面，从而提高近地表空气温度。

浅耕法：浅耕可降低因水分蒸发而产生的冷却作用，同时因土壤疏松，有利于太阳热的导入，对保温和增温有一定效果。

2. 商品苗的栽培

露地栽培的一二年生花卉，可以使用花卉生产市场提供的育成苗，直接栽植在应用位置，商品苗尤其是穴盘苗有良好的根系，生长较好，使用方便、灵活，但受限于市场提供的种类。

二、宿根花卉的栽培与养护

（一）概念及特点

宿根花卉是指开花、结果后，冬季整个植株或仅地下部分能安全越冬的一类草本观赏花卉，其地下部分的形态正常，不发生变态。包括落叶宿根花卉和常绿宿根花卉。

落叶宿根花卉指春季萌芽，生长发育开花后，遇霜地上部分枯死，而根部不死，以宿根越冬，待来春继续萌发生长开花的一类草本观赏花卉。如菊花、芍药、萱草、玉簪等。

常绿宿根花卉指春季萌发，生长发育至冬季，地上部分不枯死，以休眠或半休眠状态越冬，至翌年春天继续生长发育的一类草本观赏花卉。北方大多保护越冬或温室越冬，如中国兰花、君子兰等。

宿根花卉的常绿性及落叶性会随着栽培地区及环境条件的不同而发生变化。如菊花在北方是落叶宿根花卉，在南方则是常绿或半常绿宿根花卉。

原产温带的耐寒、半耐寒的宿根花卉具有休眠特性，其休眠器官芽或莲座枝需要冬季低温解除休眠，翌年春，萌芽生长，通常由秋季的低温与短日照条件诱导休眠器官形成，春季开花的种类越冬后在长日照条件下开花，如风铃草等，夏秋开花的种类需短日照条件下开花或由短日照条件促进开花，如秋菊、长寿花、紫菀等。

原产热带、亚热带的常绿宿根花卉，通常只要温度适宜即可周年开花。夏季温度过高可能导致半休眠，如鹤望兰等。

（二）宿根花卉的繁殖栽培要点

1. 繁殖要点

宿根花卉繁殖以营养繁殖为主，包括分株、扦插等。最普遍、最简单的方法是分株。为了不影响开花，春季开花的种类应在秋季或初冬进行分株，如芍药、荷包牡丹。而夏季开花的种类宜在早春萌芽前分株，如萱草、宿根福禄考。还可以用根蘖、吸芽、走茎、匍匐茎繁殖。此外，有些花卉也可以采用扦插繁殖，如荷兰菊、紫菀等。有时为了获得大量的植株也可采用播种繁殖，播种因种而异，可秋播或春播。播种苗有时 1 ～ 2 年后开花，也有的 5 ～ 6 年后才开花。

2. 栽培要点

宿根花卉的栽培管理与一二年生花卉的栽培管理有相似的地方，但由于其自身的特点，应注意以下几个方面。

宿根花卉植株生长强壮，与一二年生花卉比较，根系强大，有不同粗壮程度的主根、侧根和须根，并且主、侧根可存活多年。栽植宿根花卉应选排水良好的土壤，一般幼苗期喜腐殖质丰富的土壤，在第二年后则以黏质土壤为佳。栽植前，整地深度应达 30 ～ 40cm，甚至 40 ～ 50cm，并应施入大量有机肥，以长时期维持良好的土壤结构。

由于一次栽种后生长年限较长，植株在原地不断扩大占地面积，因此要根据花卉的生长特点，设计合理密度和种植年限。株行距根据园林布置设计的目的和观赏时期确定。如鸢尾株行距为 30cm ～ 50cm，2 ～ 3 年分株移植一次。

播种繁殖的宿根花卉，期育苗期应注意浇水、施肥、中耕除草等工作，定植以后一般管理比较粗放，施肥可以减少。但要使其生长茂盛，花朵大，最好在春季新芽抽生时施以追肥，花前、花后可再追肥一次，秋季落叶时可在植株四周施以腐熟厩肥或堆肥。

宿根花卉与一二年生花卉相比，耐旱，适应环境的能力较强，因此浇水的次数可少于一二年生花卉。但在其旺盛的生长期，仍需按照各种花卉的习性，给予适当的水分。在休眠前则应逐渐减少浇水。

宿根花卉的耐寒性较一二年生花卉强，冬季无论地上部分落叶的，还是常绿的，均处于休眠，半休眠状态。常绿宿根花卉在南方可露地越冬，在北方应温室越冬。落叶宿根花卉，大多数可露地越冬，其通常采用的措施有覆盖法、培土法、灌水法等。

三、球根花卉的栽培与养护

（一）概念及特点

球根花卉的地下部分具肥大的变态根或变态茎。植物学上称为球茎、块茎、鳞茎、块根、根茎等，园林花卉生产中总称为球根。所以，球根花卉可以根据其球根的形态分为以下几种：

鳞茎类。指地下部分茎极度短缩，呈扁平的鳞茎盘，在鳞茎盘上着生多数肉质鳞片的花卉。它又可分为有皮鳞茎和无皮鳞茎。有皮鳞茎是指鳞叶在鳞茎盘上呈层状排列，在肉质鳞叶的最外层有一膜质鳞片包被着，如水仙、风信子、郁金香等。这一类花卉贮藏时可置于通风阴凉处干藏。无皮鳞茎是指鳞叶在鳞茎盘上呈覆瓦状排列，在肉质鳞叶的最外层没有膜质鳞片包被，如百合等。这一类花卉在贮藏时需埋于湿润的砂中。

球茎类。指地下茎膨大呈球形，其内部全为实质，表面环状节痕明显，上有数层膜质外皮，在其（球茎）顶端有较肥大的顶芽，侧芽不发达，如唐菖蒲、香雪兰等。

块茎类。指地下茎膨大呈块状，它的外形不规则，表面无环状节痕，块茎顶端通常有几个发芽点，如大岩桐、马蹄莲等。

根茎类。指地下茎膨大呈粗长的根茎，为肉质，具有分枝，上面有明显的节与节间，在每一节上通常可发生侧芽，尤以根茎顶端处发生较多，生长时平卧。如美人蕉、鸢尾、荷花等。

块根类。指地下根膨大呈块状，芽着生在根茎分界处，块根上无芽，富含养分。如大丽花、花毛莨等。

根据球根花卉的生长发育习性又可将球根花卉分为以下几种。

一年生球根花卉：球根每年更新，母球生长季结束时因营养耗尽而解体，并形成新的子球延续种族。一年生球根花卉是耐寒的球根花卉，包括郁金香、藏红花等。适应自然条件下寒冷的冬季，必须在低温下至少度过几周才能正常开花，自然条件下栽培，应于秋季种植，越冬后在春季抽芽发叶露出土面并开出鲜艳的花朵。

多年生球根花卉：母球在生长季结束以后不解体，多年生长的种类。多年生球根花卉多数是不耐寒的球根花卉，如仙客来、花叶芋等。也有一些耐寒的种类，如百合。自然条件下这类花卉大都有明显的休眠期，栽培条件适宜时，这类花卉可常年生长和开花。

根据球根花卉的栽培时期又可将球根花卉分为以下几种。

春植球根花卉：多原产于中南非洲、中南美洲的热带、亚热带地区和墨西哥高原等地区，如唐菖蒲、朱顶红、美人蕉、大岩桐、球根秋海棠、大丽花、晚香玉等。这些地区往往气候温暖，温差较小，夏季雨量充足，因此春植球根的生育适温普遍较高，不耐寒。这类球根花通常在春季栽植，夏秋季开花，冬季休眠。进行花期调控时，通常采用低温贮球，先打破球根休眠、再抑制花芽的萌动来延迟花期。

秋植球根花卉：秋植球根多原产地中海沿岸、小亚细亚、南非开普敦地区和澳洲西南、北美洲西南部等地，如郁金香、风信子、水仙、球根鸢尾、番红花、仙客来、花毛茛、小苍兰、马蹄莲等，这些地区冬季温和多雨，夏季炎热干旱，为抵御夏季的干旱，植株的地下茎变态肥大成球根并贮藏大量水分和养分，因此秋植球根较耐寒而不耐夏季炎热。

秋植球根花卉往往在秋冬季种植后进行营养生长，翌年春季开花，夏季进入休眠期。其花期调控可利用球根花芽分化与休眠的关系，采用种球冷藏，即人工给予自然低温的过程，再移入温室催花。这种促成栽培的方法对那些在球根休眠期已完成花芽分化的种类效果最好，如郁金香、水仙、风信子等。

球根花卉一般喜阳，如美人蕉、大丽花、百合等。各种球根花卉对水分的要求不同，如水仙喜土壤湿度大，而射干耐土壤干燥。对土壤性质要求也不同，大多数的球根花卉，如美人蕉、大丽花喜肥沃、排水良好的壤土。而酢浆草适合在稍黏重的土壤中生长。

（二）繁殖要点

有性繁殖。球根花卉的有性繁殖主要用于新品种的培育，另外用于营养繁殖率较低的球根花卉，如仙客来等。在商品生产中主要用播种繁殖。球根花卉的种子繁殖方法、条件及技术要求与一二年生花卉基本相同。

无性繁殖。无性繁殖方法在球根花卉繁殖中广泛应用，常见的有分球法、扦插法、组织培养法。以分球法最常见。

（三）栽培管理要点

球根花卉栽培过程一般为：整地→施肥种植种球→生长期管理→采收→贮藏。

1. 整地

①球根花卉对整地、施肥、松土的要求较宿根花卉高，特别是对土壤的疏松度及耕作层的厚度要求较高。因此，栽培球根花卉的土壤应适当深耕（30～40cm，甚至40～50cm），并通过施用有机肥料、掺和其他基质材料改善土壤结构。栽培球根花卉施用的有机肥必须充分腐熟，否则会导致球

根腐烂。磷肥对球根的充实及开花极为重要，钾肥需要中等的量，氮肥不宜多施。我国南方及东北等地区土壤呈酸性反应，需施入适量的石灰加以中和。

②土壤消毒的方法有高温消毒、土壤浸泡和药剂消毒等。

高温消毒。利用高温杀死有害微生物，很多病菌60℃高温30min即能致死，病毒经过90℃高温处理10min，杂草种子需80℃高温处理10min。因此，球根花卉蒸汽消毒一般70～80℃高温处理60min。

土壤浸泡。常在温室中采用土壤浸泡的方法进行消毒，在不同种植球根花卉的季节，将土壤做成60～70cm宽的畦，灌水淹没，并覆盖塑料薄膜，2～3周后去膜耕地并检测土壤pH值和电解质浓度。

2. 施肥种植种球

球根花卉种植时间集中在春秋两个季节，一部分在春季3—5月，另一部分在秋季9—11月。

球根较大或数量较少时，可进行穴栽。球小而量多时，可开沟栽植。如果需要在栽植穴或沟中施基肥，要适当加大穴或沟的深度，撒入基肥后覆盖一层园土，然后栽植球根。

球根栽植的深度因土质、栽植目的及种类不同而有差异。黏质土壤宜浅些，疏松土壤可深些。为繁殖子球或每年都挖出来采收的宜浅，需开花多、花朵大的或准备多年采收的可深些，栽植深度一般为球高的3倍。但晚香玉及葱兰以覆土到球根顶部为宜，朱顶红需要将球根的1/4～1/3露出土面，百合类中的多数种类要求栽植深度为球高的4倍以上。

栽植的株行距依球根种类及植株体量大小而异，如大丽花为60～100cm，风信子、水仙20～30cm，葱兰、番红花等仅为5～8cm。

3. 生长期管理

浇水一年生球根栽植时土壤湿度不宜过大，湿润即可。种球发根后发芽展叶，正常浇水保持土壤湿润。

多年生球根应根据生长季节灵活掌握水分管理。原则上休眠期不要浇水，夏秋季节休眠的只有在土壤过分干燥时给予少量水分，防止球根干缩即可，生长期则应供给充足的水分。

施肥球根花卉喜磷肥，对钾肥需求量中等，对氮肥要求较少，追肥注意肥料比例，在土壤中施足基肥。磷肥对球根的充实及开花极为重要，有机肥必须充分腐熟，否则易招致球根腐烂。追肥的原则略同于浇水，一般在旺盛生长季节定期施肥。应注意观花类球根花卉要多施磷钾肥，从而保证花大色艳而花葶挺直。观叶类球根花卉应保证氮肥的供应，同时也要注意不要过量，以免花叶品种美丽的色斑或条纹消失。对于喜肥的球根种类应稍多施肥料，保证植株健壮生长，开出鲜艳的花朵。休眠期则不施肥。

4. 采收

球根花卉停止生长进入休眠后，大部分的种类需要采收并进行贮藏，休眠期过后再进行栽植。有些种类的球根虽然可留在地中生长多年，但如果作为专业栽培，仍然需要每年采收，其原因如下：①冬季休眠的球根在寒冷地区易受冻害，需要在秋季采收贮藏越冬。夏季休眠的球根，如果留在土中，会因多雨湿热而腐烂，也需要采收贮藏。②采收后，可将种球分出大小优劣，便于合理繁殖和培养。③新球和子球增殖过多时，如不采收、分离，常因拥挤而生长不良，而且因为养分分散，植株不易开花。④发育不够充实的球根，采收后放在干燥通风处可促其后熟。⑤采收种球后可将土地翻耕，加施基肥，以有利于下一季节的栽培。也可在球根休眠期栽培其他作物，以充分利用土壤。

采收要在生长停止、茎叶枯黄而没脱落时进行。过早采收，养分还没有充分积聚于球根，球根不够充实，过晚采收则茎叶脱落，不易确定球根在土壤中的位置，采收球根时易受损伤，子球容易散失。采收时土壤要适度湿润，挖出种，除去附土，阴干后贮藏。唐菖蒲、晚香玉等翻晒数天让其充分干燥。大丽花、美人蕉等阴干到外皮干燥即可，以防止过分干燥而使球根表面皱缩。秋植球根在夏季采收后，不宜放在烈日下暴晒。

5. 贮藏

贮藏前要除去种球上的附土和杂物，剔除病残球根。如果球根名贵而又病斑不大，可将病斑用刀剔除，在伤口上涂抹防腐剂或草木灰等留用。容易受病害感染的球根，贮藏时最好混入药剂或用药液浸洗消毒后贮藏。

球根的贮藏方法因球根种类不同而异。对于通风要求不高，需保持一定湿度的球根种类如大丽花、美人蕉等，可采用埋藏或堆藏法。量少时可用盆、箱装，量大时堆放在室内地上或窖藏。贮藏时，球根间填充干沙、锯末等。对要求通风良好、充分干燥的球根，如唐菖蒲、球根鸢尾、郁金香等，可在室内设架，铺上席箔、苇帘等，在上面摊放球根。如设多层架子，层间距需为30cm以上，以利通风。少量球根可放在浅箱或木盘上，也可放在竹篮或网袋中，置于背阴通风处贮藏。

球根贮藏所要求的环境条件也因球根种类不同而异。春植球根冬季贮藏，室温应保持在4～5℃，不能低于0℃或高于10℃。在冬季室温较低时贮藏，对通风要求不严格，但室内也不能闷湿。秋植球根夏季贮藏时，首要的问题是保持贮藏环境的干燥和凉爽，不能闷热和潮湿。

球根贮藏时，还应注意防止鼠害和病虫的危害。

多数球根花卉在休眠期进行花芽分化，所以其贮藏条件的好坏，与以后开花有很大关系，不可忽视。

6.球根栽培时的注意事项

①球根栽植时应分离侧面的小球，将其另外栽植，以免分散养分，造成开花不良。②球根花卉的多数种类吸收根少而脆嫩，折断后不能再生新根，所以球根栽植后在生长期间不宜移植。③球根花卉多数叶片较少，栽培时应注意保护，避免损伤，否则影响养分的合成，不利于开花和新球的生长，也影响观赏。④花后及时剪除残花不让结实，以减少养分的消耗，有利于新球的充实。以收获种球为主要目的的，应及时摘除花蕾。对枝叶稀少的球根花卉，应保留花梗，利用花梗的绿色部分合成养分供新球生长。⑤开花后正是地下新球膨大充实的时期，要加强肥水管理。

四、水生花卉的栽培与养护

（一）概念及特点

1.水生花卉的含义

水生花卉是指终年生长在水中、沼泽地、湿地上，观赏价值高的花卉，包括一年生花卉、宿根花卉、球根花卉。

2.类型

按其生态习性及与水分的关系，可分为挺水类、浮水类、漂浮类、沉水类等几类。

挺水类：根扎于泥中，茎叶挺出水面，花开时离开水面，是最主要的观赏类型之一。对水的深度要求因种类不同而异，多则深达 1 ～ 2m，少则至沼泽地。属于这一类的花卉主要有荷花、千屈菜、香蒲、菖蒲、石菖蒲、水葱、水生鸢尾等。

浮水类：根生于泥中，叶片漂浮水面或略高出水面，花开时近水面。是主要的观赏类型，对水的深度要求也因种类而异，有的深达 2 ～ 3m。主要有睡莲、芡实、王莲、菱、荇菜等。

漂浮类：根系漂于水中，叶完全浮于水面，可随水漂移，在水面的位置不易控制。属于这一类型的主要有凤眼莲、满江红、浮萍等。

沉水类：根扎于泥中，茎叶沉于水中，是净化水质或布置水下景色的素材，

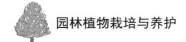

许多鱼缸中使用的即是这类花卉。属于这一类的有玻璃藻、黑藻、莼菜等。

3. 特点

绝大多数水生花卉喜欢光照充足、通风良好的环境。但也有能耐半阴条件者，如菖蒲、石菖蒲等。

水生花卉因其原产地不同对水温和气温的要求不同。其中较耐寒的有荷花、千屈菜、慈姑等，可在我国北方地区自然生长。而王莲等原产热带地区的在我国大多数地区需行温室栽培。水生花卉耐旱性弱，生长期间要求有大量水分（或有饱和水的土壤）和空气。它们的根、茎和叶内有通气组织的气腔与外界互相通气，吸收氧气以供应根系需要。

（二）繁殖要点

水生花卉多采用分生繁殖，有时亦采用播种繁殖。分株一般在春季萌芽前进行。播种法应用较少，大多数水生花卉种子干燥后即丧失发芽能力，成熟后即行播种，或贮藏在水中。

（三）栽培要点

栽培水生花卉的水池应具有丰富的塘泥，其中必须具有充足的腐熟有机质，并且要求土质黏重。由于水生花卉一旦定植，追肥比较困难，因此，须在栽植前施足基肥。已栽植过水生花卉的池塘一般已有腐殖质的沉积，视其肥沃程度确定是否施肥。新开挖的池塘必须在栽植前加入塘泥并施入大量的有机肥料，如堆肥、厩肥等。

各种水生花卉，因其对温度的要求不同而需采取不同的栽植和管理措施。耐寒的水生花卉直接栽在深浅合适的水边和池中，冬季不需保护。休眠期间对水的深浅要求不严。半耐寒的水生花卉栽在池中时，应在初冬结冰前提高水位，使根丛位于冰冻层以下，即可使其安全越冬。少量栽植时，也可撅起贮藏。或春季用缸栽植，沉入池中，秋末连缸取出，倒出积水。冬天保持缸中土壤不干，放在没有冰冻的地方即可。不耐寒的种类通常使用盆栽，沉到池中，也可直接栽到池中，秋冬掘出贮藏。

有地下根茎的水生花卉一旦在池塘中栽植时间较长，便会四处扩散，以致与设计意图相悖。因此，一般在池塘内需建种植池，以保证其不四处蔓延。漂浮类水生花卉常随风而动，应根据当地情况确定是否种植，种植之后是否需要固定位置。如需固定，可加拦网。

清洁的水体有益于水生花卉的生长发育，水生花卉对水体的净化能力是有限的。水体静止容易滋生大量藻类，水质变浑浊，小范围内可以使用硫酸铜除去。较大范围的可利用生物抗结，放养金鱼藻或河蚌等软体动物。

五、仙人掌及多浆花卉栽培与养护

（一）概念及特点

1. 概念

多浆植物（又叫多肉植物），多数原产于热带、亚热带干旱地区或森林中。植物的茎、叶具有发达的贮水组织，是呈肥厚而多浆的变态植物。多浆植物在花卉学分类上分别属于 50 个不同的科，集中分布在仙人掌科、大戟科、番杏科、萝藦科、景天科、龙舌兰科、百合科、菊科 8 个科。

2. 分类

为了栽培管理及分类上的方便，常将仙人掌科植物另列一类，为仙人掌类植物。而将仙人掌科以外的其他科多浆植物（55 科左右），称为多浆植物。

仙人掌类植物。仙人掌类植物的共同特征为茎粗大或肥厚，常呈球状、片状、柱状，肉质而多浆，通常具有刺座，刺座上着生刺与毛，叶一般退化或仅短期存在。

多数仙人掌类植物原产于美洲。从产地生态环境类型上区分，可分为沙漠仙人掌和丛林仙人掌两类，目前室内栽培的种类绝大多数原产于沙漠，如金琥。少数种类来自于热带丛林，如蟹爪。

多浆花卉。多浆花卉指茎、叶肥厚而多浆，具有发达的贮水组织，含水量高，大部分生长于干旱或一年中至少有一段时期生长于干旱地区且能长期生存的一类花卉。多浆花卉分布于干旱或半干旱地区，以非洲最为集中。其共同特点是具有肥厚多浆的茎或叶，或者茎叶同为多浆的营养器官。

3. 特点

温度。大部分的仙人掌及多浆类植物原产于热带、亚热带地区，一般都在 18℃ 以上时才开始生长，有些种类甚至要到 28℃ 以上才能生长。虽然仙人掌及多浆类植物生长在高温地区，对高温产生种种适应，但持续的高温对其生长是不利的，因为它们生长在干旱地区，在高温条件下，气孔常关闭，不可能像其他植物那样通过蒸腾作用来散发体内温度，因此它们不能忍受持续的高温。在栽培中，温度达到 38℃ 以上时，它们大多生长迟缓或完全停止生长而呈休眠或半休眠状态。另外，除了少数生长在高山地带的种类外，绝大多数的仙人掌和多浆类植物都不能忍受 5℃ 以下的低温，如果温度继续下降到 0℃ 时，就会发生冻害。

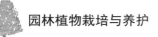

对于大多数的仙人掌及多浆类植物而言，生长最适宜的温度是20～30℃．少数种类生长适温为25～35℃，而冷凉地带原产的种类最适生长温度一般维持在15～25℃。绝大多数的仙人掌类在生长期间要求保持较大的昼夜温差。

光照。沙漠仙人掌类和原产沙漠的多浆花卉喜欢充足的阳光。在生长旺盛的春季和夏季应特别注意给予充足的光照。若光线不足会使植物体颜色变浅，株形非正常伸长而细弱。丛林仙人掌喜半阴环境，以散射光为宜。

另外，仙人掌及多浆植物幼苗较成株所需光照较少，幼苗在生出健壮的刺以前，应避免全光照射。

通气条件。大多数的仙人掌及多浆类植物生长在沙漠半沙漠地区，该地区的环境空旷，通气条件非常好，所以原产在该地区的植物都要求有很好的通气条件，否则会出现生长不良和病虫害多发的现象。

水分与空气湿度。仙人掌及多浆类植物大多数较耐干旱，有些大型的球形植株，1～2年不浇水也不会干死。但能耐干旱不等于就是要求干旱，因此在栽培这类植物时不能忽视合理的浇水，特别是在生长旺盛期时必须注意要经常补充水分。而进入休眠阶段，就要适当控制水分。

除土壤水分外，空气湿度对于这类植物也很重要。原产于热带雨林的附生型的种类，要求有较高的空气湿度。而陆生型的种类，对空气湿度也有一定要求。如果植株长时间处于空气干燥的环境中，植株的茎、叶颜色会变得暗淡没有光泽，有些则会发生叶尖或叶缘干枯，或叶面出现焦斑的现象。对大多数仙人掌及多浆类植物而言，栽培环境的相对湿度保持在60%左右是比较合适的。

（二）繁殖要点

仙人掌及多浆类的繁殖较容易，常用的方法为扦插、分株与播种，其中嫁接在仙人掌科中应用最多。

（三）栽培要点

沙漠地区的土壤多由沙与石砾组成，有极好的排水、通气性能，同时土壤的氮及有机质含量也很低。因此用完全不含有机质的矿物基质，如矿渣、花岗岩碎砾、碎砖屑等栽培沙漠型多浆花卉，其结果和用传统的人工混合园艺基质一样非常成功，矿物基质颗粒的直径以2～16mm为宜。基质的pH值很重要，一般以pH值5.5～6.9最适，pH值不要超过7.0，某些仙人掌在pH值超过7.2时，很快会失绿或死亡。

附生型多浆花卉的基质也需要有良好的排水、透气性能，但需含丰富的有机质并常保持湿润才有利于生长。

多浆花卉大都有生长期与休眠期交替的节律。休眠期中需水很少，甚至整个休眠期中可完全不浇水，保持土壤干燥能更安全越冬。植株在旺盛生长期要严格而有规律地给予充足的水分，原则上 1 周应浇 1 或 2 次水，两次浇水时应注意要在上次浇水后基质完全干燥时再浇第二次水，不要让基质总是保持湿润状态。丛林仙人掌应浇水稍勤一些。

多毛及植株顶端凹入的种类，浇水时不要从上部浇下，应靠近植株基部直接浇入基质为宜，以免造成植株腐烂。植株根部不能积水，以免造成烂根。

水质对多浆花卉很重要，忌用硬水及碱性水。水质最好进行预先测定，pH 值超过 7.0 时应先人工酸化，使 pH 值降至 5.5 ～ 6.9。

欲使植株快速生长，生长期中可每隔 1 ～ 2 周施液肥 1 次，肥料宜淡，总浓度以 0.05% ～ 0.2% 为宜，施肥时不要沾在茎、叶上。

休眠期不施肥，要求保持植株呈小巧型的也应控制肥水。附生型则要求较高的氮肥。

六、园林花卉的温室栽培与养护

在园林花卉栽培中使用温室为花卉栽培提供了良好的物质环境条件。但是要取得良好的栽培效果，还必须掌握全面精细的栽培管理技术。即根据花卉的生态习性，采用相应的管理技术措施，创造最适宜的环境条件，取得优异的栽培效果，达到优质、低成本、栽培期短、产量高的生产要求。温室栽培花卉有地栽和盆栽两种形式。生产上以盆栽为主。

（一）栽培容器的种类与选择

花盆是重要的栽培器具，其种类很多，通常的花盆为素烧盆或称瓦盆，适用于花卉生长，价格便宜。塑料盆亦大量用于花卉生产中，它具有轻便、不易破碎和保水能力强的特点。此外应用较多的还有紫砂盆、水泥盆、木桶等，它们各自有自己的特点，在花卉栽培时要根据具体情况选择合适质地的花卉。

（二）盆栽时的注意事项

容器的规格。容器的规格会影响花卉在确定时间内所能达到的规格和质量。容器的规格要合适，过大或过小都不利于花卉生长。容器太小，所装基质少，供水供肥能力低，会出现窝根或生长不良的现象，严重时甚至停止生长。容器过大，会相应地提高生产费用，使花卉不能充分利用容器所提供的空间和生长基质，有时栽培花卉会因花盆过大导致生长不良。

容器的排水状况。容器的排水性除了与容器的材质关系极大以外，还与

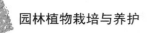

容器深度有关。容器越深，排水状况就越好。但是，如果栽培基质的透气性、保水性、排水状况都颇为优良，则容器深度对花卉生长的影响就可以忽略不计。

容器的颜色。深色的容器在阳光下会升温；浅色容器可以降低基质的温度。

经济成本。不同的容器材质，成本相差较大。塑料盆、瓦盆等容器价格相对比较低廉，而陶瓷盆价格比较昂贵。因此，在选择容器时，应根据经济实力选用经济实用的栽培容器。

七、培养土的材料及其配制

培养土又叫营养土，是人工配制的专供盆花栽培用的一种特制土壤。盆栽观赏花卉由于盆土容积有限，花卉的根系局限于花盆中，要求培养土必须养分充足，具有良好的物理性质。一般盆栽花卉要求培养土，一要疏松，空气流通，以满足根系呼吸的需要；二要水分渗透性能良好，不会积水；三要能固持水分和养分，不断供应花卉生长发育的需求；四要培养土的酸碱度适应栽培花卉的生态要求；五是不允许有害微生物和其他有害物质的滋生和混入。因此，培养土必须按照要求进行人工配制。

（一）配制培养土的材料

用于配制培养土的材料很多，配制培养土要有良好的材料，但也要从实际出发，就地取材，降低费用。

1. 园田土

园田土又叫园土，即指耕种过的田地里耕作层的熟化土壤。这是配制培养土的基本材料，也是主要成分，需经过堆积、暴晒、粉碎、过筛后备用。

2. 腐叶土和山林腐殖土

腐叶土是由人工将树木的落叶堆积腐熟而成。秋季将各种落叶收集起来，拌以少量的粪肥和水，经堆积腐熟而成。腐熟后摊开晒干，过筛备用。腐叶土是配制培养土应用最广泛的一种材料。

山林腐殖土是指在山林中自然堆积的腐叶土。若离林区较近，可到山林中挖取已经腐烂变成黑褐色，手抓成粉末状，比较松软的腐叶土。

腐叶土含有大量的有机质，疏松，透气、透水性能好，保水保肥能力强，质轻，是优良的盆栽用土，适于栽植多种盆花，如各种秋海棠、仙客来、大岩桐以及多种天南星科观叶观赏花卉、多种地生兰花、多种观赏蕨类花卉等。

3. 堆肥土

堆肥土又称腐殖土。各种花卉的残枝落叶、各种农作物秸秆及各种容易腐烂的垃圾废物都可以作为原料，经过堆积腐熟、过筛后，便可作为盆栽用土。堆肥土稍次于腐叶土，但仍是优良的盆栽用土。堆肥土使用前要进行消毒处理，需要杀灭害虫、虫卵、病菌及杂草种子。

4. 泥炭

泥炭土又称草炭土。泥炭土是由低洼积水处生长的花卉不断积累后在淹水、嫌气条件下形成，为酸性或中性土。泥炭土含有大量的有机质，疏松，透气、透水性能好，保水保肥能力强，质地轻，无病菌和虫卵，是优良的盆花用土。

在我国西南、华中、华北及东北有大量泥炭土分布。目前，在世界上的盆栽观赏花卉，尤其是观赏花卉生产中，多以泥炭土为主要的盆栽基质。

5. 河沙

河沙常作为配制培养土的透水材料，以改善培养土的排水性能。河沙的颗粒大小随栽培观赏花卉的种类而异，一般情况下沙粒直径在 0.2 ～ 0.5mm 为宜，但作为扦插基质，颗粒应在 1 ～ 2mm 之间。

6. 珍珠岩

珍珠岩是粉碎的岩浆岩加热至 1000℃以上膨胀形成的，具有封闭的多孔性结构，质轻通气好、无营养成分。

7. 蛭石

蛭石属硅酸盐材料，在 800 ～ 1100℃高温下膨胀而成，疏松、透气、保水，配在培养土中使用。容易破碎而致密，破碎后会使通气和排水性能变差，最好不做长期盆栽花卉的材料用。如作扦插基质，应选较大的颗粒。

8. 草木灰

草木灰即秸秆、杂草燃烧后的灰，南方多为稻壳在寡氧条件下烧成的灰，叫砻糠灰。草木灰能增加培养土疏松、通气、透水的性能，并可提高钾素营养，但需堆积 2 ～ 3 个月，待碱性减弱后才能使用。

9. 锯末

锯末经堆积腐熟后，晒干备用。锯末是配制培养土较好的材料，与园土或其他基质混合配制，适宜栽植各类盆花。

10. 煤渣

煤渣作盆栽基质，需经过粉碎、过筛，筛去粉末和直径 1mm 以下的渣块，

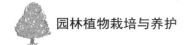

选留直径 2 ～ 5mm 的颗粒，与其他基质配合使用。

11. 树皮

树皮主要是松树皮和较厚而硬的树皮，具有良好的物理性能，作为附生花卉的栽培基质。破碎成 1.5 ～ 2cm 的碎块，但其只作为填充料，而且必须经过腐熟后才能使用，能够代替蕨根、苔藓作为附生花卉的栽培基质。

12. 苔藓

苔藓又叫泥炭藓，是生长在高寒地区潮湿地上的苔藓类植物，我国东北和西南高原林区都有分布。苔藓十分疏松，有极强的吸水能力和透气能性。泥炭藓以白色为最好，茶褐色次之，是一些兰花较好的栽培基质。

13. 蕨根

蕨根是指紫萁的根，呈黑褐色，耐腐朽，是热带附生兰花及天南星科观赏花卉、凤梨科观赏花卉及其他附生观赏花卉栽培中十分理想的材料。用蕨根和苔藓一起作盆栽材料，既透气、排水又能保湿。常与苔藓配合使用栽植热带附生类喜阴观赏花卉，达到的效果很好。

14. 陶粒

陶粒是用黏土经煅烧而成的大小均匀的颗粒，一般分为大号和小号，大号直径约为 1.5cm，小号直径大约为 0.5cm。栽培喜好透气性的花卉时，可先在花盆底部铺一些大陶粒，然后铺小陶粒，再放培养土，以提高透气性，达到的效果非常好。

（二）培养土的配制

盆花种类繁多，原产地不同，对盆土的要求也不尽相同。根据各类观赏花卉的要求，应将所需材料按一定比例进行混合配制。一般盆花常规培养土的配制主要有三类，其配制比例是：

①疏松培养土园土 2 份，腐叶土 6 份，河沙 2 份。

②中性培养土园土 4 份，腐叶土 4 份，河沙 2 份。

③黏性培养土园土 6 份，腐叶土 2 份，河沙 2 份。

以上各类培养土，可根据不同观赏花卉种类的要求进行选用。一般幼苗移栽和多浆花卉宜选用疏松培养土。宿根、球根类观赏花卉宜选用中性培养土。木本类观赏花卉宜选用黏性培养土。

在配制培养土时，还应考虑施入一定数量的有机肥作基肥，基肥的用量应根据观赏花卉的种类、植株大小而定。基肥应在使用前 1 个月与培养土混合。

（三）培养土的消毒

培养土的消毒方法与无土栽培基质的消毒方法相同。

八、园林花卉的盆栽技术

（一）上盆

在盆花栽培中，将花苗从苗床或育苗容器中取出移入花盆中的过程称上盆。上盆时，首先应注意选盆，一般标准是容器的直径或周径应与植株冠幅的直径或周径接近相等。其次应根据花卉种类选用合适的花盆，根系深的花盆要用深桶花盆，不耐水湿的花卉选用大水孔的花盆。花盆选好后，对新盆要退火，即新瓦盆应先浸水，使盆壁充分吸水后再上盆栽苗，防止盆壁强烈吸水而损伤花卉根系。旧花盆使用前应刮洗干净，以利于通气透水。

上盆方法是：先用瓦片盖住盆底排水孔，填入粗培养土 2 ～ 3cm，并加入一层培养土，放入植株，再向根的四周填加培养土，把根系全部埋住后，轻提植株使根系舒展，并轻压根系四周培养土，使根系与土壤密接，然后继续加培养土至盆口 2 ～ 3cm 处。上完盆后应立即浇透水，需浇 2 ～ 3 遍，直至排水孔有水排出，放在蔽阴处 4 ～ 5 天后，逐渐见光，以利缓苗，缓苗后可正常养护。

（二）换盆和翻盆

换盆。随着植株的不断长大，需将小盆逐渐换成与植株相称的大盆，在换盆的同时更换新的培养土。

翻盆。只换培养土不换盆，以满足花卉对养分的需要。

更换次数一般一二年生花卉从小苗至成苗需换盆 2 ～ 3 次，宿根花卉、球根花卉成苗后 1 年换 1 次，木本花卉小苗每年换盆 1 次，木本花卉大苗 2 ～ 3 年换盆或翻盆 1 次。

更换时间。换盆和翻盆的时间多在春季。多年生花卉和木本花卉也可以在秋冬停止生长进行；观叶盆栽应该在空气湿度大的雨季进行；观花花卉除花期不宜换盆外，其他时间均可。

换盆或翻盆前，应停止浇水，使盆土稍干燥，便于植株倒出。倒出植株后，先除去根部周围的土。但必须保留根系基部中央的护根土。剪去烂根和部分老根，然后放入花盆，填入新的培养土。浇透水放置阴蔽处 4 ～ 5 天后，可逐渐见光，待完全恢复正常生长后，即转入正常养护。

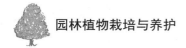

（三）转盆

为了防止植株偏向一方生长，破坏株形，应定期转盆，使植株形态匀称，愈喜光的花卉，影响愈大。生长期影响大，休眠期影响小。生长快影响大，生长慢影响小。一般生长旺盛时期时需 7 ～ 10 天转一次盆，生长缓慢时期时15 ～ 20 天转一次盆，每次转盆180°。

（四）盆花施肥

盆花施肥应根据肥料的种类，严格掌握施肥方法和施肥量。盆栽观赏花卉因土壤容量和特定生长环境条件所限，应掌握"少、勤、巧、精"的施肥原则。

盆栽花卉的基肥应在上盆或换盆、翻盆时施用，适宜的肥料有饼肥、粪肥、蹄片和羊角等。基肥的施用量不要超过盆土的20%，需与培养土混合均匀施入。

追肥以薄肥勤施为原则，通常可以撒施和灌施。撒施是将腐熟的饼肥等撒入花盆中，但注意要求撒到花盆边缘，不能太靠近植株，撒后浇水。灌施时如果是饼肥或粪肥，需要经浸泡发酵后，再稀释才能使用，稀释浓度为15% ～ 25%。如果施用化学肥料，追施过量易对花卉造成伤害，因此应进行灌施，不同肥料种类的施用方法及施用量不同，一般为：

氮肥：主要有尿素、硫酸铵、硝酸铵等，在观食花卉生育过程中宜作追肥，用 0.1% ～ 0.5% 的溶液追施。

磷肥：主要有过磷酸钙、钙镁磷肥、磷矿粉等，可用 1% ～ 2% 的浸泡液（浸泡一昼夜）作追肥，也可以用 0.1% 的水溶液作根外追肥。磷酸二铵可用 0.1% ～ 0.5% 的水溶液作追肥。

钾肥：主要有硫酸钾、硝酸钾、氢氧化钾等，适于球根类观赏花卉，可以作基肥和追肥。基肥用量为盆土的 0.1% ～ 0.2%，追肥为 0.1% ～ 0.2% 的水溶液。

（五）盆花浇水

1. 浇水原则

盆花的浇水原则是"干透浇透，浇透不浇漏"，干透是指当盆土表层2cm 的土壤发干的时候。栽培时一般可以通过"看、捏、听、提"的方法来判断。"看"一般指当盆土表面失水发白时，则是浇水的适宜时间。土壤颜色深时说明盆土不缺水，不需浇水；"捏"指当手摸盆土表面，如土硬，用手指捏土成粉状，说明需要浇水。若土质松软，手捏盆土呈片状，则不需浇水；"听"指当用手指或木棍轻敲盆壁，如声音清脆时，说明盆土已干，需要浇水。若声音沉闷，则不需要浇水；"提"指如用塑料盆栽种时，可用一只手轻轻提起盆，若花盆底部很轻，则表示缺水。如果很沉，则不需要浇水。当有少量的水从排水孔流出时就是"浇透"了。如果水呈柱状从排水孔中流出则是"浇漏"了，"浇漏"后培养土中大量的养分会随水流出，会造成花卉营养不良。

2. 盆花浇水时的注意事项

水质。盆栽花卉的根系生长局限在一定的空间里，因此对水质的要求比露地花卉高。一般可供饮用的地下水、湖水、河水可作适宜的浇花用水。但硬水不适于浇灌原产于南方酸性土壤的观赏花卉。原产于热带和亚热带地区的观赏花卉，最理想的用水是雨水。自来水中氯的含量较多，水温也偏低，不宜直接用来浇花，应将自来水存放 2～3 天，使氯挥发，待水温和气温接近时再浇花。水温和土温的差距不应超过 5℃。

浇水量。根据花卉的种类及不同生育阶段确定浇水次数、浇水时间和浇水量。草本花卉本身含水量大、蒸腾强度也大，所以盆土应经常保持湿润。木本花卉则可掌握干透浇透的原则。蕨类植物、天南星科植物、秋海棠科植物等喜湿花卉要保持较高的空气湿度。多浆植物等旱生花卉要少浇水。生长旺盛时期要多浇，开花前和结实期要少浇，盛花期要适当多浇，如果盆花在旺盛生长季节需水量大时，可每天向叶面喷水，以提高空气湿度。一般高温、高湿会导致病虫害的发生，低温、高湿易发生烂根现象，浇水时应多加注意。进入休眠期时浇水量应依花卉种类的不同而减少或停止，解除休眠进入生长期时浇水量逐渐增加。

有些花卉对水分特别敏感，若浇水不慎会影响其生长和开花，甚至死亡。如大岩桐、蟆叶秋海棠、非洲紫罗兰、荷包花等叶面有茸毛，不宜喷水，否则叶片易腐烂，尤其不应在傍晚喷水。有些花卉的花芽与嫩叶不耐水湿，如仙客来的花芽、非洲菊的叶芽，水湿太久易腐烂。墨兰、建兰叶片发现病害时，应停止叶面喷水等。

不同栽培容器和栽培土对水分的需求不同，瓦盆通过蒸发丧失的水分比花卉消耗的多，因此浇水要多些；塑料盆保水率强，一般供水达到瓦盆水量的 1/3 就足够了。疏松土壤多浇，黏重土壤少浇。

3. 浇水方法

浸盆。多用于播种育苗与移栽上盆期，先将盆坐入水中，让水沿盆底排水孔慢慢地由下而上渗入，直到盆土表面见湿时，再将盆由水中取出。这种方法既能使土壤吸收充足水分，又能防止盆土表层发生板结，也不会因直接浇水而将种子、幼苗冲出。此法可视天气或土壤情况每隔 2～3 天进行一次。

喷水。向植株叶面喷水，可以增加空气湿度，降低温度，冲洗掉叶片上

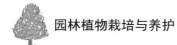

的尘土，有利于光合作用，一般夏季天气炎热、干燥时，应适当喷水。尤其是那些原产于热带和亚热带的观赏花卉，夏季应经常喷水。冬季休眠期，要少喷或不喷。

此外，盆栽花卉还可以施行一些特殊的水分管理，如找水、放水、扣水等。找水是补充浇水，即对个别缺水的植株单独补浇，不受正常浇水时间和次数的限制。放水是指生长旺季结合追肥加大浇水量，以满足枝叶生长的需要。扣水即在花卉生长的某一阶段暂停浇水，进行干旱锻炼或适当减少浇水次数和浇水量。

第六章　草坪的建植与养护

第一节　草坪草

一、草坪草的概念及特征

（一）草坪草的概念

草坪草是指能够形成草皮或草坪，并能耐受定期修剪和人、物使用的一些草本植物品种或种。草坪草大多数是叶片质地纤细、生长低矮、具有扩散生长特性的根茎型和匍匐型或具有较强分蘖能力的禾本科植物，如草地早熟禾、结缕草、野牛草、狗牙根等。也有部分符合草坪性状的其他的矮生草类，如莎草科、豆科、旋花科等非禾本科草类，如马蹄金、白三叶等。

（二）草坪草的特性

①植株低矮，有茂密的叶片及根系，或能蔓延生长，覆盖力强，能形成以叶为主体的草坪层面，长期保持绿色。

②耐修剪（耐频繁修剪，耐强度修剪，修剪高度为 3 ～ 6mm），生长势强劲而均匀，耐机械损伤，尤其在践踏或短期被压后能迅速恢复。

③便于大面积铺设，便于进行机械化施肥、修剪和喷水等作业。

④开花及休眠期尚具有一定观赏效果和保护作用，对景观影响不大。

⑤弹性好，无刺无毒，无不良气味，叶汁不易挤出，对人畜无害。

⑥分布广泛，适应性、抗逆性强，抗病虫、抗寒、抗热、抗盐碱性强，抗性相对牧草要强。与杂草竞争力强。易养护管理。

⑦繁殖容易，生长快，易于建成大面积草坪，绿色期长。

⑧一般为多年生，寿命 3 年以上。若为一二年生，则具有较强的自繁能力。

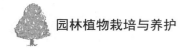

二、草坪草的分类

（一）依气候与地域分类

冷季塑（冷地型）草坪草的最适生长温度为 15～25℃，主要分布在我国长江流域以北地区（华北、东北、西北），生长的主要限制因子是最高温与持续时间，在春秋季各有一个生长高峰。冷季型草坪草耐高温能力差，在南方越夏困难，必须采取特别的养护措施，否则易衰老和死亡。但某些冷季型草坪草，如高羊茅和草地早熟禾的某些品种可在过渡带或暖季型草坪区的高海拔地区生长。因欧洲冬季不冷、夏季不热，且降雨多，为欧洲大多数国家常用，所以也叫西洋草。主要是早熟禾属、黑麦草属、羊茅属、剪股颖属等。

暖季型（暖地型）草坪草的最适生长温度为 26～32℃，生长的主要限制因子是低温强度与持续时间，夏季生长最为旺盛。

暖季型草坪草最易受到的伤害是低温及其持续的时间长短。冬季呈休眠状态，早春返青复苏后生长旺盛，进入晚秋，一经初霜，其茎、叶枯萎褪绿，只要低于10℃，"十一"过后不久就枯黄。

暖季型草坪草大多有匍匐茎、根茎，耐踩，为许多运动场草坪。生长相对于冷季型草坪草，生长速度慢，形成大量草坪用的时间长。光和能力强，生命力强，所以耐干旱。分布在热带、亚热带地区，喜温暖湿润，不耐严寒，在原产地绿期可达 280～290 天，在华中、华南、西南均可生长，在北京只有 180～190 天。有少数适合在华南栽，如地毯草。主要有结缕草属、狗牙根属、假俭草属、地毯草属、野牛草属等。

（二）依草叶宽度分类

宽叶草坪草叶宽茎粗（叶宽在 4mm 以上），适应性强，适用于较大面积的草坪地，如结缕草（北京球场用得多）、假俭草、地毯草（华南用得多）、竹节草、高羊茅等。

细叶草坪草茎叶纤细（叶宽 1～4mm），可形成平坦致密的草坪，但生长势较弱，要求光照充足、土质好，具有较高的管理水平，如剪股颖、细叶结缕草、早熟禾、细叶羊茅及野牛草、紫羊茅、马尼拉、台湾草等。

（三）依株体高度分类

高型草坪草株高通常为 20～100cm，一般用播种繁殖，生长较快，能在短期内形成草坪，适用于大面积草坪的铺植。其缺点是必须经常进行刈剪，才能形成平整的草坪，多为密丛型草类，无匍匐茎，补植和恢复较困难。常见草种有早熟禾、剪股颖、多年生黑麦草、高羊茅等。

低矮型草坪草株高一般在 20cm 以下，可形成低矮致密草坪，具有发达的匍匐茎和根状茎。耐践踏，管理方便，大多数种类适应我国夏季高温多雨的气候条件，多行无性繁殖，形成草坪所需时间长，若铺装建坪则成本较高，不适于大面积和短期形成草坪。常见种有结缕草、细叶结缕草、狗牙根、野牛草、地毯草、假俭草、马尼拉、台湾草等。

（四）依生长习性分类

匍匐型：匍匐剪股颖、狗牙根。

根茎型：草地早熟禾。

直立（丛生）型：高羊茅、结缕草。

三、主要草坪草种类

（一）冷季性草坪草

1. 早熟禾属

早熟禾属草坪草是世界上最为广泛使用的冷季型草坪草之一，有 200 余种。生长特性包括丛生型、根状茎型和匍匐茎型。最常用的有草地早熟禾、加拿大早熟禾、普通早熟禾、一年生早熟禾、林地早熟禾等。早熟禾属草坪草共有的特征是具有船型的叶尖及位于叶片中心主脉两侧的两条半透明平行线。

草地早熟禾原产于欧洲、亚洲北部及非洲北部，现遍及全球温带地区。我国的主要分布区域为黄河流域、东北、江西、新疆、内蒙古、甘肃、西藏等省区。

2. 羊茅属

该属约 100 余种，分布于全世界的寒温带和热带的高山地区，我国有 14 种。高羊茅、草地羊茅是粗叶型，其他属细叶型。

高羊茅又称苇状羊茅，草坪性状非常优秀，适于多种土壤和气候，应用非常广泛。我国主要分布区域有华北、华中、中南和西南。

3. 黑麦草属

禾本科黑麦草属，约 10 个种，分布于世界温暖地区。我国引种树种，可作为草坪草的有多年生黑麦草和一年生黑麦草。

多年生黑麦草又名宿根黑麦草、黑麦草。原产于南欧、北非和亚洲西南部。我国早年从英国引入，现已广泛栽培，是一种很好的草坪草。

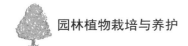
4. 剪股颖属

该属约 220 余种，主要分布于温带和副热带气候地区及热带和亚热带的高海拔地区，我国分布广泛。剪股颖属草坪草以质地细腻和耐低修剪而著称，在所有冷季型草坪草中最能忍受频繁低修剪，修剪高度可为 0.5cm，甚至更低。

匍茎剪股颖又名本特草。我国三北及江西、浙江等地均有分布。

5. 苔草属

莎草科，属下有 1300 余种，我国分布广泛，约有 400 个种，其中用于草坪草种的主要有卵穗苔草、异穗苔草、白颖苔草、细叶苔草等。

卵穗苔草又名寸草苔、羊胡子草。莎草科，苔草属。分布于北半球的温带和寒温带。

6. 三叶草属

豆科，三叶草属，约有 360 种，其中用作草坪草的主要有白三叶、红三叶。内三叶又名白车轴草。我国北到黑龙江、南到江浙一带均有分布。

（二）暖季型草坪草

1. 结缕草属

结缕草属草坪草是当前应用最广泛的暖季型草坪之一。结缕草原产我国胶东半岛和辽东半岛。常用做草坪草的有结缕草、沟叶结缕草、细叶结缕草等。

结缕草为禾本科结缕草属。

2. 野牛草属

原产美洲，该属仅有种，即野牛草。

野牛草为禾本科多年生低矮草本植物，产于北美洲，早年引入我国，现为华北、东北、内蒙古等北方地区的当家品种。

3. 狗牙根属

狗牙根属草坪草是最具代表性的暖季型草坪草，有 9 个种。具有发达的匍匐茎和（或）根状茎，是建植草坪的优良材料。常用做草坪草的有狗牙根和杂交狗牙根。

狗牙根为禾本科狗牙根属。我国黄河流域以南各地均有野生狗牙根生长。

4. 地毯草属

地毯草属约 40 个种，大都产于美洲，只有 2 个种可以用作草坪草，即普通地毯草和地毯草。本书只介绍地毯草。

地毯草为禾本科地毯草属。原产南美洲，我国早期从美洲引入。

5. 纯叶草属

钝叶草属约 8 种，分布于太平洋各岛屿以及美洲和非洲。我国有 2 个种，最常用做草坪草的是纯叶草。

6. 马蹄金属

马蹄金为旋花科马蹄金属。主产于美洲，世界各地均有生长。我国主要分布在长江沿岸及其以南地区。

第二节　草坪建植

一、草坪草的选择

（一）根据当地地带类型选择草坪草

按照我国宏观生态条件和草坪绿地的建植特点，采用 5 个基本地带类型划分法，简便实用。

冷凉、温润带。该地带主要分布在寒温带和青藏高原高寒气候区，冬季寒冷，夏季凉爽。适宜的草坪草种主要有早熟禾、剪股颖、狐茅等属的种类。靠南一些的冷湿地带可选择高羊茅。一些特殊生境也可选用梯牧草、无芒雀、鸭茅等。

冷凉、干旱、半干旱带。该区域分布范围较广，位于大陆型气候控制区，冬季干燥、寒冷，春季干旱，夏季且有明显的酷热期。主要分布在秦岭-淮河以北的广大中温带和部分暖温带区域。适宜在该地区种植的草坪草种主要是草地早熟禾和细弱剪股颖、匍匐剪股颖、高羊茅间或黑麦草等种类。干旱地区，只要供水充足，便可拥有高等级草坪。红狐茅、邱氏羊茅、硬羊茅常常出现在更为凉湿的北部和海拔较高的地区。靠南的一些地区高羊茅、黑麦草表现较好。野牛草更适应无灌溉条件、管理粗放的干旱平原区。狗牙根、结缕草属、无芒雀麦、冰草属的草种可出现在低维护水平的道路边坡、机场等地段，用作景观维护草种。

温暖、湿润带。夏季高温、高湿，冬季温和是该区域的气候特征。7 月份日平均温度常常高达 30℃以上，并伴随有很高的湿度。主要分布在亚热带区域，向北插入成都、重庆、西安、郑州等城市。狗牙根在该区域生长良好，耐寒性稍强的结缕草，可选择在靠北一些的地区种植。斑雀稗、钝叶草、地毯草、百喜草、弯叶画眉草等则适宜种植在靠南的地区。冷季型的高羊茅、黑麦草、草地早熟禾等也常出现在该区域靠北或海拔较高的地方。

温暖、干旱半干旱带。该区域星散分布于亚热带、热带及云贵高原的部分地区和其他类似地区。常伴随着干旱的夏季，昼夜温差较大。狗牙根是当家草种，灌溉条件下结缕草、高羊茅、草熟禾等的使用也非常普遍。该区域内保持有草坪，必须进行灌溉。景观维护可选用野牛草、百喜草、弯叶画眉草等种类。

过渡带呈隐域性分布和梯度性变化特征，镶嵌或穿插于各带之间。草种选择时，应根据具体建坪地所处的主要地带类型，选择配比不同的草种。

（二）根据种类及种间搭配选择草坪草

用于草坪建植的植物种类很多，约有 20 多个种。但是，最适宜草坪建植的植物种类则主要集中在禾本科的少数几个属种。依据这些种类的地理分布和对温度条件的适应性，可将其分为冷季型和暖季型两大类。早熟禾类、高羊茅、紫羊茅、剪股颖、黑麦草等多数种类为冷季型，而结缕草、狗牙根、雀稗等则为暖季型。

冷季型草坪草广泛适应于北方冷凉、温润和干旱、半干旱地区。它们生长最适宜的温度为 15～24℃。耐寒力虽然强，但不适宜长时间在温度超过 30℃以上的高温、高湿条件下存活。相比之下，暖季型种类则分布在温暖、湿润和温暖、干燥的南方地区，适宜温度为 27～35℃。当温度低于 10℃时，常常进入休眠状态。总体来看，暖季型草生长低矮，根系发达，抗旱、耐热、耐磨损，维护成本低，质地略显粗糙，而冷季型草种耐寒力强，绿期长，质地好，坪质优，色泽浓绿、亮丽。在进行草种选择时，除了应对不同草种的植物学和生物学特性有所了解外，还应依据具体建植的草坪类型、用途和计划投入的管理维护费用来确定适宜的草种。

单一种群形成的草坪绿地，均匀性好。同一类型的草坪植物种间科学搭配，可丰富群落的遗传多样性，增强对逆境胁迫的耐受力，稳定草坪群落，延长利用期。草坪草家族中，草地草熟禾，可单独或与其他冷季型种类配比，适宜建植多种类型的草坪。高羊茅耐热性突出，抗磨损性好，多年生草坪黑麦草虽然绿期稍显不足，但色泽好、建坪快，抗磨损性强，与草地早熟禾科学搭配，在运动草坪建植中发挥着重要作用。而具有耐超低修剪特性、质地柔细的剪股颖、狗牙根，则是高尔夫球场果岭（进球）区的主要选择种类。

二、草坪草的混合使用

草坪草混播是指把两种或两种以上的草种混在一起或将同一草种的不同品种混在一起的播种方法。合理混播可以实现草种间的优势互补，可以提高草坪的抗病、耐阴、耐踏、耐磨、耐修剪等总体抗性，可以延长绿期、提高草坪受损后的恢复能力。草坪草混合使用时，应遵循以下原则。

目的性。为提高草坪的抗病性，常把对不同病害抗性较好的草坪草种或品种放在一起混播。如某些草地早熟禾品种抗褐斑病较好，但抗锈病能力差，秋季易发生锈病，可以选择另外抗锈病品种混合建坪，这样可以提高草坪的总体抗病性。再如，在疏林下建坪时，由于树木分布不匀，树冠大小、遮阴不同，单一草坪草种很难适应各种场合，因而可在某一主导草种内加入耐阴种。例如，紫羊茅是常见的耐阴草坪种，在草地早熟禾或黑麦草内加入一定比例的紫羊茅可提高草坪的耐阴性。

兼容性。不同草坪草混播后形成的草坪应该在色泽、质地、均一性、生长速度等方面相一致。即不同混合草种之间要有相互兼容的特性。例如，参与混播的草坪草在叶片颜色上深浅要基本一致，否则会影响观赏质量。草坪叶片质地也不宜相差太大。

生物学一致性。混播草坪的生态习性如生长速度、扩繁方式、分生能力应基本相同。有的草坪草分生能力很强，如剪股颖、马尼拉、狗牙根等，与其他类型的草坪草如黑麦草、早熟禾混播后会出现块斑状分离现象，使草坪的总体质量下降。生长太快与生长太慢的草种混播也易产生参差不齐的感觉，使草坪的观赏性大大降低。

三、草坪草建植前的准备

（一）坪址环境调查

新建草坪所在地的环境决定了场地准备的工作内容和工作方法。

1. 气象环境

气象环境对草坪场地准备的影响主要是降雨量的影响。降水量多且集中的地区，排水设施应放在首位；降水量少的干旱地区，则灌水系统更重要。

2. 地形环境

地形因素对场地准备的影响是场地准备要考虑的主要因子之一。地形决定大面积的地表排水状况，与周边排水系统的高差。处于低洼地带的应回填土，避免场地积水。

3. 土壤环境

质地。粗细不同的土粒在土壤中占有不同比例，形成不同的质地。根据土壤质地可把土壤划分为沙土、壤土、黏土。

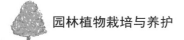

沙土：含沙多，土质疏松，通气透水，是较理想的草坪基质，但不能很好地蓄水、保肥，因此管理费用较高。

壤土：沙、黏粒适中。通气，透水，蓄水，保肥。水、肥、气、热状况比较协调，草坪生长很适宜。但由于践踏和灌溉等因素的影响，后期容易板结，通气、透水受到影响，需要通过打孔来改良。

黏土：含黏粒多，土质黏重，通气、透水差，对草坪的生长发育有不利的影响，必须通过换土或者加沙等改良措施后才能种植草坪。

持水量。这是与土壤质地相关联的因子。田间持水量 25% 左右对草坪的生长最合适。太大则通气不良，太小则根系不易吸水，需经常浇水灌溉。

孔隙。草坪的根系发达，呼吸需要大量的空气。因此需要土壤中有一定的孔隙，土壤孔隙率一般在 25% ～ 30% 最适宜。

酸碱度。一般用 pH 值表示。草坪生长最适宜的 pH 值是 6 ～ 7.5，即土壤既不太酸，也不太碱。pH 值在 5.5 以下和 8.0 以上时除能使少数草种能适宜生长外，对大部分草坪生长不利，必须经过中和改良，才能适于草坪的生长。

（二）基础整地

1. 木本植物的清理

木本植物包括乔木和花灌木以及树桩、树根和倒木等。对于木本的地上部分，清除前应准备适当的采伐与运输机械。对于倒木、腐木、树桩、树根则可用挖掘机或其他方法挖除。一方面应避免有些具有根芽的木本植物（如构树、意杨）重新萌发；另一方面应避免残体腐烂后形成洼地，破坏草坪的一致性、平整性，并防止伞菌等的滋生与生成。根据设计的要求，决定保留和移植的方案，能起景观作用或有纪念意义的古树，要尽量保留，此外一律铲除。

2. 岩石、巨砾、建筑垃圾的清理

岩石、巨砾。除去露出地表的岩石是清理坪床的主要工作之一。根据设计的总体要求，除确需保留有观赏价值的布景石外，其余一律清除或深埋。通常应在坪床面以下不少于 60cm 处将其除去，用回填土填平，并灌水使其沉降后再填平，否则将形成水分供给能力不均匀的现象。

建筑垃圾。指石块、石子、砖瓦、碎片、水泥、石灰、泡沫、塑料制品及其建筑机械留下的油污等。这些建筑垃圾，不仅影响草坪的建植操作，而且阻碍草坪根系的生长与下扎。因此，在播种前应用耙子耙除，也可用人工或捡石机械清除。

3. 污染物的清理

污染物包括农业污染、生活垃圾和化工污染。

农业污染、生活垃圾。农用薄膜、化肥袋子、泡沫塑料等塑料制品不易风化，能长期保留在土壤中，严重影响草坪草根系的生长，进而影响到草坪草对水分、肥料的吸收、在播种前应清除干净，并送废品回收站。油污、药污会造成土壤多年寸草不长，最有效的办法是换土。

化工污染。化工污染是指化工等工业企业产生的废气、废液、废尘对草坪植物的毒害。较严重者影响草坪草的生长发育；严重的，会使土壤寸草不长。对于"三废"污染，在换土的同时，还要严格防止废气、废液漂浮或移流到坪床上来。

4. 杂草的防除

物理防除是指用人工或土壤耕作的手段清除杂草的方法。包括人工或机械耕翻、人工拔除、秋季火烧和冬季翻冻等。根据不同的季节和不同的杂草生长期而采取不同的灭除方法。若在生长季节，杂草尚未结籽，可用人工、机械翻压至土壤中用作绿肥。若在秋冬季节或夏季，杂草种子已经或接近成熟，可铲除或收割贮藏用作牧草。若是空闲地，可采用诱杀法灭除杂草。若是具有较深根茎的杂草（如空心莲子草、白茅等），则需冬季深翻，进行干冻或人工拣除。

化学防除是指用化学除草剂杀灭杂草的方法。通常是用高效、低毒、低残留的灭生性的内吸型除草剂和熏蒸剂，如草甘膦、克芜踪、必速灭等。如必速灭是一种新型广谱土壤消毒剂，对线虫等地下害虫、非休眠杂草种子及块根的杀灭非常彻底，且无残毒，是理想的土壤熏蒸剂，广泛应用于花卉、草坪、苗床、温室等。

对急需种草，只有一年生和越年生杂草的欲建坪地，可用触杀型的克芜踪防除，用后 2～3 天即可植草。对有一定时段空闲，并且有较多多年生杂草的欲建坪地，可用草甘膦、必速灭防除，用后 7～15 天即可种植草坪。当场地中需保留一些草坪草时，可有针对性地选用具有选择性的除草剂，如苯达松、2，4-D、丁酯、二甲四氯、阔叶净、禾草克、丁草胺等。这类除草剂应在杂草苗期（5 叶前）使用，用后 7～30 天植草。

（三）排灌系统的配置

对确定欲建草坪的坪床，在土壤改良之前或同时，应建立好排水与灌溉系统。排水系统排出坪床多余的水分，而灌溉系统则是在土壤水分不足时，能及时供给水分，只有二者相互配合，才能给草坪创造一个良好的水、气环境。

一般而言，我国东南部地区以排水为主，而西北部地区以灌水为主。

1. 排水系统

对大多数土壤而言，排水均有良好的作用，主要表现在：①排出过多的水分，改善土壤的通气性，有利于养分的供给；②降低和排出地下水，防止淹害，促进草坪草的根系向深层扩展，当干旱尤其是夏秋季表层土壤缺水时，草坪草能吸收到土壤深层的水分；③早春土壤升温快；④可以扩大草坪，尤其是运动场草坪的使用时间和使用范围。

排水可分为两类，即地表排水和地下排水。地表排水可将草坪草根部多余的水分迅速排出，地下排水的目的是排除土壤深层过多的水分。

（1）地表排水。一般公共绿地或较小的绿地，采用地下排水即可达到排水目的。

利用地形排水。通常使坪床表面保持 0.5% ～ 5% 的坡度进行排水，如围绕建筑物的草坪，从建筑物到草坪的边缘，视地势，做成 1% ～ 5% 的自然坡度。足球场等运动场地也应保持 0.5% ～ 1% 的自然坡度。

明沟排水。对地形较为复杂的坪床，可根据地形的变化、地势的走向，在一定位置开挖不太明显的沟，或明暗结合的沟，以排出局部的积水。

改良土质。草坪土壤一般以沙壤土为好，因为该土壤既具有良好的排水性，又具有较强的保水性。在草坪建植与养护实践中，常通过掺沙、增施有机肥等措施来增加土壤的通透性，以利于土壤的排水。对于板结的土壤，可通过打孔、垂直修剪等措施，来保持草坪土壤的通透性，以利于土壤排水。

（2）地下排水。在地表下挖一些必要的底沟，以排除地下多余的水分。一般城市绿化草坪、运动场草坪，都应设置地下排水系统。

暗沟排水。这是一种用地下管道与土壤相结合的排水方式。地下水可通过土坡、石头到暗管，最终流到主管排出场地外。排水管的排布常采用网格状、人字形（主干管与支管的连接成 45° 左右）或其他形式放置于水的走势位置。排水管放置的深度，依地形地貌、主干管深度、是否有盐碱等因素而定。一般应铺设在草坪下 40 ～ 90cm 深处，在沿海地区或半干旱地区，因地下水可能造成表土返盐，排水管深可达 2m。排水管的间距为 5 ～ 20m。常用的排水管有水泥管和陶管，现在广泛应用的是穿孔的塑料管。在放置排水管时，应在其周围放置一些砾石，以防止细土堵塞管道。

盲沟排水。在运动场地上，为使水分迅速排出场地，在种植草坪前，常在场地内，按一定格式，设置盲沟。盲沟的规格是：深 50 ～ 60cm，宽 10 ～ 15cm，沟间距 2 ～ 3m，沟底填 10 ～ 15cm 厚的砾石，其上填 10cm 左右厚的细石，细石上覆 5 ～ 10cm 粗沙，粗沙上再覆 5cm 左右的细沙，最后覆 25cm 左右的土壤。

2. 灌溉系统

灌溉对于促进草坪草的苗壮生长、保持旺盛的生长势，形成良好的景观，以及延长草坪草的寿命是非常重要的，尤其是在景观草坪、运动草坪和半干旱、干旱地区建立灌溉系统是非常必要的。根据坪床的大小、建坪的目的、草坪草的特点、地理区域和经济条件决定灌溉的形式。灌溉系统可归纳为三种形式。

人工浇灌：主要是用软管的方式浇水。其水源是自来水，或用动力在自然水源中抽水引入坪床。

地面漫灌：主要是用引水或动力抽水等方式，将水引入坪床，进行地面漫灌。地面漫灌的缺点是会使土壤板结，影响草坪草的生长。

喷灌：草坪喷灌应用得较多，尤其是景观草坪、运动草坪基本采用喷灌的方式。喷灌有三个基本类型，即固定式喷灌系统、半固定式喷灌系统、移动式喷灌系统。

（四）草坪整地

1. 改良土壤质地

最适宜草坪草生长的土壤是壤土或沙壤土，对不适宜草坪草生长的过黏、过沙土壤，就需要改良。改良土壤的总目标是使土壤形成良好的结构，促进草坪草健壮生长。改良土壤的方法很多，一般原则是黏土掺沙，沙土掺黏，使得改良后的土壤质地成为壤土或沙壤土。具体掺入量多少，要依据原土壤质地、改良厚度和客土质地而定。

改良土壤主要是在土壤中加入改良剂，以调节土壤的通透性，提高蓄水、保肥能力，施用改良剂对黏土和沙土均有改良作用。目前生产上主要施用泥炭、锯木屑、植物秸秆、粪肥、堆肥等，一般施用量为覆盖坪床表面 5cm 或 $5kg/m^2$。

2. 调节土壤酸碱度

草坪草大都适应于 pH5.8 ～ 7.4 的弱酸至微碱土壤。我国北方与沿海的一些地区土壤偏碱，pH 值常大于 8.0，但南方部分地区土壤则偏酸，pH 值常在 5.8 以下。对于过酸或过碱的土壤需要进行改良，以确保草坪草的正常生长。

碱性土常用掺石膏、明矾、硫黄来调节 pH 值。石膏本身是酸性物质，而明矾、硫黄则在施入土壤后，经水解或氧化产生硫酸，这都能起到中和碱

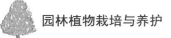

性土壤的效果。酸性土常用掺石灰粉来调节 pH 值。使用时石灰粉越细越好，以增加土壤离子的交换强度，达到调节土壤 pH 值的目的。

对于沿海的盐碱地，可通过排碱洗盐法、开沟降盐法、增施有机肥、换土等措施。此外，对酸碱性不是很重的土壤，也可通过施用有机肥或种植绿肥来调节土壤的酸碱性。

3. 换土或客土

换土是将耕作层的原土用新土全部或部分更换。客土则是完全引进场外的土壤。

欲建草坪的场地上发现下列情况之一时应考虑换土或客土：①欲建草坪的地块上没有或基本没有土壤；②坪址上原土层太薄，不能保证草坪草正常的生长发育；③坪床上有难以改良的因素，如石块、恶性杂草、过酸过碱等；④地势太低或地下水位太高，又无法排除；⑤严重的化工污染；⑥改土所花费用比换土或客土费用更高时。

4. 施足基肥

草坪草同所有植物一样，需要从土壤中吸收植物良好生长的 16 种必需元素。缺乏其中任何一种元素，草坪草的正常生长就会受阻。可通过看苗诊断的方式，确认营养元素的余缺。其中氮、磷、钾是草坪草苗壮生长的基本物质保障。氮素是叶绿素、氨基酸、蛋白质、核酸的组成成分。土壤中缺氮时，生长受阻，叶面积变小，分蘖减少，下部叶片先褪绿变黄，枯死，然后上部叶片发黄，易发锈病。氮过多时，叶色暗绿，生长过快，细胞壁变薄，茎叶柔嫩，抗性差，易发多种病虫害。磷素是细胞质遗传物质的组成元素，还起着能量传递和贮存的作用。磷肥有助于草坪草根系的生长发育。钾素在大量化合物合成（氨基酸、蛋白质、碳水化合物）中起重要作用。钾肥能促进草坪健壮生长，有助于抗病和抗严寒能力的提高。

草坪要保持持久的景观，必须施足长效基肥。基肥中，应以长效的有机肥为主，速效的化学肥料为辅，并采用深施或全层施的施肥方法。有机肥主要是农家肥（沤肥、堆肥、粪肥）和植物肥料（饼肥、绿肥、泥炭、砻糠）。化肥以 N、P、K 三元素复合肥为主。基肥的施用量，要依土壤的肥沃程度、草坪的种类、建坪的目标和播种的时期而灵活掌握，一般农家肥、泥炭的施用量为 $4 \sim 6 kg/m^2$，饼肥为 $0.2 \sim 0.4 kg/m^2$，复合肥为 $0.1 \sim 0.2 kg/m^2$。

在方法上，应采用有机肥深施或全层施、化肥浅施的施肥方法。即结合耕翻或旋耕将有机肥深施在 20～30cm 土层中，在粗整或精整时，将化肥施在 5～10cm 土层中。

5. 应用土壤保水剂

在湿润地区，也常有干旱的季节，应用土壤保水剂能发挥很好的保水作用，在半干旱、干旱地区等缺水地区应用土壤保水剂，显得更为重要。近年来，我国已研制的专用土壤保水剂，是一种高分子物质，吸水量是其自重的几千倍以上，又不易蒸发，可长期供给草坪根系吸收。一般施用量在 $5g/m^2$ 左右。施用锯木屑、砻糠、泥炭等也能起到很好的保水、改土作用。

6. 土壤耕作

土壤耕作是建坪前对土壤进行耕、旋、耙、平等一系列操作的总称。

土壤耕作是为了给草坪草生长发育创造一个理想的土壤环境，减少土壤阻力，促进草坪草生长发育和形成良好的根系，使土壤的固、液、气三相趋于合理化，改善土壤结构和通透性，提高持水保肥能力，增加太阳的辐射能，促进微生物的活动，使土壤表面疏、松、透、平，从而形成良好的团粒结构，使坪床表面平整一致，形成良好的草坪景观。

适耕时间的长短取决于土壤性质、质地、有机质含量和土壤含水量。适耕期的简易检验方法为：用手把土捏成团，齐胸落地即散开时，是最佳的耕作期。当然不同土壤质地，其适耕期的长短也不同。土壤越黏，其适耕期越短，在适耕期内应抓紧耕作。而越是沙性土壤，其适耕期越长。

平整的标准是"平、细、实"，即坪面平整，土块细碎、上虚下实。主要要抓好以下几道工序：

①挖高填低。对欲建草坪地面的不平整地块，应按设计的要求，挖高填低，使坪面达到设计的要求。对达不到设计标高的场地，要从外地运土，使之达到标高。反之，对超过标高的场地，要将多余的土外运。

②整理坡度。为防坪床积水，坪床表面应整成一定的坡面，适宜的坡度为 0.5% ～ 2.5%。在建筑物附近，坡向应是远离建筑物的方向。运动场、开放式的广场应以场所中点为中心，向四周排水。高尔夫球场草坪，发球台和球道则应在一个或多个方向上向障碍区倾斜，坡度的整理可以与整平工序同时进行。

③精整。是整成光滑的地表，为种植草坪做准备的操作。平整要坚持的原则是"小平大不平"，即除了地形设计的起伏和应保留的坡度外，其余都应平整一致。精整主要是将小起伏整平，将较大的土堡打碎，并进一步捡除杂物。小面积上人工平整是理想的方法，常用的工具为搂耙，来回梳理，也可用一条绳拉一个钢垫进行精整。大面积上精整则需要借助专用设备，包括刮平机械、板条大耙、重钢磙等。

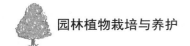

四、草坪草的建植

（一）草坪草种子的建植

1. 播种时间的确定

从理论上讲，草坪草在一年的任何时候均可播种。但在生产中，由于种子萌发的自然环境因子——气温是无法人为控制的，所以建坪时必须抓住播种适期，以利种子萌发，提高幼苗成活率，保证幼苗有足够的生长时间，能正常越冬或越夏，并抑制苗期杂草的为害。如冷季型禾草最适宜的播种时间是夏末，暖季型草坪草则适宜在春末和初夏播种。

暖季型草坪草发芽温度相对较高，一般为 20 ～ 35℃，最适温度为 25 ～ 30℃。所以暖季型草坪草必须在春末和夏初播种，这样才能有足够的时间和条件形成草坪。

冷季型草坪草发芽温度为 10 ～ 30℃，最适发芽温度为 20 ～ 25℃。所以冷季型草坪草适宜播种期在春季、夏末和秋季。在春季日平均温度稳定通过 6 ～ 10℃，保证率 80% 以上，至夏季日平均气温稳定达到 20℃之前，夏末日平均气温稳定降到 24℃以下，秋季日平均气温降到 15℃之前，均为播种适期。秋天播种杂草少，是建坪最好的季节。春天播种杂草多，病虫害多，管理难度较大。但是，在有树遮阴的地方建植草坪时，由于光线不足，会使草坪稀疏或导致建坪失败。在此条件下，春季播种比秋季播种建植要好，因为春季落叶树叶子较小、光照较好。

2. 播种量的确定

播种所遵循的一般原则是要保证足够量的种子发芽，每平方米出苗应在 10000 ～ 20000 株。根据这项原则，如果草地早熟禾种子的纯度为 90%，发芽率为 80%。这个计算是假定所有的纯活种子都能出苗，而实际上由于种子的质量和播后环境条件的影响，幼苗的致死率可达 50% 以上，因此，草地早熟禾的建议播种量为 6 ～ 8g/m^2。特殊情况下，为了加快成坪速度，可加大播种量，草坪草种子的播种量除了取决于种子质量的优劣，还与草种的混合组成、土壤状况以及工程的性质有关。

混播组合的播种量计算方法：当两种草混播时选择较高的播种量，再根据混播的比例计算出每种草的用量。例如，若配制 90% 高羊茅和 10% 草地早熟禾混播组合，混播种量 40g/m^2。首先计算高羊茅的用量 40g/m^2 × 90% = 35g/m^2，然后计算草地早熟禾的用量 40g/m^2 × 10% = 4g/m^2。

当播种量算出来之后，即可根据需要建植草坪的面积，计算出总的种子需要量。实际种子备量，一般取"足且略余 5% ～ 10%"为宜。对照实有的种子贮备量，若有多余，满足备补种子，多余的部分可及时转让。若数量不足，缺口又不大，宜做好播种前的种子处理，提高播种质量，争取少损失、多出苗。若缺口较大，应及时补足。

3. 播种方法

草坪草播种是把大盆的种子均匀地撒在坪床上，并把它们混入 0.5 ～ 1.5cm 的表土层中，或覆土 0.5 ～ 1.0cm 厚。播种过深或覆土过厚，会导致出苗率下降，过浅或不覆土，种子会被地表径流冲走或发芽后干枯。一般播种深度以不超过种子长径的 3 倍为准。

播种技术的关键是把种子均匀地撒于坪床上，只要能达到均匀播种，用任何播种方法都可以。一般可把播种方法归纳为人工撒播和机械播种两类。

人工撒播：很多草坪是用人工撒播的方法建成的。这种方法要求工人播种技术熟练，否则很难达到播种均匀一致的要求。其优点是灵活，尤其适用于有乔、灌木等障碍物的位置、坡地及狭长和小面积建植地上，缺点是播种不均匀，用种量不易控制，有时会造成种子浪费。人工撒播大致分以下五步。第一步，把建坪地划分成若干块或条。第二步，把种子相应地分成若干份。第三步，把种子均匀地撒播在相应的地块上，种子细小可掺细沙、细土，分 2 ～ 3 次横向、纵向均匀撒播。第四步，用细齿把轻搂或竹丝扫帚轻拍，使种子浅浅地混入表土层。若覆土，所用细土也要分成相应的若干份撒盖在种子上。第五步，轻度镇压，使种子与土壤紧密接触。第六步，浇水。必须用雾状喷头，以避免种子被冲刷。

机械播种：在草坪建植时，使用机械播种可大大提高工作效率，尤其是当草坪建植面积较大时，如各类运动场草坪的建植，适宜用机械完成。机械播种的优点是容易控制播种量、播种均匀、省时、省力，不足之处是不够灵活。

常用播种机根据动力类型可分为手摇式播种机、手推式播种机和自行式播种机。根据种子下落方式可分为旋转式播种机和下落式播种机。经过校正的施肥器可用于小面积草坪定量播种。

（二）草坪草营养繁殖建植

营养体繁殖法包括铺植法、直栽法、插枝条和匍匐茎撒播（播茎法）。除铺草皮之外，以上方法仅限于具有强匍匐茎和强根茎的草坪草的繁殖建坪。

营养体建植与播种相比，其主要优点是能迅速形成草坪，见效快，坪用效果直观。无性繁殖种性不易变异，观赏效果较好。营养体繁殖各方法对整地质量要求相对较低。主要缺点是草皮块铲运、种茎加工或铺（栽）植费时

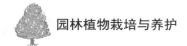

费工，成本较高。

1. 铺植法建坪

满铺法（密铺法）。满铺是将草皮或草毯铺在整好的地上，将地面完全覆盖，人称"瞬时草坪"，但建坪的成本较高，常用来建植急用草坪或修补损坏的草坪。可采用人工或机械铺设。

机械铺设通常是使用大型拖拉机带动起草皮机起皮，然后自动卷皮，运到建坪场地机械化铺植，这种方法常用于面积较大的场地，如各类运动场、高尔夫球场等。

用人工或小型铲草皮机起出的草皮采用人工铺植。从场地边缘开始铺，草皮块之间保留 1cm 左右的间隙，主要是防止草皮块在搬运途中干缩，浇水浸泡后，边缘膨大而凸起。第二行的草皮与第一行要错开，就像砌砖一样。为了避免人踩在新铺的草皮上造成土壤凹陷、留下脚印，可在草皮上放置一块木板，人站在木板上工作。铺植后通过滚压，使草皮与土壤紧密接触，这样易于生根，然后浇透水。也可浇水后，立即用锄头或耙轻拍镇压，之后再浇水，把草叶冲洗干净，以利光合作用。

如草皮一时不能用完，为避免堆积起来会使叶色变黄，应一块一块地散开平放在遮阴处，必要时还需浇水。

间铺法。间铺是为了节约草皮材料。用长方形草皮块以 3～6cm 的间距或更大的间距铺植在场地内，或用草皮块相间排列，铺植面积为总面积的 1/2。铺植时也要压紧、浇水。使用间铺法相对于密铺法可节约草皮 1/3～1/2，成本也相应降低，但成坪时间相对较长。间铺法适用于匍匐性强的草种，如狗牙根、结缕草和剪股颖等。

2. 直栽法建坪

直栽法是种植草坪块的方法。最常用的直栽法是栽植正方形或圆形的草坪块，草坪块的大小约为 5cm×5cm，栽植行间距为 30～40cm，栽植时应注意使草坪块的上部与土壤表面齐平。结缕草常用此法建植草坪，其他多匍匐茎或强根茎的草坪草也可用此法建植。直栽法除了用于裸土建植草坪外，还可用于把新品种引入现有的草坪中。如用直栽法能把草地早熟禾草坪转变成狗牙根或结缕草草坪，通常转换过程非常缓慢。

第二种直栽法是把草皮切成小的草坪草束，按一定的间隔尺寸栽植。这一过程可以用人工，也可以用机械完成。机械直栽法是采用带有正方形刀片的旋筒把草皮切成小块，通过机器进行直栽，这是一种高效的种植方法，特别适用于不能用种子建植的大面积草坪中。

3. 插枝条建坪

枝条是单株草坪草或是含有几个节的植株的一部分，节上可以长出新的植株。插枝条法主要用来建植有匍匐茎的暖季型草坪草，如狗牙根、结缕草等，但也能用于匍匐剪股颖。

通常，把枝条种在条沟中，沟间距 15 ～ 30cm，深 5 ～ 7cm。每个枝条要有 2 ～ 4 个节。栽梢过程中，要在条沟填土后使枝条的一部分露出土壤表面。枝条插完后要立刻滚压和灌溉，以加速草坪草的恢复和生长。也可以用上述直栽法中使用的机械来栽植枝条，它能够把枝（而非草坪块）成束地送入机器的滑槽内，并且自动地种植在条沟中。有时也可直接把枝条放在土壤表面，然后用扁棍把枝条插入土壤中。

4. 播茎法建坪

播茎法是把草坪草的匍匐茎均匀地撒在土壤表面，然后再覆土，轻轻滚压的建坪方法。

播茎法在南方地区建坪的过程中运用较多，主要适用于具有匍匐茎的草坪草，常用的草坪草有狗牙根、结缕草、剪股颖、地毯草等。匍匐茎上的每一节都有不定根和不定芽、在适宜条件下都能生根发芽，利用这一生物学特性，可以把草坪草的匍匐茎作为播种材料。播茎法具有取材容易、成坪快、成本低的优点，但种茎的贮运较种子贮运麻烦。

草茎长度以带 2 ～ 3 个茎节为宜，采集后要及时进行撒播，用量为 $0.5kg/m^2$ 左右。一般在坪床土壤潮而不湿的情况下，用人工或机械把打碎的匍匐茎均匀地撒到坪床上，然后覆细土 0.5cm 左右，部分覆盖草茎，或者用圆盘犁轻轻耙过，使匍匐茎部分插入土壤中。轻轻滚压后立即喷水，保持湿润，直至匍匐茎生根。

第三节　草坪养护

一、修剪

（一）草坪修剪的作用

修剪，又称剪草、轧草或刈割，是指为了维护草坪的美观或者为了特定的目的使草坪保持一定高度而进行的定期剪除草坪多余枝条的工作。它是保证草坪质量的重要措施。

通常情况下，草坪应定期修剪。在草坪草能忍受的修剪范围内，草坪修剪得越短，草坪越显得均一、平整和美观。草坪若不修剪，长高的草坪草将干扰运动的进行，使草坪失去坪用功能，降低品质，进而失去其经济价值和观赏价值。

草坪草的修剪一般都是短刈，即剪去枝叶的上半部分。修剪会去掉部分叶组织，对草坪草是一种伤害，但它们又会因很强的再生能力而得到恢复。如矮生百慕大在生长季节里，草高4cm，修剪到2cm，经过3～4天的生长就可以恢复。草坪草的再生部位主要有：一是剪去上部叶片的老叶可继续生长；二是未被伤害的幼叶尚能长大；三是基部的分蘖节可产生新的枝条。又由于根与留茬具有贮藏营养物质的功能，能保障再生对养分的需要，所以草坪是可频繁修剪的。

适当的修剪，可抑制草坪的生殖生长，从而获得平坦均一的草坪表面，促进草坪的分枝，利于匍匐枝的伸长，增大草坪的密度。据测定，一年未修剪的草坪，翌年返青时每100cm有8片叶子，盖度仅有10%，而经过8次修剪的则有50片叶，盖度达80%。在一定范围内，修剪次数与枝叶密度成正比。

修剪会使叶片的宽度变窄，提高草坪的质地，使草坪更加美观。如在运动场经过定期修剪的高羊茅叶片只有2～4mm宽，而在一般的绿化地不常修剪的高羊茅叶片可宽达6mm。

另外，定期修剪，还能抑制杂草的入侵，提高草坪的美观性及其利用效率。因为一般双子叶杂草的生长点都位于植株的顶部，通过修剪可以去除杂草的顶部生长点，使其经常处于受抑制状态，最终就会被消除。单子叶杂草的生长点虽剪不掉，但由于修剪后其叶面积减少，从而降低了它的竞争能力。多次修剪还可能防止杂草种子的形成，减少杂草的种源。

任何事物都有两面性，同样修剪也存在不利的影响。对草坪草而言，修剪毕竟是被强加的外力伤害。修剪改变了草坪草的生长习性，由于分蘖增多，地上部分密度大大增加，但却减少了根和茎的生长。因为产生新茎叶组织需要营养，这就减少了供给根和根状茎生长的养分。同时，植物贮存营养的减少，也会对草坪的生长产生不利影响。

修剪使叶片变窄，增加了叶子的多汁性，也给虫害的发生形成了有利环境。另外，剪草往往会发生病害问题，这是因为剪去茎叶组织，留下切开的伤口，会大大增加病菌侵染的机会。

总之，修剪，尤其是不正确的修剪，如留茬太低、修剪次数太少、使用的刀片钝等，都会引起草坪质量的严重下降，为了降低修剪对草坪草带来的不利影响，草坪应适当修剪并辅之以施肥、浇水、打药、覆沙等作业。

（二）草坪修剪的方法

1.修剪时间和频率

修剪频率的影响因素。草坪的修剪频率应由草坪草的生长速度及草坪的用途来决定，而草坪草的生长速度取决于草坪草的种类及品种、草坪草的生育时期、草坪的养护管理水平以及环境条件等。

草坪草的生长时期一般来说，冷季型草坪草有春、秋两个生长高峰期。因此，在两个高峰期应加强修剪，可1周2次。但为了使草坪有足够的营养物质越冬，在晚秋，修剪次数应逐渐减少。在夏季，冷季型草坪也有休眠现象，也应根据情况减少修剪次数，一般2周1次即可满足修剪要求。暖季型草坪草一般4～10月份，每周都要修剪1次草坪，其他时间则2周修剪1次。

草坪草的种类及品种。不同类型和品种的草坪草其生长速度是不同的，修剪频率也自然不同。生长速度越快，修剪频率越高。在冷季型草中，多年生黑麦草、高羊茅等生长量较大，暖季型草中，狗牙根、结缕草等生长速度较快，修剪频率高。

草坪的用途。草坪的用途不同，草坪的养护管理精细程度也不同，修剪频率自然有差异。用于运动场和观赏的草坪，质量要求高，修剪高度低，需要大量施肥和灌溉，养护精细，生长速度比一般养护草坪要快，需经常修剪。如南方高尔夫球场的果岭地带，在生长季需每天修剪，而管理粗放的草坪则可以1个月修剪1～2次，或根本不用修剪。

修剪频率的确定因素。在草坪养护管理实践中，通常可根据草坪修剪的1/3原则来确定修剪时间和频率。1/3原则也是确定修剪时间和频率的唯一依据。1/3原则是指每次修剪时，剪掉的部分不能超过草坪草茎叶自然高度（未修剪前的高度）的1/3。当草坪草高度大于适宜修剪高度的1/2时，应遵照1/3原则进行修剪。不能伤害根颈，否则会因地上茎叶生长与地下根系生长不平衡而影响草坪草的正常生长。

如果一次修剪的量多于1/3，由于大量的茎叶被剪去，势必会造成养分的严重损失。叶面积的大量减少，会导致草坪草光合能力的急剧下降，仅存的有效碳水化合物被用于新的嫩枝组织，大量的根系因没有足够的养分而粗化、浅化、减少，最终会导致草坪的衰退。在草坪实践中，把草坪的这种极度去叶现象称为"脱皮"，草坪严重"脱皮"后，将会使草坪只留下褐色的残茬和裸露的地面。

频繁的修剪使剪除的顶部远不足1/3时，也会出现许多问题。诸如根系、茎叶的减少，养分储量的降低，真菌及病原体的入侵，不必要的管理费用的

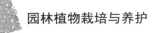

增加等等。所以，每次修剪必须严格遵循 1/3 原则。

修剪高度也称留茬高度，是指草坪修剪后立即测得的地上枝条的垂直高度。在 1/3 原则的基础上，修剪频率的确定决定于修剪高度。显然，修剪高度越低，修剪频率越高，修剪次数越多。相反，修剪高度越高，修剪频率越低，修剪次数越少。显然后者更符合 1/3 原则的要求。

通常，当草坪草长到 6cm 以上时，就应进行修剪。从理论上讲，当草坪草的实际高度超出适宜留茬高度的 1/3 时，就必须修剪。例如，当草高已到 6cm，而要求的修剪高度是 2cm，那么，根据 1/3 原则，不能一次就剪掉 4cm，而是应先剪掉 2cm，再分步，逐步剪到 2cm。

一般草坪草的适宜留茬高度为 3 ～ 4cm，部分遮阴地带、水土保持草坪、绿化草坪等，可适当留高一些，直立生长的也可留高一点，匍匐型的可低一点，如匍匐剪股颖可低到 0.6 ～ 1.5cm。

如果在潮湿多雨的季节或地下水位较高的地方，留茬宜高，以便加强蒸腾耗水。干旱少雨季节应低修剪，以节约用水和提高植物的抗旱性。当草坪草在某一时期处于逆境时，应提高修剪高度。如在夏季高温时期，对冷地型草坪提高修剪高度，有利于增强其耐热、抗旱性，而在早春或晚秋的低温阶段，提高暖季型草坪的修剪高度，同样也可以增强其抗寒性。对病虫害和践踏等损害较重的草坪，可延缓修剪或提高留茬。局部遮阴的草坪生长较弱，提高修剪高度提高有利于复壮生长。

在草坪草休眠期和生长期开始之前，可剪得很低，并对草坪进行全面清理，以减少土表遮盖，达到提高土壤温度、降低病虫害等寄生物宿存侵染的机会，促进草坪快速返青和健康生长。

2. 修剪的质量

修剪的质量即修剪后的草坪质量。修剪质量的高低，取决于剪草机的类型、功能、修剪方法和草坪草的生长状况。

剪草机的选择。修剪工具的选择应以能快速、优质地完成剪草作业且费用适度为依据。目前，用于草坪修剪的机械种类很多，按作业时的行进动力分为机动式和手推式，按工作方式可分为滚筒式和圆盘式两类。

滚筒式。剪草机能将草坪修剪得十分干净整齐，只是价格较高，保养较严格。常用于网球场、高尔夫球场等运动场草坪。

圆盘式。剪草机修剪质量稍差，但价格较低，保养也较简便，用于低保养草坪和大部分绿地。

修剪方法具体如下。

修剪方向：剪草机作业时运行的方向和路线，显著地影响着草坪草枝叶的生长方向和草坪土壤受挤压的程度。因此，同一草坪，每次修剪应避免使用同一种方式，要防止多次在同一行列，以同一方向重复修剪，以免草坪草趋于瘦弱，发生"纹理"现象（草叶趋向同一方向生长），使草坪生长不均衡。

草坪图案的修剪：可根据预定设计，运用间歇修剪技术而形成色泽深浅相间的图形，如彩条形、彩格形、同心圆形等，常见于球类运动场和观赏草坪。

草坪边缘的修剪：可视情况采用相应的方法。越出边界的茎叶，可用切边机或平头铲等切割整齐。毗邻路牙或栅栏，可用割灌机或刀修剪整齐。

草屑处理：剪草机剪下的草坪组织总体称为草屑。草屑的处理可根据具体情况而定。如果修剪下来的草屑较短，可留在草坪内，起一定的营养作用。但是，在大多数情况下，草屑留在草坪内弊大于利，既影响了外观，降低了坪床的通透性，又容易诱发病害，使草坪过早退化。一般每次修剪后，建议将草屑及时集中，移出草坪。若天气干热，也可将草屑留放在草坪表面，以减少土壤水分蒸发。

3. 草坪修剪的技术要点

①遵循 1/3 原则。合理、科学的修剪是使草坪生长良好、使用年限增长的主要措施之一，无论何时修剪都要严格遵守 1/3 原则。长时间留茬过低，会出现"脱皮"现象，留茬过高会影响观赏，景观效果差。

②修剪机具的刀片要锋利。草坪修剪前要对剪草机进行全面检查，其中包括检查刀片是否锋利。刀片钝会使草坪草叶片受到机械损伤，严重的会把整个植株拔出来。叶片切的不齐，有"拔丝"现象出现，修剪完太阳光一晃，坪面像撒了一层干草碎屑，观赏效果极差。

③同一草坪避免同一地点、同一方向重复修剪。修剪时最好要不断变换剪草的样式，每次剪草不应总从同一地点开始、朝同一方向修剪。否则，草坪草易向剪草的方向倾斜或生长，形成谷穗状样式。另外，每次剪草机的轮子压过同一地方，时间长了会使土壤板结、草坪草矮化或出现秃斑，严重影响景观。

④修剪完的草屑要处理干净。草屑细碎时可以留在坪床上，进行养分循环，而草屑过长时最好移出坪地，以免草茎分解缓慢或不彻底，引起病害等难以控制的后果。

⑤修剪机具的刀片和工作人员的衣服要经常消毒。草坪修剪机的使用频率很高，但在病害高发季节要特别注意刀片和工作人员服装的消毒工作。一

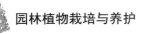

旦局部的病菌被修剪机具的刀片和工作人员带到其他草坪上，会使病害广泛传播，造成严重的经济损失。

二、滚压

（一）滚压的时间及作用

滚压是用压辊在草坪上边滚边压。通过滚压可改善草坪表面的平整度，适度滚压对草坪是有利的。但滚压也会带来使土壤变得坚实等问题，因此要根据实际情况决定是否进行。

坪床准备时进行滚压。对耕翻、平整后的坪床进行滚压，对坪床表面进行微调，可使坪床表面平整、结实。

播种后进行滚压。滚压可使得种子与土壤紧密接触，出苗整齐。常应用带细棱的压轮，使得坪床表面产生细微的凹凸，在凹处形成一个湿润的小环境，有利于种子发芽。

草皮铺设后进行滚压。滚压既可使坪面平整，又可使草皮根系与坪面接触良好，保证根系正常生长。

生长季节滚压。抑制顶芽生长，增加草坪草分蘖、分枝，促进匍匐茎生长，使匍匐茎的上浮受到抑制，节间变短，增加草坪密度。使叶丛紧密而平整，抑制杂草入侵。可以抑制地上部的生长，促进根系发育，从而提高草坪抗逆性。

春季解冻后进行滚压由于冻融作用反复交替进行，植株会逐渐被拱起，草坪表面会产生起伏，修剪时，草层被整块揭起。同时由于根系裸露，植株的抗寒性降低。所有这些都会影响草坪的质量。因此进行滚压，把凸出的草坪压回原处，消除这些不良影响。

运动场草坪比赛前后进行滚压。对运动场草坪进行滚压，可增加场地硬度，使场地平坦。通过不同走向滚压，使草坪草叶反光，形成各种形状的花纹，提高草坪的观赏效果。运动后进行滚压，可使运动过程中被拉出根的草坪草复位。

草皮生产时进行滚压。以获得厚度均匀一致的高质量草皮。同时也可以减少草皮厚度，降低土壤损失，延长土地使用年限。还可以降低草皮重量，减少运输费用。

蚯蚓、鼹鼠、蚂蚁等驱赶、杀灭后进行滚压。蚯蚓、鼹鼠、蚂蚁等在土壤中的活动虽然可以疏松土壤，有利于草坪草生长，但也堆土于草坪上，既影响草坪的平整，也直接影响草坪质量。因此除了予以驱赶、杀灭外，还通过滚压来进行修复。

（二）滚压方法及注意事项

1.滚压的方法

滚压可用人力推动或机械牵引。手推辊轮重 60～200kg，机动辊轮重 80～500kg，机动辊为空心的铁轮，可充水，可通过调节水量来调整重量。滚压的重量依滚压的次数和目的而定，如为了修整床面宜少次重压（200kg）。出苗后的首次滚压则宜轻（50～60kg）。

2.注意事项

观赏草坪在春季至夏季滚压为好，有特殊用途的则在建坪不久后进行滚压，在降霜期、早春修剪时期也可进行滚压。

土壤黏重、水分过多或过于干燥时，应避免高强度的滚压，可在草坪草生长旺盛时进行。在有机质含量高的人工土壤上，滚压是最有效的方法，可以最大限度地改善表面平整度，使有机土壤不易板结。

对冷季型草坪草而言，滚压应在春、秋草坪生长旺盛的季节进行，而暖季型草坪草则宜在夏季进行。同修剪一样，应避免每次都在同一起点、按同一方向、同一路线进行滚压，否则会出现纹理现象。

为减轻滚压的副作用，滚压应结合打孔通气、梳耙、施肥和覆沙等管理措施，改善表层土壤的紧实状况，使草坪草达到最好的生长状态。

三、灌溉

在自然条件下，草坪植物所需要的水分，主要由降水和土壤供给。但由于降水时间分布的不均匀性和土壤保水能力的限制，往往满足不了草坪草生长发育的需要，草坪草常常发生旱害，影响优质草坪的培育，足见人工适时灌水对保持草坪草的正常生长、维护草坪功能的重要性。

（一）找准灌水时机

灌水的目的是补充草坪土壤水分的不足，以满足草坪草生长发育的需要。生产中一般可用下列方法判断草坪何时需要灌水。

1.植株观察法

当草坪草缺水时，首先会出现膨压改变的症状，就是出现不同程度的萎蔫，进而叶片变为青绿色或灰绿色。借助房屋、树木等遮阴物，比较阳光下与遮阴中草坪草叶片的色泽。若两者亮度一致，或光下尤甚，表明不缺水。若光下较暗，则表明已缺水。植株观察法获得的缺水特征，只能说明草坪草生理上缺水。但是是由于土壤干旱所致，还是另有他因，尚需辅以目测土壤

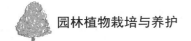

含水量的办法，才能确切地加以判断。

2. 土壤含水量目测法

土壤颜色随含水量不同而发生变化，湿润土壤一般呈灰至暗黑色（土壤含水量为30%）；干旱土壤呈浅白色，无湿润感。用小刀或土钻分层取土观察，当土壤干至10～15cm深时，就表明土壤干旱，草坪就需要进行灌水。

（二）草坪灌溉方法

1. 确定灌水时间

根据草坪和天气状况，选择一天中最适宜的时间浇水。早晚浇水，蒸发量最小，而中午浇水，蒸发量大。黄昏或晚上浇水，草坪整夜都会处于潮湿状态，叶和茎湿润时间过长，病菌容易侵染草坪草，引起病害，并以较快的速度蔓延。所以，最佳的浇水时间应在早晨，除了可以满足草坪一天需要的水分外，到晚上叶片已干，可防止病菌滋生。但对于宽敞通风良好的地方，则适宜在傍晚浇水，如高尔夫球场、较大的公园等。

2. 确定灌水量

草坪每次灌水的总量取决于两次灌水期间草坪的耗水量。其受草种和品种、土壤类型、养护水平、降雨次数和降雨量，以及天气条件，如湿度和温度等多个因子的影响。

不同的草坪草种或品种需水量是不同的。一般暖季型草坪草比冷季型草坪草耐旱性强，根系发达的草坪草较耐旱。

土壤质地对土壤水分的影响也很大。沙性土壤每次的灌水量宜少，黏重土壤则相反。保水性好的土壤，可每周灌水1次，保水性差的土壤，可每周灌水3次。低茬修剪或浅根草坪，每次灌水量宜少。

草坪草生长季节内，一般草坪的每次灌水量以湿润到10～15cm深的土层为宜。冬灌则应增至20～25cm。

在一般条件下，在草坪草生长季内的干旱期，为保持草坪鲜绿，大概每周需补充3～4cm深的水。在炎热和严重干旱的条件下，旺盛生长的草坪每周约需补充6cm或更多的水分。

通常不能每天灌水。如果土壤表面经常潮湿，根系会靠近表土生长。在两次灌溉之间，如果使上层几厘米的土壤干燥，可使根系向土壤深处生长，寻找水分。浅根性草坪草较弱，易遭受各种因素的伤害，受害后也不像深根性草坪草那样容易恢复。灌溉次数太多，也会引起较大的病害和杂草问题。

检查土壤充水的深度是确定实际灌水量的有效方法。当土壤湿润到

10～15cm 深时（有时会更深些，以根层的深度为准），草坪草可获得充足的水分供给。在实践中，草坪管理人员可在已定的灌溉系统下，测定灌溉水渗入土壤额定深度所需的时间，从而通过控制灌水时间的长短来控制灌水量。也可估计灌水量，如果管理者想浇 2.5cm 的水，且草坪草生长在黏土上，土壤湿润的深度应为 12cm 左右。

另外一种测定灌水量的方法是在一定的时间内，计量每一喷头的供水量。离喷头不同的距离至少应放置 4 个同样直径的容器，1h 后，将所有容器的水倒在一个容器里，并量其深度，然后以厘米为单位，深度除以容器数，来决定灌溉量。例如使用 5 个容器，收集的总水量是 6.35cm，则灌溉量为每小时1.27cm。

由于黏土或坚实土壤及斜坡上水的渗透速度缓慢，很容易发生径流。为防止这种损失，喷头不宜长时间连续开动，而要通过几次开关，逐渐浇水。例如，灌水量需要 30min，那么，对于渗透能力低的地草坪，灌溉中需水量的大小，在很大程度上取决于草坪坪床土壤的性质。细质的黏土和粉沙土持水力大于沙土，水分易被保持在表层的根层内，而沙土中的水分则易向下层移动。一般而言，土壤质地越粗，渗透力越强，使额定深度土壤充水湿润所需水量越少。但是，一个较粗质地的土壤在生长季节内，欲维持草坪草生长所消耗的总需水量是很大的。因为与细质土壤相比，粗质土壤具有大的孔隙，高排水量和蒸发蒸腾量，使之比细质土壤失水更多。当土壤质地变粗时，每次灌水量应减少，但需要较多的灌水次数和较多的总水量才能满足草坪草的生长需要。

3. 灌水技术要点

①初建草坪苗期最理想的灌水方式是微喷灌。出苗前每天灌水 1～2 次，随苗出、苗壮逐渐减少灌水次数，增加灌水量。

②为减少病、虫危害，在高温季节应尽量减少灌水次数，并以下午实施为佳。

③灌水与施肥。灌水尽可能与施肥作业相结合。

④冬季严寒的地区入冬前必须灌好封冻水（在地表刚刚出现冻结时进行）。灌水量以充分湿润 40～50cm 的土层为度，但要防止"冰盖"的发生。在翌春土地开始解冻之前、草坪开始萌动时，灌好返青水。

其实，在达到灌溉目的的前提下，可以利用相关技术措施（如增加修剪留茬高度、减少修剪次数、干旱季节少施氮肥、进行垂直修剪、草坪穿孔等），减少草坪灌水量，节约用水。

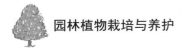

四、施肥

（一）计算肥料用量

在所有肥料中，氮是首要考虑的营养元素。草坪氮肥用量不宜过大，否则会引起草坪徒长，增加修剪次数，并使草坪抵抗环境胁迫的能力降低。一般高养护水平的草坪年施氮量每 $667m^2$ 为 $30 \sim 50kg$，低养护水平的草坪年施氮量每 $667m^2$ 4kg 左右。草坪草的正常生长发育需要多种营养成分的均衡供给。磷、钾或其他营养元素不能代替氮，磷施肥量一般养护水平草坪每 $667m^2$ 为 $3 \sim 9kg$，高养护水坪草坪每 $667m^2$ 为 $6 \sim 12kg$，新建草坪每 $667m^2$ 可施 $3 \sim 15kg$。对禾本科草坪草而言，一般氮、磷、钾比例宜为 $4 ： 3 ： 2$。

（二）确定施肥时期

合理的施肥时间与许多因素相关联，例如草坪草生长的具体环境条件、草种类型以及以何种质量的草坪为目的等。

施肥的最佳时期应该是温度和湿度最适宜草坪草生长的季节。不过，具体施肥时期，随草种和管理水平不同而有差异。全年追肥一次的，暖地型草坪以春末开始返青时为好，冷地型草坪以夏末为宜。追肥两次的，暖地型草坪分别在春末和仲夏施用，以春末为主，第一次施肥可选用速效肥，但在夏末秋初施肥要小心，以防止寒冷来临时草坪草受到冻害。冷地型草坪分别在仲春和夏末施用，以夏末为主，仲夏应少施肥或干脆不施，晚春施用速效肥应十分小心，这时速效氮肥虽可促进草坪草快速生长，但有时会导致草坪抗性下降而不利于越夏。对管理水平高、需多次追肥的草坪，除春末（暖地型草坪）或夏末（冷地型草坪）的常规施肥以外，其余各次的追肥时间，应根据草情确定。

（三）施肥方法

1. 颗粒撒施

草坪的施肥方法可分为基肥、种肥和追肥。基肥以有机肥为主，结合耕翻进行。种肥一般用质量高、无烧伤作用的肥料，要少而精。追肥主要为速效的无机肥料，要少施和勤施。

肥料施用大致有人工施肥（撒施、穴施和茎叶喷洒）、机械施肥和灌溉施肥三种方式。不论采用何种施肥方式，肥料的均匀分布是施肥作业的基本要求。人工撒施是广泛使用的方法。液肥应采用喷施法施用。大面积草坪施肥，可采用专用施肥机具施用。

一些有机或无机的复混肥是常见的颗粒肥，可以用下落式或旋转式施肥机具进行撒施。在使用下落式施肥机时，料斗中的化肥颗粒可以通过基部的一列小孔下落到草坪上，孔的大小可根据施用量的大小来调整。对于颗粒大小不均的肥料应用此机具较为理想，并能很好地控制用量。但由于机具的施肥宽度受限，因而工作效率较低。旋转式施肥机的操作是随着人员行走，肥料下落到料斗下面的小盘上，通过离心力将肥料撒到半圆范围内。在控制好来回重复的范围时，此方式可以得到满意的效果，尤其对于大面积草坪，工作效率较高。但当施用颗粒不均的肥料时，较重和较轻的颗粒被甩出的距离远近不一致，将会影响施肥效果。

2. 叶面喷施

将可溶性好的一些肥料制成浓度较低的肥料溶液或将肥料与农药一起混施时，采用叶面喷施的方法。这样既可节省肥料，又可提高效率。但溶解性差的肥料或缓释肥料则不宜采用。

3. 灌溉施肥

经过灌溉系统将肥料与灌溉水同时经过喷头喷施到草坪上。

（四）施肥技术要点

①各种肥料平衡施用。为了确保草坪草所需养分的平衡供应，不论是冷地型草坪，还是暖地型草坪，在生长季节内要施 1～2 次复合肥。

②多使用缓效肥料。草坪施肥最好采用缓效肥料，如施用腐熟的有机肥或复合肥。

③在草坪草生长盛期适时施肥。冷地型草坪应避免在盛夏施肥，暖地型草坪宜在温暖的春、夏生长旺盛期适时供肥。

④调节土壤 pH 值。大多数草坪土壤的酸碱度应保持在 pH6.5 范围内。一般每 3～5 年测 1 次土壤 pH 值，当 pH 值明显低于所需水平时，需在春季、秋末或冬季施石灰等进行调整。

五、打孔

（一）草坪打孔的作用

由于黏粒含量高的土壤容易板结会影响草坪草根系的正常生长，一般采用专用机具对草坪土壤进行划破、穿刺和打孔等维护。

打孔是用打孔机械在草坪上打出许多孔洞的一种中耕方式。打孔机可在草坪上打出深度、大小均匀一致的孔，孔的直径一般在 1～2.5cm 之间，孔距一般为 5cm、11cm、13cm 和 15cm。孔深随打孔机类型、土壤坚实度和土壤湿度的不同而不同，最深可达 8 ～ 11cm。

打孔的主要作用：

①改善土壤通气性。促进气体交换，提高土壤的通气性，有利于好气微生物的生长，减少土壤中的有毒物质。

②改善土壤渗透性。提高草坪土壤的渗透性、吸水性和透水性，刺激根系的生长，加速长期潮湿土壤的干燥。

③提高土壤的供肥性、保肥性。打孔施肥使得石灰和磷肥可以均匀地进入草坪土壤，而氮素则可以进入土壤深层，减少氮肥损失，提高肥效。

④加速枯草层的分解。打孔带出土条，使枯草层内有了土壤，加速枯草层和有机残体的分解，促进草坪草的生长发育。

（二）草坪打孔方法

1. 打孔机械

常用的打孔机械有垂直运动型打孔机和旋转型打孔机两种。

垂直运动型打孔机。具有许多空心管排列在轴上，工作时对草坪造成的扰动较小，深度较大。由于兼具水平运动和垂直运动，所以工作速度较慢。每 100m² 草坪约需 10min。调节打孔机的前进速度或空心管的垂直运动速度可改变孔距。这种机械常用于果岭等低修剪的草坪上。

旋转型打孔机。具有一圆形滚筒或卷轴，其上装有空心管或半开放式的小铲，通过滚筒或卷轴的滚动完成打孔作业。除了去除部分心土外，还具有松土的作用。孔距由滚筒上或卷轴上安装的小铲或空心管的数目和间距决定。同垂直运动型打孔机相比，孔深要浅一些，工作速度较快，效率较高，但对草坪表面的破坏性也较大。该种打孔机常用于使用频度高的草坪，如运动场和操场等。

2. 打孔时间

最佳时间是草坪生长旺季，不受逆境胁迫时。冷季型草坪适合在夏末秋初进行，暖季型草坪适合在春末夏初进行。

3. 注意事项

①配合进行覆土或覆沙。打孔后草坪根系和附近土壤会很快把孔填满，灌溉和践踏会加速这一过程，草坪打孔的好处会很快消失。所以一般草坪打孔后配合进行覆土或覆沙，使打孔的效果更持久。

②配合拖耙或垂直修剪。打孔后不马上清除心土，而是等心土稍干燥后

用垂直修剪机或通过拖耙来破碎心土，使之重回草坪。其效果与表施土壤相同，而且破碎的心土其质地和组成与原草坪土壤相同，不会产生层次。没有进入孔洞中的碎土，在草层中与枯草层结合，形成有利于草坪草的土壤层。

③配合施药作业。打孔后及时喷施除草剂和杀虫剂，能很好地解决打孔后杂草、害虫易入侵的负面影响。

六、覆沙

在高水平草坪养护的过程中一直都离不开覆沙。在草坪建植过程中，覆沙可以覆盖和固定种子、种茎等繁殖材料，并可提高土壤的保墒能力，有利于出苗。在已经建成的草坪上覆沙，可以改善草坪的土壤结构，控制枯草层，防止草坪草徒长等。覆沙可以使草坪保持良好的剖面结构、透水性、通气性及养分状况。对于表面凹凸不平的草坪可以起到填凹找平，促进平面平整，保持外观漂亮，提高草坪均一性和平滑度的作用。入冬前的草坪覆沙，还可以有效地提高草坪草的越冬能力，提高抗旱、抗寒能力，这对于秋播的新草坪尤为重要。

可以根据草坪面积及实际情况等选择机械覆沙或人工覆沙。无论是机械覆沙还是人工覆沙，都应该提前对草坪进行修剪，然后设计好覆沙厚度，计算好用沙量，并将草坪划分成适当大小区域，确保沙量均匀撒入草坪中。覆沙的具体方法为：先将各个小区内预计的覆沙量尽可能均匀地撒入草坪，然后用机械或硬扫帚轻扫坪面，使沙滑入草坪叶片以下，落到土壤表面，覆盖住枯草层或填入坑凹处、洞孔中。进行运动场或高尔夫球场草坪覆沙时，最好在铺完沙后进行适当的镇压作业，以确保坪面的平整度和坚实性。

覆沙作业中覆沙的厚度、沙的用量与覆沙的目的性有关，应根据实际情况灵活处理。一般，当为了改善草坪表面平整度、光滑度进行覆沙时，应薄施、勤施；当用来填充孔洞时，可适当增加用量；当覆沙的主要目的是为了对草坪表层土壤进行改良时，可再加大些用量；当用于整个坪床土层改造时，则更要加大用量。

一般 3 ~ 10 月份是草坪的旺盛生长期，加强覆沙作业可促进枯草层的快速分解，提高草坪坪面的光滑度和平整度。对于大多数运动场草坪，可在夏季使用间隔期间覆沙 1 次。为起到防寒防护的作用，可在初冬进行，并适当加大覆沙厚度。

七、切边

草坪切边是用切边机将草坪的边缘修齐，以控制草坪根茎或匍匐茎等营养器官的越范围扩展，使线条清晰，增加景观效应的一种管理措施。切边时可以选择小型手推式切边机，其前侧面有一切割刀片垂直于地面，安装在一根动力轴上，机器支架上有三个行走轮，手柄上有油门和刀片旋转离合装置。作业时，推动手柄使切边机沿草坪边缘前进，刀片高速旋转切割草坪植株，以达到修边目的，同时切边深度可通过升降前后行走轮来实现。

第七章　园林土肥水及灾害预防管理

第一节　土壤管理

　　土壤是园林植物生长的基础，它不仅支持、固定园林植物，还是园林植物生长发育所需水分、各种营养元素和微量元素的主要来源。因此，土壤的好坏直接关系着园林植物的生长。园林植物土壤管理的任务就在于通过多种综合措施来提高土壤肥力，改善土壤结构和理化性质，保证园林植物健康生长所需养分、水分、空气的不断有效供给。同时，结合园林工程的地形地貌改造，土壤管理也有利于增强园林景观的艺术效果，并能防止和减少水土流失与尘土飞扬现象的发生。

一、松土除草

　　松土可以切断土壤表层的毛细管，减少水分蒸发，还可防止土壤返碱，改良土壤通气状况和水分供给。尤其是早春松土，有助于提高土温，有利于树木根系生长和土壤内微生物的活动，有利于难溶解养分的分解，提高土壤肥力。除去杂草，可减少水分、养分的消耗，并可使得游人践踏的园土恢复疏松，进一步改善通气和水分状况。清除杂草还可以提高景观效果，减少病虫害，使园林清洁美观。

　　松土与除草常同时结合进行。应在天气晴朗时，或初晴之后，土壤不过干又不过湿时进行，以获得最大的效果。松土除草不可碰伤树皮，可适当切断植物生长在地表的浅根，松土除草的次数和时期可根据当地具体条件及园林植物生育特性等综合考虑确定。例如杭州市园林局规定市区级主干道的行道树，每年松土、除草应不少于 4 次，市郊每年不少于 2 次……，对新栽 2 ～ 3 年生的风景树，每年应该松土除草 2 ～ 3 次。松土的深度视园林植物根系的深浅而定，一般在 6 ～ 10cm 之间，大树松土深度为 6 ～ 9cm，小树为 3cm。

松土除草对促进园林植物生长有密切关系，如牡丹在每年解冻后至开花前松土2～3次，开花后至白露松土6～8次。总之，见草就除，除草随即松土。每次雨后要松土一次，松土保水作用有"地湿锄干，地干锄湿"和"春锄深一犁，夏锄刮地皮"之说。对于人流密集的地方，每年人工清除杂草劳力花费较多。因此，化学除草剂的应用开始受到重视，可根据杂草种类选择适宜的除草剂。目前较常用的除草剂有除草醚、扑草净、西马津、阿特拉津、茅草枯、灭草灵等。

二、树盘覆盖

利用有机物或活的植物体覆盖土面，可以防止或减少水分蒸发，减少地面径流，增加土壤有机质，调节土壤温度，减少杂草生长，为园林植物生长创造良好的环境条件。若在生长季进行覆盖，以后把覆盖的有机物翻入土中，还可增加土壤有机质，改善土壤结构，提高土壤肥力。

覆盖的材料以就地取材、经济实用为原则，如水草、谷草、豆秸、树叶、树皮、锯屑、马粪、泥炭等均可使用。在大面积粗放管理的园林中还可将草坪上或树木旁割下来的草头随手堆于树盘附近，用以覆盖。一般对于幼龄的园林植物或草地疏林的园林植物，多在树盘下进行覆盖，覆盖的厚度通常为3～6cm，过厚会有不利的影响。一般在生长季节温度较高而较干旱时进行土壤覆盖为宜。

地被植物可以是紧伏地面的多年生植物，也可以是一二年生的较高大的绿肥作物，如绿豆、黑豆、苜蓿、豌豆、羽扇豆等。前者除覆盖作用之外，还可以减免尘土飞扬，增加园景美观，又可占据地面，竞争掉杂草，降低园林植物养护成本；后者除覆盖作用之外，还可在开花期翻入土内，收到施肥的效用。对地被植物的要求是适应性强、有一定的耐阴力、覆盖作用好、繁殖容易、与杂草竞争的能力强，但与园林植物矛盾不大，同时还要有一定的观赏或经济价值。常用的地被草本植物有铃兰、石竹类、勿忘草、酢浆草、鸢尾类、麦冬类、丛生福禄考、玉簪类、沿阶草等。木本植物有地锦类、金银花、扶芳藤、蛇葡萄、凌霄类等。

三、土壤改良

（一）土壤耕作改良

在城市里，人流量大，游客践踏严重，大多数城市园林绿地的土壤物理性能较差，水、气矛盾十分突出，土壤性质恶化。主要表现为土壤板结，黏重，土壤耕性极差，通气透水不良。在城市园林中，许多绿地因人群踩踏，压实土壤厚度达 3～10cm，土壤硬度达每平方厘米 14～70kg，机车压实土壤厚度为 20～30cm，在经过多层压实后其厚度可达 80cm 以上，土壤硬度每平方厘米 12～110kg。通常当土壤硬度在每平方厘米 14kg 以上，通气孔穴度在 10% 以下时，会严重妨碍微生物活动及园林植物根系的伸展，影响园林植物生长。

合理的土壤耕作可以改善土壤的水分和通气条件，促进微生物的活动，加快土壤的熟化进程，使难溶性营养物质转化为可溶性养分，从而提高土壤肥力。同时，由于大多数园林植物都是深根性植物，根系活动旺盛，分布深广，通过土壤耕作，特别是对重点地段或重点树种适时深耕，为根系提供更广的伸展空间，才能满足园林植物随年龄增长对水、肥、气、热的不断要求。

1. 深翻熟化

深翻。就是对园林植物根区范围内的土壤进行深度翻垦。深翻的主要目的是加快土壤的熟化。这是因为通过深耕可以增加土壤孔隙度，改善理化性状，促进微生物的活动，加速土壤熟化，使难溶性营养物质转化为可溶性养分，提高土壤肥力，从而为园林植物根系向纵深伸展创造有利条件，增强园林植物的抵抗力，使树体健壮，新梢长，叶色浓，花色艳。

深翻时期。总体上讲，深翻时期包括园林植物栽植前的深翻与栽植后的深翻。前者是在栽植园林植物前，配合园林地形改造，杂物清除等工作，对栽植场地进行全面或局部的深翻，并暴晒土壤，打碎土块，填施有机肥，为园林植物后期生长奠定基础；后者是在园林植物生长过程中进行的土壤深翻。实践证明，园林植物土壤一年四季均可深翻，但具体应根据各地的气候、土壤条件以及园林植物的类型适时深翻，只有这样才会收到良好效果。就一般情况而言，深翻主要在以下两个时期。

①秋末。此时，园林植物地上部分基本停止生长，养分开始回流、积累，同化产物的消耗减少，此时结合施基肥，有利于损伤根系的恢复生长，刺激长出部分新根，对园林植物来年的生长十分有利。同时，秋耕有利于雪水的下渗，可以松土保墒，一般秋耕过的土壤比未秋耕的土壤含水量要高 3%～7%。此外，秋耕后，经过大量灌水，土壤下沉，根系与土壤进一步紧密接合，有助于根系生长。

②早春。应在土壤解冻后及时进行。此时，园林植物地上部分尚处于休眠状态，根系则刚开始活动，生长较为缓慢，伤根后容易愈合和再生。从土壤养分的季节变化规律来看，春季土壤解冻后，土壤水分开始向上移动，土

质疏松，操作省工，但土壤蒸发量大，易导致园林植物干旱缺水。因此，在春季干旱多风地区，春季翻耕后需及时灌水，或采取措施覆盖根系，耕后耙平、镇压，春翻深度也要较秋耕浅。

深翻方式。园林植物土壤深翻方式主要有树盘深翻与行间深翻两种。树盘深翻是在园林植物树冠边缘，于地面的垂直投影线附近挖取环状深翻沟，这有利于园林植物根系向外扩展，树盘深翻适用于园林草坪中的孤植树和株间距较大的园林植物；行间深翻则是在两排园林植物的中间，沿列方向挖取长条形深翻沟，用一条深翻沟，达到了对两行园林植物同时深翻的目的，这种方式多适用于呈行列布置的园林植物，如风景林、防护林带、园林苗圃等。

此外，还有全面深翻、隔行深翻等形式，应根据具体情况灵活运用。各种深翻均应结合施肥和灌溉进行。深翻后，最好将上层肥沃土壤与腐熟有机肥拌和，填入深翻沟的底部，以改良根层附近的土壤结构，为根系生长创造有利条件，同时将心土放在上面，促使心土迅速熟化。

深翻次数与深度：①深翻次数。土壤深翻的效果能保持多年，因此，没有必要每年都进行深翻。但深翻作用持续时间的长短与土壤特性有关。一般情况下，黏土、涝洼地深翻后容易恢复紧实，因而保持年限较短，可每1～2年深翻耕1次。而地下水位低，排水良好，疏松透气的沙壤土，保持时间较长，可每3～4年深翻耕1次。②深翻深度。理论上讲，深翻深度以稍深于园林植物主要根系垂直分布层为度，这样有利于引导根系向下生长，但具体的深翻深度与土壤结构、土质状况以及树种特性等有关。如山地土层薄，下部为半风化岩石，或土质黏重，浅层有砾石层和黏土夹层，地下水位较低的土壤以及深根性树种，深翻深度较深，可达50～70cm。反之，则可适当浅些。

2. 中耕通气

中耕不但可以切断土壤表层的毛细管，减少土壤水分蒸发，防止土壤泛碱，改良土壤通气状况，促进土壤微生物活动，帮助难溶性养分分解，提高土壤肥力。而且中耕还能尽快恢复土壤的疏松度，改进通气和水分状态，使土壤水、气关系趋于协调，因而生产上有"地湿锄干，地干锄湿"之说。此外，在早春季节进行中耕，还能明显提高土壤温度，使园林植物的根系尽快开始生长，并及早进入吸收状态，以满足地上部分对水分、营养的需求。中耕还是清除杂草的有效办法，可以减少杂草对水分、养分的竞争，使园林植物生长的地面环境更清洁美观，同时还可阻止病虫害的滋生蔓延。

中耕是一项经常性的养护工作。中耕次数应根据当地的气候条件、树种特性以及杂草生长状况而定。通常各地城市园林主管部门对当地各类绿地中的园林植物土壤中耕次数都有明确的要求，有条件的地方或单位，一般每年园林绿地的中耕次数要达到 2～3 次。土壤中耕大多在生长季节进行，如以消除杂草为主要目的的中耕，中耕时间在杂草出苗期和结实期效果较好，这样能消灭大量杂草，减少除草次数。具体时间应选择在土壤不过于干，又不过于湿时，如天气晴朗或初晴之后进行，这样可以获得最大的保墒效果。

中耕深度一般为 6～10cm，大苗 6～10cm，小苗 2～3cm，过深伤根，过浅起不到中耕的作用。中耕时，尽量不要碰伤树皮，对生长在土壤表层的园林植物的须根则可适当截断。

3. 客土、培土

客土。实际上就是在栽植园林植物时，对栽植地实行局部换土。通常是在土壤完全不适宜园林植物生长的情况下进行客土栽培。当在岩石裸露，人工爆破坑栽植，或土壤十分黏重、土壤过酸过碱时，以及土壤已被工业废水、废弃物严重污染等情况下，则应在栽植地一定范围内全部或部分换入肥沃土壤。如在我国北方种植杜鹃、茶花等酸性土植物时，常将栽植坑附近的土壤全部换成山泥、泥炭土、腐叶土等酸性土壤，以符合酸性土树种生长要求。

培土。培土就是在园林植物生长过程中，根据需要在园林植物生长地加入部分土壤基质，以增加土层厚度，保护根系，补充营养，改良土壤结构。

在我国南方高温多雨的山地区域，常采取培土措施。在这些地方，降雨量大，强度高，土壤淋洗流失严重，土层变得十分浅薄，园林植物的根系大量裸露，园林植物既缺水又缺肥，生长势差，甚至可能有的园林植物整株倒伏或死亡，这时就需要及时进行培土。

培土工作要经常进行，并根据土质确定培土基质类型。土质黏重的应培含沙质较多的疏松肥土，甚至河沙。含沙质较多的可培塘泥、河泥等较黏重的肥土以及腐殖土。培土量视植株的大小、土源、成本等条件而定。压土厚度要适宜，过薄起不到压土作用，过厚对园林植物生长不利。连续多年压土，土层过厚会抑制园林植物根系呼吸，从而影响园林植物的生长和发育，造成根系腐烂，树势衰弱。所以，为了防止接穗生根或对根系产生不良影响，一般压土时可适当扒土露出根颈。

（二）土壤化学改良

1. 施肥改良

土壤的施肥改良以有机肥为主。一方面，有机肥所含营养元素全面，除含有各种大量元素外，还含有微量元素和多种生理活性物质，包括激素、维生素、氨基酸、酶等，能有效地供给园林植物生长需要的营养。另一方面，有机肥还能增加土壤的腐殖质，其有机胶体又可改良土壤，增加土壤的空隙度，改良黏土的结构，提高土壤保水保肥能力，缓冲土壤的酸碱度，从而改善土壤的水、肥、气、热状况。

施肥改良常与土壤的深翻工作结合进行。一般在土壤深翻时，将有机肥和土壤以分层的方式填入深翻沟。生产上常用的有机肥料有厩肥、堆肥、禽肥、鱼肥、饼肥、人粪尿、土杂肥、绿肥以及城市中的垃圾等，这些有机肥均需经过腐熟发酵才可使用。

2. 土壤酸碱度调节

土壤的酸碱度主要影响土壤养分物质的转化与有效性，土壤微生物的活动和土壤的理化性质。因此与园林植物的生长发育密切相关。通常情况下，当土壤 pH 值过低时，土壤中活性铁、铝增多，磷酸根易与它们结合形成不溶性的沉淀，造成磷素养分的无效化，同时，由于土壤吸附性氢离子多，黏粒矿物易被分解，盐基离子大部分遭受淋失，不利于良好土壤结构的形成。相反，当土壤 pH 值过高时，则发生明显的钙对磷酸的固定，使土粒分散，结构被破坏。

绝大多数园林植物适宜中性至微酸性的土壤。然而，我国许多城市的园林绿地酸性和碱性土面积较大。一般说来，我国南方城市的土壤 pH 值偏低，北方偏高。所以，土壤酸碱度的调节是一项十分重要的土壤管理工作。

土壤酸化。土壤酸化是指对偏碱性的土壤进行必要的处理，使之 pH 值有所降低，符合酸性园林树种生长需要。目前，土壤酸化主要通过施用释酸物质进行调节，如施用有机肥料、生理酸性肥料、硫黄等，通过这些物质在土壤中的转化，产生酸性物质，降低土壤的 pH 值。据试验，每亩施用 30kg 硫黄粉，可使土壤 PH 从 8.0 降到 6.5 左右。硫黄粉的酸化效果较持久，但见效缓慢。对盆栽园林植物也可用 1：50 的硫酸铝钾或 1：180 的硫酸亚铁水溶液浇灌植株来降低 pH 值。

土壤碱化。土壤碱化是指对偏酸的土壤进行必要的处理，使土壤的 pH 值有所提高，符合一些碱性树种生长需要。土壤碱化的常用方法是向土壤中施加石灰、草木灰等碱性物质，其中以石灰应用较普遍。调节土壤酸度的石灰是农业上用的"农业石灰"，并非工业建筑用的烧石灰。农业石灰石实际上就是石灰石粉（碳酸钙粉）。使用时，石灰石粉越细越好，这样可增加土壤内的离子交换强度，以达到调节土壤 pH 值的目的。

（三）疏松剂改良

近年来，有不少国家已开始大量使用疏松剂来改良土壤结构和生物学活性，调节土壤酸碱度，提高土壤肥力，并有专门的疏松剂商品销售。如国外生产上广泛使用的聚丙烯酰胺为人工合成的高分子化合物，使用时，先把干粉溶于80℃以上的热水，制成2%的母液，再将其稀释10倍浇灌至5cm深的土层中，通过离子键、氢键的吸引，使土壤连接形成团粒结构，从而优化土壤水、肥、气、热条件。其效果可在3年以上。

土壤疏松剂可大致分为有机、无机和高分子三种类型，它们的功能分别表现为膨松土壤、提高置换容量、促进微生物活动；增多孔穴，协调保水与通气、透水性；使土壤粒子团粒化等。

目前，我国大量使用的疏松剂以有机类型为主，如泥炭、锯末粉、谷糠、腐叶土、腐殖土、家畜厩肥等，这些材料来源广泛，价格便宜，效果较好，但在运用过程中要注意腐熟，使用时需在土壤中混合均匀。

（四）土壤污染防治

1. 土壤污染的概念及危害

土壤污染是指土壤中积累的有毒或有害物质超过了土壤自净能力，从而对园林植物正常生长发育造成伤害。一方面，土壤污染直接影响园林植物的生长，如通常当土壤中砷、汞等重金属元素含量在$2.2 \sim 2.8mg/kg$时，就有可能使许多园林植物的根系中毒，丧失吸收功能。另一方面，土壤污染还会导致土壤结构被破坏，肥力衰竭，引发地下水、地表水及大气等连锁污染。因此，土壤污染是一个不容忽视的环境问题。

2. 土壤污染的途径

城市园林土壤污染主要来自工业和生活两大方面，根据土壤污染的不同途径，可分为以下几种。

水质污染。由工业污水与生活污水排放、灌溉而引起的土壤污染。污水中含有大量的汞、镉、铜、锌、铬、铅、镍、砷、硒等有毒重金属元素，对园林植物根系造成直接毒害。

固体废弃物污染。包括工业废弃物、城市生活垃圾及污泥等。固体废弃物不仅占用大片土地，并随运输迁移不断扩大污染面，而且含有重金属及有毒化学物质。

大气污染。即工业废气、家庭燃气以及汽车尾气对土壤造成的污染。大气污染中最常见的是二氧化硫或氟化氢，它们分别以硫酸和氢氟酸的形式随降水进入土壤，前者可形成酸雨，导致土壤不同程度的酸化，破坏土壤的理化性质，后者则使土壤中可溶性氟含量增高，对园林植物造成毒害。

其他污染包括石油污染、放射性物质污染、化肥、农药等。

3.防治土壤污染的措施

管理措施。严格控制污染源，禁止工业、生活污染物向城市园林绿地排放，加强污水灌溉区的监测与管理，各类污水必须净化后方可用于园林植物的灌溉。加大园林绿地中各类固体废弃物的清理力度，及时清除、运走有毒垃圾、污泥等。

生产措施。合理施用化肥和农药，执行科学的施肥制度，大力发展复合肥、控释肥等新型肥料，增施有机肥，提高土壤环境容量；在某些重金属污染的土壤中，加入石灰、膨润土、沸石等土壤改良剂，控制重金属元素的迁移与转化，降低土壤污染物的水溶性、扩散性和生物有效性；采用低量或超低量喷洒农药的方法，使用药量少、药效高的农药，严格控制剧毒及有机磷、有机氯农药的使用范围；广泛选用吸毒、抗毒能力强的园林树种。

工程措施。常见的有客土、换土、去表土、翻土等。除此之外，工程措施还有隔离法、清洗法、热处理法以及近年来为国外采用的电化法等。工程措施治理土壤污染效果彻底，是一种治本措施，但投资较大。

第二节　施　肥

一、园林植物施肥的意义和特点

俗话说，地凭肥养，苗凭肥长。施肥是改善园林植物营养状况，提高土壤肥力的积极措施。

园林植物和所有的绿色植物一样，在生长过程中，需要多种营养元素，并不断从周围环境，特别是土壤中摄取各种营养成分。与草本植物相比，园林植物多为根深、体大的木本植物，生长期和寿命长，生长发育需要的养分数量很大。再加之园林植物长期生长于一地，根系不断从土壤中选择性吸收某些元素，常使土壤环境恶化，造成某些营养元素贫乏。此外，城市园林绿地土壤人流践踏严重，土壤密实度大，密封度高，水、气矛盾突出，使得土壤养分的有效性大大降低。同时城市园林绿地中的枯枝落叶常被彻底清除，营养物质被带离绿地，极易造成养分的枯竭。如据重庆市园林科研所调查，重庆园林绿地土壤养分含量普遍偏低，近一半土壤保肥供肥力较弱，碱解氮和速效磷含量水平尤其低，若碱解氮和速效磷分别以 60mg/kg 和 5mg/kg 作为缺素临界值，调查区土壤有 58% 缺氮，45% 缺磷。因此，只有正确的施肥，才能确保园林植物健康生长，增强园林植物的抗逆性，延缓园林植物衰老，达到花繁叶茂，提高土壤肥力的目的。

二、园林植物的营养诊断

园林树木营养诊断是指导树木施肥的理论基础，根据树木营养诊断进行施肥，是实现树木养护管理科学化的一个重要标志。营养诊断是将树木矿质营养原理运用到施肥措施中的一个关键环节，它能使树木施肥达到合理化、指标化和规范化。

园林树木营养诊断的方法很多，包括土壤分析、叶样分析、外观诊断等，其中外观诊断是行之有效的方法，在园林树木生长发育过程中，当缺少某种元素时，植株的形态上就会呈现一定的症状，以此来判断树体缺素种类和程度。此法具有简单易行、快速的优点，在生产上有一定实用价值。

三、施肥的原则

（一）根据园林植物种类合理施肥

园林植物种类不同，习性各异，需肥特性有别。例如泡桐、杨树、重阳木、香樟、桂花、茉莉、月季、茶花等生长速度快，生长量大的种类就比柏木、马尾松、油松、小叶黄杨等慢生耐瘠树种需肥量要大。又如在我国传统花木种植中，"矾肥水"就是养殖牡丹的最好用肥等。

（二）根据生长发育阶段合理施肥

总体上讲，随着园林植物生长旺盛期的到来，园林植物需肥量逐渐增加，生长旺盛期以前或以后需肥量相对较少，在休眠期甚至就不需要施肥。在抽枝展叶的营养生长阶段，园林植物对氮素的需求量大，而生殖生长阶段则以磷、钾及其他微量元素为主。根据园林植物物候期差异，施肥方案上分为萌芽肥、抽枝肥、花前肥、壮花稳果肥以及花后肥等几项内容。就生命周期而言，一般处于幼年期的树种，尤其是幼年的针叶树种生长需要大量的化肥，到成年阶段，对氮素的需要量减少。对古大树供给更多的微量元素有助于增强对不良环境因子的抵抗力。

（三）根据园林植物用途合理施肥

园林植物的观赏特性以及园林用途也会影响其施肥方案。一般来说，观叶、观茎树种需要较多的氮肥，而观花观果树种对磷、钾肥的需求量大。有调查表明，城市里的行道树大多缺少钾、镁、磷、硼、锰、硝态氮等元素，而钙、钠等元素又常过量，这对制定施肥方案有参考价值。也有人认为，对行道树、庭阴树、绿篱树种施肥，应以饼肥、化肥为主，郊区绿化树种可更多地施用人粪尿和土杂肥。

（四）根据土壤条件合理施肥

土壤厚度、土壤水分与有机质含量、酸碱度高低、土壤结构以及三相比例等均对园林植物的施肥有很大影响。例如，土壤水分含量和酸碱度就与肥效直接相关。土壤水分缺乏时施肥有害无利。由于肥分浓度过高，园林植物不仅不能吸收利用还会遭毒害。积水或多雨时又容易使养分被淋洗流失，降低肥料利用率。土壤酸碱度直接影响营养元素的溶解度。有些元素，如铁、硼、锌、铜，在酸性条件下易被溶解，有效性高，当土壤呈中性或碱性时，有效性降低，另一些元素，如钼，则相反，其有效性随碱性提高而增强。

（五）根据气候条件合理施肥

气温和降雨量是影响施肥的主要气候因子。如低温，一方面会减慢土壤养分的转化，另一方面会削弱园林植物对养分的吸收功能。试验表明，在各种元素中，磷是受低温抑制最大的一种元素。雨量的多寡主要通过土壤过干过湿左右营养元素的释放、淋失及固定来确定。干旱常导致发生缺硼、钾及磷，多雨则容易促发缺镁。

（六）根据营养诊断合理施肥

根据营养诊断结果进行施肥是实现园林植物栽培科学化的一个重要标志，它能使园林植物的施肥达到合理化、指标化和规范化，完全做到园林植物缺什么，就施什么，缺多少，就施多少。目前，园林植物施肥的营养诊断方法主要有叶样分析、土样分析、植株叶片颜色诊断以及植株外观综合诊断等。不过，叶样与土样分析均需要一定的仪器设备条件，因此使其在生产上的广泛应用受到了一定限制。植株叶片颜色的诊断和植株外观的综合诊断则需有一定的实践经验。

（七）根据养分性质合理施肥

养分性质不但影响了施肥的时期、方法、施肥量，而且还关系到土壤的理化性状。一些易流失挥发的速效性肥料，如碳酸氢铵、过磷酸钙等，宜在园林植物需肥期稍前施入。而迟效性肥料，如有机肥，因腐烂分解后才能被园林植物吸收利用，故应提前施入。氮肥在土壤中移动性强，即使浅施也能渗透到根系分布层内，供园林植物吸收利用，磷、钾肥移动性差，故宜深施，尤其是磷肥需施在根系分布层内，才有利于根系吸收。对于化肥类肥料，施肥用量应本着宜淡不宜浓的原则，否则，容易烧伤园林植物根系。事实上，任何一种肥料都不是十全十美的，因此，生产上，我们应该将有机与无机，速效性与缓效性，酸性与碱性，大量元素与微量元素等结合施用，提倡复合配方施肥，以扬长避短，优势互补。

四、施肥的时期

肥料的具体施用时间，应视园林植物生长情况和季节而定，生产上一般分为基肥和追肥。

（一）基肥的施用时期

基肥一般在园林植物生长期开始前施用，通常有栽植前基肥、春季基肥和秋季基肥。秋施在秋分前后施入效果最好，此时正值根系又一次的生长高峰，伤根后容易愈合，并可发新根。有机质腐烂分解的时间也长，可及时为次年园林植物生长提供养分。春施基肥，不但有利于提高土壤孔隙度，疏松土壤，改善土壤中水、肥、气、热状况，有利微生物活动，而且还能在相当长的一段时间内源源不断地供给园林植物生长所需的大量元素和微量元素。但如果施入太晚，有机质没有充分分解，肥效发挥较慢，早春不能供给根系吸收，到生长后期肥效才发挥作用，往往会造成新梢的二次生长，对园林植物生长发育尤其是对花芽分化和果实发育不利。

（二）追肥的施用时期

追肥又叫补肥。基肥肥效发挥平稳缓慢，当园林植物需肥急迫时就必须及时补充肥料，以满足园林植物生长发育需要。追肥一般多为速效性无机肥，并根据园林植物一年中各物候期的特点来施用。具体追肥时间，则与树种、品种习性以及气候、树龄、用途等有关。如对观花、观果园林植物而言，花芽分化期和花后追肥尤为重要，而对于大多数园林植物来说，一年中生长旺期的抽梢追肥常常是必不可少的。天气情况也会影响追肥效果，晴天土壤干燥时追肥好于雨天追肥，而且重要风景点还宜在傍晚游人稀少时进行追肥。

与基肥相比，追肥施用的次数较多，但一次性用肥量却较少，对于观花灌木、庭阴树、行道树以及重点观赏树种来说，每年在生长期进行 2～3 次追肥是十分必要的，且土壤追肥与根外追肥均可。至于具体时期则需视情况合理安排，灵活掌握。园林植物有缺肥症时可随时进行追肥。

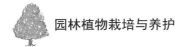

五、肥料种类、性质及用途

根据肥料的性质及使用效果，园林植物用肥大致可分为化学肥料、有机肥料及微生物肥料三大类。

1. 化学肥料

由物理或化学工业方法制成，其养分形态为无机盐或化合物，化学肥料又被称为化肥、矿质肥料、无机肥料。有些农业上有肥料价值的无机物质，如草木灰，虽然不属于商品性化肥，习惯上也列为化学肥料，还有些有机化合物及其缔结产品，如硫氰酸化钙、尿素等，也常被称为化肥。化学肥料种类很多，按植物生长所需要的营养元素种类，可分为氮肥、磷肥、钾肥、钙肥、镁肥、硫肥、微量元素肥料、复合肥料、草木灰、农用盐等。化学肥料大多属于速效性肥料，供肥快，能及时满足园林植物生长需要，因此，化学肥料一般以追肥形式使用，同时，化学肥料还有养分含量高，施用量少的优点。但化学肥料只能供给植物矿质养分，一般无改土作用，养分种类也比较单一，肥效不能持久，而且容易挥发、淋失或发生强烈的固定，降低肥料的利用率。所以，生产上不宜长期单一施用化学肥料，必须贯彻化学肥料与有机肥料配合施用的方针，否则，对园林植物、土壤都是不利的。

2. 有机肥料

有机肥料是指含有丰富有机质，既能提供植物多种无机养分和有机养分，又能培肥改良土壤的一类肥料，其中绝大部分是农家就地取材、自行积制的。由于有机肥料来源极为广泛，所以品种相当繁多，常用的有粪尿肥、堆沤肥、饼肥、泥炭、绿肥、腐殖酸类肥料等。虽然不同种类有机肥的成分、性质及肥效各不相同，但有机肥大多有机质含量高，有显著的改土作用。其含有多种养分，有完全肥料之称，既能促进园林植物生长，又能保水保肥，而且其养分大多为有机态，供肥时间较长。不过，大多数有机肥养分含量有限，尤其是氮含量低，肥效来得慢，施用量也相当大，因而需要较多的劳力和运输力量，此外，有机肥施用时对环境卫生也有一定的不利影响。针对以上特点，有机肥一般以基肥形式施用，同时在施用前必须采取堆积方式使之腐熟，其目的是使其释放养分，提高肥料质量及肥效，避免肥料在土壤中腐熟时产生某些对园林植物不利的因素。

3. 微生物肥料

微生物肥料也称生物肥、菌肥、细菌肥及接种剂等。确切地说，微生物肥料是菌而不是肥，因为它本身并不含有植物需要的营养元素，而是含有大量的微生物，它通过这些微生物的生命活动，来改善植物的营养条件。依据生产菌株的种类和性能，生产上使用的微生物肥料大致有根瘤菌肥料、固氮菌肥料、磷细菌肥料及复合微生物肥料等几大类。根据微生物肥料的特点，使用时需注意，一是使用菌肥要具备一定的条件，才能确保菌种的生命活力和菌肥的功效，如强光照射、高温、接触农药等，都有可能会杀死微生物，又如固氮菌肥，要在土壤通气条件好，水分充足，有机质含量稍高的条件下，才能保证细菌的生长和繁殖；二是微生物肥料一般不宜单施，一定要与化学肥料、有机肥料配合施用，只有这样才能充分发挥其应有作用，而且微生物生长、繁殖也需要一定的营养物质。

六、施肥量

施肥量过多或不足，对园林植物均有不利影响。显然，施肥过多，园林植物不能全部吸收，既造成肥料的浪费，还有可能使园林植物遭受肥害，而肥料用量不足则就达不到施肥的目的。

对施肥量含义的全面理解应包括肥料中各种营养元素的比例、一次性施肥的用量和浓度以及全年施肥的次数等数量指标。施肥量受园林植物生活习性、物候期、植株大小、株龄、土壤与气候条件、肥料的种类、施肥时间与方法、管理技术等诸多因素影响，难以制定统一的施肥量标准。目前，关于施肥量指标有许多不同的观点。应该说，根据植株主干的直径来确定施肥量较为科学可行。在我国一些地方，有以园林植物每厘米胸高直径 0.5kg 的标准作为计算施肥量依据的，如主干直径 3cm 左右的园林植物，可施入 1.5kg 完全肥料。就同一园林植物而言，一般化学肥料、追肥、根外施肥的施肥浓度分别较有机肥料、基肥和土壤施肥低，而且要求更严格。化学肥料的施用浓度一般不宜超过 1% ~ 3%，而在进行叶面施肥时，多为 0.1% ~ 0.3%，对于一些微量元素，浓度应更低。

近年来，国内外已开始应用计算机技术、营养诊断技术等先进手段，在对肥料成分、土壤及植株营养状况等给以综合分析判断的基础上，进行数据处理，很快就可以计算出最佳施肥量，使科学施肥、经济用肥发展到了一个新阶段。

七、施肥方法

依肥料元素被园林植物吸收的部位，园林植物施肥主要有以下两大类方法。

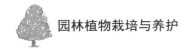

（一）土壤施肥

土壤施肥就是将肥料直接施入土壤中，然后通过园林植物根系进行吸收的施肥，是园林植物主要的施肥方法。

土壤施肥必须根据根系分布特点，将肥料施在吸收根集中分布区附近，才能被根系吸收利用。施肥要在根部的四周，不要靠近树干。根系强大，分布较深远的园林植物，施肥宜深，范围宜大；根系浅的园林植物施肥宜浅，范围宜小。理论上讲，在正常情况下，园林植物的多数根集中分布在地下 20～60cm 深范围内，具吸收功能的根，则分布在 20cm 左右深的土层内。根系的水平分布范围，多数与园林植物的冠幅大小相一致，即主要分布在树冠外围边缘的圆周内，所以，应在树冠外围于地面的水平投影处附近挖掘施肥沟或施肥坑。由于许多园林植物常常都经过了造型修剪，树冠冠幅大大缩小，这就给确定施肥范围带来了困难。有人建议，在这种情况下，可以将离地面 30cm 高处的树干直径值扩大 10 倍，以此数据为半径，树干为圆心，在地面做出圆周边，即为吸收根的分布区，也就是说该圆周附近处即为施肥范围。

事实上，具体的施肥深度和范围还与园林植物种类、植株大小、土壤和肥料种类等有关。深根性树种、沙地、坡地、基肥以及移动性差的肥料等，施肥时，宜深不宜浅，相反，可适当浅施。随着树龄增加，施肥时要逐年加深，并扩大施肥范围，以满足园林植物根系不断扩大的需要。应在天气晴朗、土壤干燥时施肥。阴雨天由于树根吸收水分慢，不但养分不易被吸收，而且肥分还会被雨水冲失，造成浪费。施肥后（尤其是追肥）必须及时适量灌水，使肥料渗透，否则土壤溶液浓度过大对树根不利。

现将生产上常见的土壤施肥方法介绍如下：

全面施肥。分撒施与水施两种。前者是将肥料均匀地撒布于园林植物生长的地面，然后再翻入土中。这种施肥的优点是方法简单，操作方便，肥效均匀，但因施入较浅，养分流失严重，用肥量大，会诱导根系上浮，降低根系抗性。此法若与其他方法交替使用，则可取长补短，发挥肥料的更大功效。后者主要是与喷灌、滴灌结合进行施肥。水施供肥及时，肥效分布均匀，既不伤根系，又保护耕作层土壤结构，节省劳力，肥料利用率高，是一种很有发展潜力的施肥方式。

沟状施肥。沟状施肥包括放射沟状施肥、环状沟施和条状沟施，其中以环状沟施较为普遍。环状沟施是在树冠外围稍远处挖环状沟施肥，一般施肥沟宽 30～40cm，深 30～60cm，它具有操作简便，用肥经济的优点，但易伤水平根，多适用于园林孤植树；放射状沟施较环状沟施伤根要少，但施肥部位有一定的局限性；条状沟施是在园林植物行间或株间开沟施肥，多适合苗圃里的园林植物或呈行列式布置的园林植物。

（二）根外施肥

1. 叶面施肥

叶面施肥实际上就是水施。它是用机械的方法，将按一定浓度要求配制好的肥料溶液，直接喷雾到园林植物的叶面上，再通过叶面气孔和角质层吸收后，转移运输到树体各个器官。叶面施肥具有用肥量小，吸收见效快，避免了营养元素在土壤中被化学或生物固定等优点，因此，在早春园林植物根系恢复吸收功能前、缺水季节或缺水地区以及不便土壤施肥的地方，均可采用叶面施肥。同时，该方法还特别适合于微量元素的施用以及对树体高大，根系吸收能力衰竭的古树、大树的施肥。

叶面施肥的效果与叶龄、叶面结构、肥料性质、气温、湿度、风速等密切相关。幼叶生理机能旺盛，气孔所占比重较大，较老叶吸收速度快，效率高。叶背较叶面气孔多，且表皮层下具有较疏松的海绵组织，细胞间隙大而多，利于渗透和吸收，因此，应对树叶正反两面进行喷雾。肥料种类不同，进入叶内的速度有差异。

2. 枝干施肥

枝干施肥就是通过园林植物枝、茎的韧皮部来吸收肥料营养，它吸肥的机理和效果与叶面施肥基本相似。枝干施肥又大致有枝干涂抹和枝干注射两种方法，前者是先将园林植物枝干刻伤，然后在刻伤处加上固体药棉进行施肥；后者是用专门的仪器注射枝干进行施肥。目前国内已有了专用的树干注射器。枝干施肥主要可用于衰老古大树、珍稀树种、树桩盆景以及观花园林植物和大树移栽时的营养供给。例如，有人分别用浓度 2% 的柠檬酸铁溶液注射和浓度为 1% 的硫酸亚铁加尿素药棉涂抹栀子花枝干，在短期内就扭转了栀子花的缺绿症，效果十分明显。

施肥方法还有滴灌施肥、冲施肥料等方法，国外还生产出可埋入树干的长效固体肥料，通过树液湿润药物，缓慢的释放有效成分，有效期可保持 3 ～ 5 年，主要用于行道树缺锌、缺铁、缺锰的营养缺素症的治疗。

有机肥料要充分发酵、腐熟，切忌施用生粪，且浓度宜稀，化肥必须完全粉碎成粉状，不宜成块施用。基肥因发挥肥效较慢，应深施，追肥肥效较快，则宜浅施，以供园林植物及时吸收。城镇园林绿化地施肥，在选择肥料种类

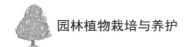

和施肥方法时，应考虑到不要影响市容卫生。散发臭味的肥料不宜施用。

第三节　灌水与排水

一、园林植物对水分的需求

正确全面认识园林植物的需水特性，是制定科学的水分管理方案，合理安排灌排工作，适时适量满足园林植物水分需求，确保园林植物健康生长，充分有效利用水资源的重要依据。园林植物需水特性主要与以下因素有关。

（一）园林植物种类与水分的需求

园林植物的种类、品种不同，自身的形态构造、生长特点、生物学与生态学习性不同，因此在水分需求上有较大差异。一般说来，生长速度快，生长期长，花、果、叶量大的种类需水量较大，相反则需水量较小。因此，通常乔木比灌木，常绿树种比落叶树种，阳性树种比阴性树种，浅根性树种比深根性树种，中生、湿生树种比旱生树种需要的水分多。但值得注意的是，需水量大的种类不一定需常湿，需水量小的也不一定要常干，而且园林植物的耐旱力与耐湿力并不完全呈负相关。

（二）生长发育阶段与水分的需求

就生命周期而言，种子萌发时，必须吸足水分，以便种皮膨胀软化，以满足植株需水量较大的要求，特别是在幼苗状态时，因根系弱小，于土层中分布较浅，抗旱力差，虽然植株个体较小，总需水量不大，但也必须经常保持表土适度湿润。以后随着植株体量的增大，根系的发达，总需水量应有所增加，个体对水分的适应能力也有所增强。在年生长周期中，总体上是生长季的需水量大于休眠期的需水量。秋冬季气温降低，大多数园林植物处于休眠或半休眠状态，即使常绿树种的生长也极为缓慢，这时的需水量较少，应少浇或不浇水。春季，随着气温上升，园林植物开始大量的抽枝展叶，需水量也逐渐增大，应适时灌水。

在生长过程中，许多园林植物都有一个对水分需求特别敏感的时期，即需水临界期，此时如果缺水，将严重影响园林植物枝梢生长和花的发育，以后即使有更多的水分供给也难以补偿。需水临界期因各地气候及园林植物种类而不同，但就目前研究的结果来看，呼吸、蒸腾作用最旺盛时期以及观果类树种果实迅速生长期都要求有充足的水分。由于相对干旱有助于园林植物枝条停止加长生长，使营养物质向花芽转移，因而在栽培上常采用减水、断水等措施来促进花芽分化。如梅花、桃花、榆叶梅、紫薇、紫荆等，在其营养生长期即将结束时适当扣水，少浇或停浇几次水，能提早并促进花芽的形成和发育，从而达到开花繁茂的观赏效果。

（三）园林植物栽植年限与水分的需求

显然，园林植物栽植年限越短，需水量越大。刚刚栽植的园林植物，由于根系损伤大，吸收功能弱，根系在短期内难与土壤密切接触，常常需要连续多次反复灌水，方能保证其成活，如果是常绿树种，还有必要对枝叶进行喷雾。园林植物定植经过一定年限后，进入正常生长阶段，地上部分与地下部分间建立起了新的平衡，需水的迫切性会逐渐下降，灌水次数可适当减少。

（四）园林植物用途与水分的需求

生产上，因受水源、灌溉设施、人力、财力等因素限制，常常难以对全部园林植物进行同等的灌溉，而只能根据园林植物的用途来确定灌溉的重点。一般需水的优先对象是观花灌木、珍贵树种、孤植树、古老大树等观赏价值高的园林植物以及新栽园林植物。

（五）园林植物立地条件与水分的需求

生长在不同地区的园林植物，受当地气候、地形、土壤等影响，其需水状况有差异。在气温高，日照强，空气干燥，风大的地区，叶面蒸腾和株间蒸发均会加强，园林植物的需水量就大，反之，则小些。由于上述因素直接影响水面蒸发量的大小，因此在许多灌溉试验中，大多以水面蒸发量作为反映各气候因素的综合指标，而以园林植物需水量和同期水面蒸发量比值反映需水量与气候间的关系。土壤的质地、结构与灌水密切相关。如沙土，保水性较差，应小水勤浇，较黏重土壤保水力强，灌溉次数和灌水量均应适当减少。若种植地面经过了铺装，或被游人践踏严重，透气差的园林植物，还应给予经常性的地上喷雾，以补充土壤水分的不足。

（六）管理技术措施与水分的需求

管理技术措施对园林植物的需水情况有较多影响。一般说来，经过了合理的深翻、中耕、客土，施用丰富有机肥料的土壤，其结构性能好，可以减少土壤水分的消耗，土壤水分的有效性高，能及时满足园林植物对水分的需求，因而灌水量较小。

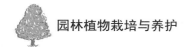

二、灌水

（一）灌溉水的质量

灌溉水的质量好坏直接影响园林植物的生长。用于园林植物灌溉的水源有雨水、河水、地表径流水、自来水、井水及泉水等，由于这些水中的可溶性物质、悬浮物质以及水温等的差异，因此会对园林植物生长及水的使用有不同影响。如雨水含有较多的二氧化碳、氨和硝酸，自来水中含有氯，这些物质不利于园林植物生长，且费用高；地表径流水则含有较多的园林植物可利用的有机质及矿质元素；而河水中常含有泥沙和藻类植物，若用于喷、滴灌水时，容易堵塞喷头和滴头；井水和泉水温度较低，会伤害园林植物的根系，需贮于蓄水池中，经过短时间增温充气后方可利用。总之，园林植物灌溉用水以软水为宜，不能含有过多的对园林植物生长有害的有机、无机盐类和有毒元素及其化合物，一般有毒可溶性盐类含量不超过 1.8g/L，水温与气温或地温接近。

（二）灌水时期

正确的灌水时期对灌溉效果以及水资源的合理利用都有很大影响。理论上讲，科学的灌水是适时灌溉，也就是说在园林植物最需要水的时候及时灌溉。根据园林生产管理实际，可将园林植物灌水时期分为以下两种类型。

1. 干旱性灌溉

干旱性灌溉是指在发生土壤、大气严重干旱，土壤水分难以满足园林植物需要时进行的灌水。在我国，这种灌溉大多发生在久旱无雨，高温的夏季和早春等缺水时节，此时若不及时供水就有可能导致园林植物的死亡。

根据土壤含水量和园林植物的萎蔫系数确定具体的灌水时间是较可靠的方法。一般认为，当土壤含水量为最大持水量的 60%～80% 时，土壤中的空气与水分状况符合大多数园林植物生长需要。当土壤含水量低于最大持水量的 50% 以下时，就应根据具体情况，决定是否需要灌水。

随着科学技术和工业生产的发展，可以用仪器测定土壤中的水分状况来指导灌水时间和灌水量，还可以通过测定园林植物地上部分的生长状况，如叶片的色泽和萎蔫程度、气孔开张度等生物学指标或叶片的细胞液浓度、水势等生理指标来确定灌水时期。生产上，许多园林工作者常凭经验确定是否需要灌水，如根据园林植物外部形态，早晨看树叶是上翘还是下垂，中午看树叶是否萎蔫及其程度轻重，傍晚看萎蔫后恢复的快慢等，以此作为是否需要灌水的参考。又如将沙壤土和壤土手握成团，挤压时土团不易碎裂，说明土壤水分约为最大持水量的 50% 以上，一般可不必灌溉，若手松开，轻轻挤压容易碎裂，则说明水分含量少，需要进行灌溉。

2. 管理性灌溉

目前在生产上，除定植时要浇充足的定根水外，大体上还是按照物候期进行浇水，基本上分休眠期灌水和生长期灌水。

（1）休眠期灌水是在秋冬和早春进行的

我国华北、西北、东北等地降水量较少，冬春严寒干旱，休眠期灌水非常重要。秋末冬初（在 11 月上中旬）的灌水一般称为灌冻水或封冻水，有利于木本园林植物安全越冬，防止早春干旱，故北方地区的这次灌水不可缺少，特别是对于越冬困难的园林植物以及幼龄植株等，灌冻水更为重要。

我国北方早春干旱多风，早春灌水也很重要，不但有利于园林植物顺利通过被迫休眠期，促进新梢和叶片的生长，而且还有利于开花和坐果，同时促进园林植物健壮生长，是实现花繁果茂的关键措施之一。

（2）生长期灌水一般分花前灌水、花后灌水和花芽分化期灌水

花前灌水。在北方经常出现风多雨少的干旱现象。及时灌水补充土壤水分的不足是促进树木萌芽、开花、新梢生长和提高坐果率的有效措施，同时还可以防止春寒、晚霜的危害。盐碱地早春灌水后进行中耕，还可起到压碱的作用。花前水的具体时间，要因地、因植物种类而异。

花后灌水。多数园林植物花谢后半个月左右是新梢的迅速生长期，如果水分不足，会抑制新梢生长，对于结果树种则会引起大量落果。尤其是北方各地，春天多风，地表蒸发量大，适当灌水可保持土壤湿度。前期灌水可促进新梢和叶片生长，提高坐果率和增大果实，同时对后期的花芽分化有良好的作用。没有灌水条件的应采取保墒措施，如覆草、盖沙等。

花芽分化期灌水。这次灌水对观花、观果植物非常重要。因为园林植物一般是在新梢缓慢或停止生长时开始花芽的形态分化，此时正是果实的速生期，需要较多的水分和养分，若水分不足会影响果实生长和花芽分化。因此，在新梢停止生长前及时而适量的灌水，可促进新梢的生长而抑制秋梢的生长，有利于花芽分化和果实发育。

（三）灌溉量

灌水量受气候、园林植物种类、土质、树木生长状况等多方面因素的影响。最适宜的灌水量，应在 2-4 次灌水中，使树木根系分布范围的土壤湿度达到最有利于园林植物生长发育的程度。灌水要一次灌透，不可只浸润表层或上层根系分布的土壤。一般对于深厚的土壤需要一次浸湿 1m 以上，浅薄

土壤经过改良也应浸湿 0.8 ～ 1.0m。灌水量一般以达到土壤最大持水量的 60% ～ 80% 为标准。

（四）灌水方法

灌水方法正确与否，不但关系到灌水效果的好坏，而且还会影响土壤的结构。正确的灌水方法，要有利水分在土壤中均匀分布，充分发挥水效，节约用水量，降低灌水成本，减少土壤冲刷，保持土壤的良好结构。随着科学技术的发展，灌水方法也在不断改进，正朝机械化、自动化方向发展，使灌水效率和灌水效果均大幅度提高。我们根据供水方式的不同，将园林植物的灌水方法分为以下三种。

1. 地上灌水

机械喷灌。这是一种比较先进的灌水技术，目前已广泛用于园林苗圃、园林草坪、果园等的灌溉。机械喷灌的优点是，由于灌溉水首先是以雾化状洒落在树体上，然后再通过园林植物枝叶逐渐下渗至地表，避免了对土壤的直接打击、冲刷，因此，基本上不产生深层渗漏和地表径流，既节约用水量，又减少了对土壤结构的破坏，可保持原有土壤的疏松状态。而且，机械喷灌还能迅速提高园林植物周围的空气湿度，控制局部环境温度的急剧变化，为园林植物生长创造良好条件。此外，机械喷灌对土地的平整度要求不高，可以节约劳力，提高工作效率。机械喷灌的缺点是，有可能加大某些园林植物感染真菌病害的机率。灌水的均匀性受风影响很大，风力过大，会增加水量损失。同时，喷灌的设备价格和管理维护费用较高，使其应用范围受到一定限制。但总体上讲，机械喷灌还是一种发展潜力巨大的灌溉技术，值得大力推广应用。机械喷灌系统一般由水源、动力、水泵、输水管道及喷头等部分组成。

汽车喷灌。汽车喷灌实际上是一座小型的移动式机械喷灌系统，目前，它多由城市洒水车改建而成，在汽车上安装储水箱、水泵、水管及喷头组成一个完整的喷灌系统，灌溉的效果与机械喷灌相似。由于汽车喷灌具有移动灵活的优点，因而常用于城市街道行道树的灌水。

人工浇灌。虽然人工浇灌费工多，效率低，但在交通不便，水源较远，设施条件较差的情况下，仍不失为一种有效的灌水方法。人工浇灌大致有人工挑水浇灌与人工水管浇灌两种，并大多采用树盘灌水形式。灌溉时，以树干为圆心，在树冠边缘投影处，用土壤围成圆形树堰，灌水在树堰中，使水缓慢渗入地下。人工浇灌属于局部灌溉，灌水前最好应疏松树堰内的土壤，使水容易渗透，灌溉后耙松表土，以减少水分蒸发。

2. 地面灌水

地面灌水可分为漫灌与滴灌两种形式。前者是一种大面积的表面灌水方式，因用水极不经济，生产上很少采用。后者是近年来发展起来的机械化与自动化的先进灌溉技术，它是将灌溉用水以水滴或细小水流的形式缓慢的施于植物根域的灌水方法。滴灌的效果与机械喷灌相似，但比机械喷灌更节约用水。不过滴灌对小气候的调节作用较差，而且耗管材多，对用水要求严格，管道和滴头容易堵塞。目前国内外已发展到自动化滴灌装置，其自动控制方法可分时间控制法、电力抵抗法和土壤水分张力计自动控制法等，被广泛用于蔬菜、花卉的设施栽培生产中。滴灌系统的主要组成部分包括水泵、化肥罐、过滤器、输水管、灌水管和滴水管等。

3. 地下灌水

地下灌水是借助于地下管道系统，使灌溉水在土壤毛细管的作用下，向周围扩散浸润植物根区土壤的灌溉方法。地下灌水具有地表蒸发小，节省灌溉用水，不破坏土壤结构等优点，地下管道系统在雨季还可用于排水。

地下灌水分为沟灌与渗灌两种。沟灌是用高畦低沟的方式，引水沿沟底流动来浸润周围土壤。灌溉沟有明沟与暗沟，土沟与石沟之分。对于石沟，沟壁应设有小型渗漏孔。渗灌是目前应用较普遍的一种地下灌水方式，其主要组成部分是地下管道系统。地下管道系统包括输水管道和渗水管道两大部分。输水管道两端分别与水源和渗水管道连接，将灌溉水输送至灌溉地的渗水管道，将其做成暗渠和明渠均可，但应有一定比降。渗水管道的作用在于通过管道上的小孔，使管道中的水渗入土壤中，管道的种类众多，制作材料也多种多样，例如有专门烧制的多孔瓦管、多孔水泥管、竹管以及波纹塑料管等。在生产上应用较多的是多孔瓦管。

三、排水

（一）排水的必要性

土壤中的水分与空气互为消长。排水的作用是减少土壤中多余的水分，增加土壤中的空气含量，促进土壤空气与大气的交流，提高土壤温度，激发好气性微生物活动，加快有机质分解，改善园林植物的营养状况，使土壤的理化性状全面改善。

在有下列情况之一时，就需要进行排水。

①园林植物生长在低洼地，当降雨强度大时，汇集大量地表径流，且不能及时宣泄，而形成了季节性涝湿地。

②土壤结构不良，渗水性差，特别是土壤下面有坚实的不透水层，阻止水分下渗，形成过高的假地下水位。

③园林绿地临近江河湖海，地下水位高或雨季易遭淹没，形成周期性的土壤过湿。

④平原与山地城市，在洪水季节有可能因排水不畅，形成大量积水，或造成山洪暴发。

⑤在一些盐碱地区，土壤下层含盐量高，不及时排水洗盐，盐分会随水的上升而到达表层，造成土壤次生盐渍化，对园林植物生长很不利。

（二）排水方法

应该说，园林绿地的排水是一项专业性基础工程，在园林规划及土建施工时就应统筹安排，建好畅通的排水系统。园林植物的排水通常有以下四种方法：

①明沟排水。明沟排水是在地面上挖掘明沟，排除径流。一般由小排水沟、支排水沟以及主排水沟等组成一个完整的排水系统，在地势最低处设置总排水沟。这种排水系统的布局多与道路走向一致，各级排水沟的走向最好相互垂直，但在两沟相交处应成锐角（45°～60°）相交，且各级排水沟的纵向比降应大小有别，以利于水流通畅，防止相交处沟道淤塞。

②暗沟排水。暗沟排水是在地下埋设管道，形成地下排水系统，将地下水降到要求的深度。暗沟排水系统与明沟排水系统基本相同，也有干管、支管和排水管之别。暗沟排水的管道多由塑料管、混凝土管或瓦管作成。建设时，各级管道需按水力学要求的指标组合施工，以确保水流畅通，防止淤塞。

③滤水层排水。滤水层排水实际就是一种地下排水方法。它是在低洼积水地以及透水性极差的地方栽种园林植物，或对一些极不耐水湿的树种，在当初栽植园林植物时，就在园林植物生长的土壤下面填埋一定深度的煤渣、碎石等材料，形成滤水层，并在周围设置排水孔，当遇有积水时，就能及时排除。这种排水方法只能小范围使用，起到局部排水的作用。

④地面排水。这是目前使用较广泛、经济的一种排水方法。它是通过道路、广场等地面汇聚雨水，然后集中到排水沟，从而避免绿地园林植物遭受水淹。不过，地面排水方法需要设计者经过精心设计安排，才能达到预期效果。

第四节　自然灾害及预防

一、低温危害

不论是生长期还是休眠期，低温都可能对树木造成伤害。低温既可伤害树木的地上或地下组织与器官，又可改变树木与土壤的正常关系，进而影响树木的生长与生存。

（一）低温危害的类型

1. 冻害

冻害是树木在休眠期因受0℃以下低温，而使细胞、组织、器官受到伤害，甚至死亡的现象。也可以说，冻害是树木在休眠期因受0℃以下的低温，使树木组织内部结冰所引起的伤害。树木冻害依不同部位有下列一些具体表现。

花芽。花芽是抗寒力较弱的器官，花芽冻害多发生在春季回暖时期。腋花芽较顶花芽的抗寒力强。花芽受冻后，内部变褐色，初期从表面上只看到芽鳞松散，不易鉴别，到后期则芽不萌发，干缩枯死。

枝条。枝条的冻害与其成熟度有关。成熟的枝条，在休眠期以形成层最抗寒，皮层次之，而木质部、髓部最不抗寒。所以随受冻程度的加重，髓部、木质部先后变色，严重冻害时韧皮部才受伤，如果形成层变色，则枝条失去了恢复能力。但在生长期以形成层抗寒力最差。

幼树。过多徒长，枝条生长不充实，易受冻害。特别是成熟不良的先端对严寒较敏感，经常先发生冻害，轻者髓部变色，较重时枝条脱水干缩，严重时枝条可能冻死。多年生枝条发生冻害，常表现为树皮局部冻伤，受冻部分最初稍变色下陷，不易发现，如果用刀挑开，可发现皮部已变褐，逐渐干枯死亡，皮部裂开或脱落。但是如果形成层未受冻，则可逐渐恢复。

枝杈和基角。枝杈或主枝基角部分进入休眠较晚，位置比较隐蔽，输导组织发育不好，通过抗寒锻炼较迟。因此遇到低温或昼夜温差变化较大时，易引起冻害。枝杈冻害有各种表现，有的受冻后皮层和形成层变褐色，而后干枯凹陷。有的树皮成块状冻坏，有的顺主干垂直冻裂形成劈枝。主枝与树干的基角愈小，枝杈基角冻害也愈严重。这些表现依冻害的程度和树种、品种而有所不同。

树干。树干皮因受冻而开裂的现象一般称为"冻裂"现象。冻裂一般是由气温突然降至0℃以下，树干木材内外收缩不均引起的。冻裂多发生在树干向阳的一面，因为这一方向昼夜温差大。通常落叶树种较常绿树种易发生冻裂，一般孤立木和稀疏的林木比密植的林木冻裂严重，幼壮龄树比老年树冻裂严重。冻裂常造成树干纵裂，会给病虫的入侵制造机会，影响树木的健康生长。

根颈。在一年中根颈停止生长最迟，进入休眠期最晚，而开始活动和解除休眠又较早，因此在温度骤然下降的情况下，根颈未能很好地通过抗寒锻炼，同时近地表处温度变化剧烈，容易引起根颈的冻害。根颈受冻后，树皮先变色随后干枯，可发生在局部也可能成环状，根颈冻害对植株危害很大。

根系。根系无休眠期，所以根系较其地上部分耐寒力差。但根系在越冬时活动力明显减弱，故耐寒力较生长期略强。新栽的树或幼树因根系小又浅，易受冻害，而大树则相当抗寒。冻拔会影响树木扎根，导致树木倒伏死亡。冻拔指温度降至 0℃以下，土壤结冰与根系连为一体，由于水在结冰时体积会变大，因此会使根系和土壤同时被抬高。化冻后，土壤与根系分离，土壤在重力作用下下沉，而根系则外露，看似被拔出，故称冻拔。树木越小，根系越浅，受害越严重。

2. 干梢

干梢是指幼龄树木因越冬性不强，受低温、干旱的影响而发生枝条脱水、皱缩、干枯的现象。有些地方称为抽条、灼条、烧条等。受害枝条在冬季低温下即开始失水、皱缩。轻者可随着气温的升高而恢复生长，但会推迟发芽，而且虽然能发枝但易造成树形紊乱，不能更好地扩大树冠。重者可导致整个枝条干枯死亡。发生抽条的树木会影响树木的观赏和防护功能。干梢的发生一般不在严寒的 1 月份，而多发生在气温回升、干燥多风、地温低的 2 月中下旬至 3 月中下旬左右。干梢的发生原因，有下列三点。

干梢的发生与树种有关：南方树种或是一些耐寒性差的树种移植到北方，由于不适应北方冬季寒冷干旱的气候，往往会发生干梢现象。

干梢的发生与枝条的成熟度有关：枝条组织生长得充实，则抗性强，枝条组织生长得不充实，则易发生干梢。幼树枝条往往会徒长，组织不充实，成熟度低，当低温出现时，枝条受冻后表现出自上至下脱水、干缩的现象。

干梢的发生是水分供应失调所致：初春气温升高，空气干燥度增大，枝条解除休眠早，水分蒸腾量猛增。而地温回升慢，温度低，土温过低导致根系吸水困难，消耗的水分量大于吸收的水分量。会造成树体内水分供应失调，发生较长时间的生理干旱而使枝条逐渐失水，表皮皱缩，严重时甚至干枯死亡。

3.霜冻

由于气温急剧下降至0℃或0℃以下，空气中的饱和水汽与树体表面接触，凝结成霜，使幼嫩组织或器官受害的现象，叫霜冻。

霜冻危害的表现：树木在休眠期抵抗低温的能力最强，而在解除休眠后短时间内的低温都可能造成伤害。在早秋及晚春寒潮入侵时，常会使气温骤然下降，形成霜冻。春季初展的芽很嫩，容易遭受霜冻，芽越膨大，受霜冻危害就越严重。气温突然下降至0℃以下，阔叶树的嫩叶片会萎蔫、变黑和死亡，针叶树的叶片会变红和脱落，这些是叶片受到霜冻危害的表现。当幼嫩的新叶被冻死以后，母枝的潜伏芽或不定芽会发出许多新叶，但若重复受冻，最终会因为贮藏的碳水化合物被耗尽而引起整株树木的死亡。植物花期受冻，较轻的霜冻可将雌蕊和花托冻死，但花朵可照常开放，稍重的霜冻可将雄蕊冻死，严重的霜冻会使花瓣受冻变枯脱落。幼果受霜冻较轻时幼胚变色，以后逐渐脱落，受霜冻较重时，则全果变色很快脱落。

早霜危害和晚霜危害：霜冻危害一般发生在生长期内。霜冻可分为早霜和晚霜，秋末的霜冻称为早霜，春季的霜冻称为晚霜。

早霜危害。早霜危害的发生通常是因为当年夏季天气较为凉爽，而秋季天气又比较温暖，树木生长期推迟，树木的小枝和芽不能及时成熟。当霜冻来临时，导致一些木质化程度不高的组织或器官受伤。在正常年份，秋天异常寒潮的袭击也可导致严重的早霜危害，甚至使无数乔灌木死亡。南方树种引种到北方，以及秋季对树木施氮肥过多，尚未进入休眠的树木均易遭早霜危害。

晚霜危害。晚霜危害是指在春季树木萌动以后，气温突然下降，而对树木造成的伤害。气温突然下降至0℃或更低，使刚长出的幼嫩部分受损。在北方，晚霜较早霜具有更大的危害性。因为从萌芽至开花期，抗寒力越来越弱，甚至极短暂的零度以下温度也会给幼嫩组织带来致死的伤害。所以霜冻来临越晚，则受害越重。北方树木引种到南方，由于气候冷暖多变，春霜尚未结束，树木开始萌动，易遭晚霜危害。

树木在休眠期抵抗霜冻的能力最强，生殖生长阶段最弱，营养生长阶段居中。花比叶易受冻害，叶比茎对低温敏感。一般实生起源的树木比分生繁殖的树木抗霜冻的能力强。

（二）低温危害的预防措施

1.预防冻害的措施

（1）选择抗寒性强的树种。选择耐寒树种是避免冻害的最有效措施。

在栽植前必须了解树种的抗寒性，要尽可能栽植在当地抗寒性较强的树种。在树种选择上，乡土树种由于长期适应当地气候，具有较强的抗寒性，是园林栽植的主要树种。外来引进的树种，要经过引种试验，证明其具有较强抗寒性后再推广。一些抗寒力一般的树种可以利用与抗寒力强的砧木进行高接，减轻树木的冻害。选择树种时，就同一个树种也应尽量选择抗寒性强的种源和品种。

（2）加强树体保护。为了降低冻害的危害，可以采取一些措施对树体进行保护。

①搭风障。用草帘、帆布或塑料布等遮盖树木，防寒效果好，对于珍贵的园林树种可用此法。但此法成本较高，且影响观赏效果。

②培土增温法。低矮的植物可以全株培土，较高大的可在根颈处培土或者西北面培半月形土埂。防寒土堆内不但温度较高，而且温差变化较小，土壤湿润，因此能保护树木安全越冬。对于一些容易受冻的树种可采用此法。

③灌水法。就是指每年灌"冻水"和浇"春水"来进行防寒。冻前灌水、特别是对常绿树周围的土壤灌水，保证冬季有足够的水分供应，对防止冻害非常有效。在北方地区大雪后可以将积雪堆在树坑里，这样可以阻止土壤上层冻结，而且春季融雪后，土壤能充分吸水，增加土壤的含水量。

④其他树体保护措施。对于新栽植树和不太耐寒的树，可用草绳卷干或用稻草包裹枝干来防寒。为了防止土壤深层冻结并有利于根系吸水，可以采用腐叶土或泥炭藓、锯末等保温材料覆盖根区或树盘。

以上这些措施应该在冬季低温到来之前就做好准备，以免时间上来不及而造成冻害。

（3）加强养护管理，提高树体抗寒性。经验证明，春季加强肥水管理，合理运用排灌和施肥技术，可以促进新梢生长和叶片增大，提高光合效率，增加营养物质的积累，保证树体健壮。后期控制肥水，适量施用磷钾肥，勤锄深耕，可促使枝条成熟，有利于组织充实，从而能更好地进行抗寒锻炼。经验证明，正确的松土和施肥，不但可以增加根系量，而且还会促进根系深扎，有助于减少根部冻害。此外，夏季可以适期摘心，促进枝条成熟，冬季适量修剪，减少蒸腾面积，或采用人工落叶等措施，这些均对预防冻害有良好的效果。

（4）注意地形和栽培位置的选择。不同的地形造就了不同的小气候，可使气温相差 3～5℃。一般而言，背风处温度相对较高，冻害危害较轻。风口处温度较低，树木受害较重。地势低的地方为寒流汇集地，受害程度重，反之受害轻。在栽植树木时，应根据城市地形特点和各树种的耐寒程度，有针对性地选择栽植位置。

2. 预防干梢的措施

（1）使枝条成熟充实。主要是通过合理的肥水管理，促进枝条前期生长，防止后期徒长，促使枝条成熟，增强其抗性，这就是人们常说的"促前控后"的措施。

（2）加强秋冬养护管理。为了预防发生抽条，在秋冬季节会采取一些具体的预防措施。如秋季定植的不耐寒树种可采用埋土防寒的方法，即把苗木地上部分向北卧倒，然后培土防寒，这样既可以保湿减少蒸发，又可以防止冻伤。但植株较大者则不易卧倒，可以在树干西北面培一个半月形土埂（高60cm），使南面充分接受阳光，提高地温。在树干的周围撒布马粪，也可增加土温，防止干梢。另外，在秋季对幼树枝干缠纸、缠塑料薄膜或喷胶膜、涂白等，对防止或减轻抽条的发生具有一定的作用。

3. 预防霜冻的措施

（1）推迟萌动期，避免晚霜危害。人们利用生长调节剂或其他方法使树木萌动推迟，延长树木休眠期，可以躲避早春寒潮袭击所引起的霜冻。在萌芽前或秋末将乙烯利、青鲜素、萘乙酸钾盐等溶液喷洒在树上，可以抑制萌动。在早春灌返浆水，可以降低地温，推迟萌动。树体在萌芽后至开花前灌水 2～3次，一般可延迟开花 2～3 天。树干涂白可使树木减少对太阳热能的吸收，使温度升高较慢，发芽可延迟 2～3 天。涂白剂各地配方不一，常用的配方是：水 10 份、生石灰 3 份、石硫合剂原液 0.5 份、食盐 0.5 份、油脂少许。

（2）改善树木生长的小气候条件。人工改善林地小气候，减少树体的温度变化，提高大气湿度，促进上下层空气对流，避免冷空气聚集，可以降低霜冻的危害。

①喷水法。根据当地天气预报，在将要发生霜冻的凌晨，利用人工降雨和喷雾设备，向树冠喷水。因为水的温度比气温高，水洒在树冠的地表上可减少表面的辐射散热，水遇冷结冰还会释放热能，喷水能有效阻止温度的大幅度降低，减轻霜冻危害。

②熏烟法。熏烟法是在林地人工放烟，通过烟幕减少地面辐射散热的方法。同时烟粒可以吸收湿气，使水汽凝结成水滴，放出热量，从而提高温度，保护林木免受霜冻危害。熏烟一般在晴朗的下半夜进行，根据当地的天气预报，事先每隔一定距离设置发烟堆（秸秆、谷壳、锯末、树叶等），在 3～6时点火放烟。该法的优点是简便、易行、有效。缺点是在风大或极限低温低于 -3℃时，效果不明显。同时放烟本身会污染环境，在中心城区不宜用此法。

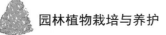

③加热法。是现代防霜先进而有效的方法。在林中每隔一定距离放置一个加热器，在霜冻将要来临时通电加温，使下层空气变暖而上升，上层原来温度比较高的空气下降，在园地周围形成一个暖气层。以园中放置加热器数量多，而每个加热器放出热量小为好。这样既可起到防霜作用，又不会产生太多的浪费。加热法适用于大面积的园林，面积太小时，微风即可将暖气吹走。

④遮盖法。在南方对于珍贵树种的幼苗，为了防霜冻多采用遮盖法。用蒿草、芦苇、布等覆盖树冠，既可保温，起到阻挡外来寒流袭击的作用，又可保留散发的湿气，增加湿度。缺点是需要的人力和物力较多，所以只有对于珍贵的幼树才采用此法。

⑤吹风法。利用大型吹风机增加空气流动，将冷空气吹散，可以起到防霜效果。在林地中隔一定距离放一个旋风机，在霜冻前开动，可起到一定的效果。

二、高温危害

树木在异常高温的影响下，生长下降甚至会受到伤害。以仲夏和初秋最为常见，它实际上是由于树木在太阳强烈照射下所发生的一种热害。

（一）高温危害的表现

叶焦。是指叶片烧焦变褐的现象。由于叶片在强烈光照下受到高温影响，叶脉之间或叶缘变成浅褐或深褐色的星散分布的区域，其边缘很不规则。当多数叶片表现出相似的症状，叶片褪色时，整个树冠表现出一种灼伤的干枯景象。

干皮烧。是指由于树木受强烈的太阳辐射，局部温度过高发生的皮烧现象。温度过高，引起细胞原生质凝固，破坏其新陈代谢，使形成层和树皮组织局部死亡。树木干皮烧与树木的种类、年龄及其位置有关，多发生在树皮光滑的薄皮成年树上，特别是耐阴树种，树皮呈斑状死亡或片状脱落。干皮烧给病菌侵入创造了有利条件，从而影响了树木的生长发育。严重时，树叶干枯、凋落，甚至会造成植株死亡。

根颈烧。是指由于太阳的强烈照射，土壤表面温度增高，灼伤幼苗根颈的现象。夏季太阳辐射强烈，过高的地表温度会伤害幼苗或幼树的根颈形成层，即在根颈处造成一个宽几毫米的环带。环带里的输导组织和形成层被灼伤死亡，影响树体发育，直至死亡。

（二）高温危害的预防措施

①选择抗性强、耐高温的树种或品种栽植。园林树木的种类不同，抗高

温能力也不相同。一般原产热带的园林树木耐热能力远强于原产于温带和寒带的园林树木。

②栽植、移栽前对树木加强抗性锻炼。对原产于寒带、温带的园林树木，在温暖地区引种时要进行抗性锻炼。如逐步疏开树冠和遮蔽的树，以便使其适应新的环境。

③保持移栽植株较完整的根系。移栽时尽量保留比较完整的根系，使土壤与根系密接，以便顺利吸水。因为如果根系吸收的水分不能弥补蒸腾的损耗，将会加剧高温危害。

④树干涂白。涂白可以反射阳光，缓和树皮温度的剧变，对减轻干皮烧有明显的作用。涂内多在秋末冬初进行，也有的地区在夏季进行。涂白剂的配方为：水 72%，生石灰 22%，石硫合剂和食盐各 3%，将其均匀混合即可涂刷。

⑤树干缚草、涂泥及培土等也可防止高温危害。

⑥加强树冠的科学管理。在整形修剪中，可适当降低主干高度，多留辅养枝，避免枝、干的光秃和裸露。在去头或重剪的情况下，应分 2～3 年进行，避免一次透光太多。在需要提高主干高度时，应有计划地保留一些弱小枝条进行自我遮阴，以后再分批修除。必要时还可给树冠喷水或喷抗蒸腾剂。

三、雷击危害

雷击危害指雷对园林植物造成的机械伤害。全国每年有数百棵园林植物会遭受到雷击的伤害。树木遭受雷击的数量、类型和程度差异极大。其不但受负荷电压大小的影响，而且还与树种及其含水量有关。如树体高大，在空旷地孤立生长的树木，生长在湿润土壤或沿水体附近生长的树木最易遭受雷击。在乔木树种中，有些树木，如水青冈、桦木和七叶树，几乎不遭雷击，而银杏、白蜡、皂荚、榆、槭、栎、松、云杉等较易遭雷击。树木对雷击敏感性差异很大的原因尚不太清楚，但大部分人认为与树木的组织结构及其内含物有关。如水青冈和桦木等，油脂含量高，是电的不良导体，而白蜡、槭树和栎树等，淀粉含量高，是电的良导体，因此较易遭受雷击。

（一）雷击危害的表现

杆枝劈裂。出现闪电时，闪道中因高温使水滴汽化，空气体积迅速膨胀而发生的强烈爆炸声即为雷。这种爆炸效应会造成树干或主枝折断或劈裂，木质部可能完全破碎或烧毁，树皮可能被烧伤或剥落，对树木造成伤害。

枝叶烧焦雷。电打在园林植物上就像电线短路了，因为木材的电阻比空气小多了，在瞬间释放大量电势能并转化成内能，园林植物的温度瞬间升高

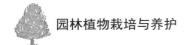

几百度，使枝叶烧焦受害。

（二）雷击危害的预防措施

生长在易遭雷击位置的树木和高大珍稀古树及具有特殊价值的树木，应安装避雷器，预防雷击伤害。

树木安装避雷器的原理与其他高大建筑物安装避雷器的原理相同。主要差别在于所使用的材料、类型与安装方法。安装在树上的避雷器必须用柔韧的电缆，并应考虑树干与枝条的摇摆和随树木生长的可调性。垂直导体应沿树干用铜钉固定。导线接地端应连接在几个辐射排列的导体上。这些导体水平埋置在地下，并延伸到根区以外，再分别连接在垂直打入地下长约2.4m的地线杆上。以后每隔几年检查一次避雷系统，并将上端延伸至新梢以上。

四、风害

在多风地区，大风使树木偏冠、偏心或出现风折、风倒和树杈劈裂的现象被称为风害。偏冠给整形修剪带来困难，影响树木生态效益。偏心的树木易遭冻害和高温危害。北方冬季和早春的大风，易使树木枝梢干枯死亡。

（一）风害的表现

风倒。指因大风造成树木严重倾斜后，露根到底的现象。在沿海地区，夏季常遭受台风的袭击，容易造成风倒。

枝断。指因大风枝条剧烈摆动而造成枝干木质部、韧皮部劈裂、折断的现象。

（二）风害的预防措施

①选择抗风性强的树种。为提高树木抵御自然灾害的能力，在种植设计时应根据不同的地域，因地制宜地选择或引进各种抗风力强的树种。尤其要注意在风口、过道等易遭风害的地方应选择深根性、抗风力强的树种，株行距要适度，采用低干矮冠整形。

②合理的整形修剪。合理的整形修剪可以调整树木的生长发育，保持优美的树姿，做到树形、树冠不偏斜，冠幅体量不过大，叶幕层不过高和避免"V"形杈的形成。

③树体的支撑加固。在易受风害的地方，特别是在台风和强热带风暴来临前，在树木的背风面用竹竿、钢管、水泥柱等支撑物进行支撑，用铁丝、绳索扎缚固定。

④促进树木根系生长。在养护管理措施上促进根系生长，包括改良土壤，

大穴栽植，适当深栽等措施。

⑤设置防风林带。防风林带既能防风，又能防冻，是保护林木免受风害的有效的措施。

五、雾凇

雾凇是过冷却雨滴在温度低于0℃的物体上冻结而成的坚硬冰层，多形成于园林植物的迎风面上。

（一）雾凇危害的表现

雾凇。由于冰层不断地冻结加厚，常压断树枝，对园林植物造成严重的破坏。

冰挂。树木因雾凇导致极冷的水滴同物体接触而形成冰层，或在低于冰点的情况下，雨落在物体上形成冰层，常称作"冰挂"。

冰倒。树木因雾凇导致冰层不断冻结加厚，最终造成树体倾斜倒地的现象。

（二）雾凇危害的预防措施

采取人工落冰措施。用竹竿打击枝叶上的冰、设立支柱支撑等措施都可减轻雾凇危害。

第五节　市政工程、酸雨、煤气、融雪剂对树木的危害及预防

一、市政工程对树木的危害及预防

（一）地面铺装对树木生长的危害及预防

1.危害

地面铺装影响土壤水分渗入，导致城市园林树木水分代谢失衡。地面铺装使自然降水很难渗入土壤中，大部分排入下水道，以致自然降水量无法充分供给园林树木，满足其生长需要。地下水位的逐年降低，使根系吸收地下水的量也不足。城市园林树木水分平衡经常处于负值，进而表现出生长不良，早期落叶，甚至死亡的现象。

地面铺装影响植物根系的呼吸，影响园林树木的生长。城市土壤由于路面和铺装的封闭阻碍了气体交换。植物根系是靠土壤氧气进行呼吸作用产生

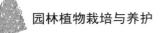

能量来维持生理活动的。由于土壤氧气供应不足，根呼吸作用减弱，对根系生长产生不良影响。这样就破坏了植物地上和地下的平衡，会减缓树木生长。

地面铺装改变了下垫面的性质。地面铺装加大了地表及近地层的温度变幅，使植物的表层根系易遭受高温或低温的伤害。一般园林树木受伤害程度与材料有关，比热小、颜色浅的材料导热率高，园林树木受害较重。相反，比热大、颜色深的材料导热率低，园林植物受害相对较轻。

近树基的地面铺装会导致干基环割。随着树木干径的生长增粗，树基会逐渐逼近铺装，如果铺装材料质地脆而薄，会导致铺装圈的破碎、错位和突起，甚至会破坏路牙和挡墙。如果铺装材料质地厚实，则会导致树干基部或根颈处皮部和形成层的割伤。这样会影响园林植物的生长，严重时输导组织会彻底失去输送养分的功能而最终导致园林树木的死亡。

2. 预防措施

①树种选择。选择较耐土壤密实和对土壤通气要求较低及抗旱性强的树种。较耐土壤密实和对土壤通气要求较低的树种有国槐、绒毛白蜡、栾树等，在地面铺装的条件下较能适应生存。不耐密实和对土壤通气要求较高的树种如云杉、白皮松、油松等则适应能力较低，不适宜在这类树种的地面上进行铺装。

②采用透气的步道铺装方式。目前应用较多的透气铺装方式是采用上宽、下窄的倒梯形水泥砖铺设人行道。铺装后砖与砖之间不加勾缝，下面形成纵横交错的三角形孔隙，以利于通气。另外在人行道上采用水泥砖间隔留空铺砌，空档处填砌不加沙的砾石混凝土的方法，也有较好的效果。也可以将砾石、卵石、树皮、木屑等铺设在行道树周围，在上面盖有艺术效果的圆形铁艺保护盖，既对园林植物生长有益，又较美观。

③铺装材料改进成透气性铺装，促进土壤与大气的气体交换。透气性铺装具有与外部空气及下部透水垫层相连通的孔隙构造，其上的降水可以通过与下垫层相通的渗水路径渗入下部土壤，对于地下水资源的补充具有重要作用。透水性铺装既兼顾了人类活动对于硬化地面的使用要求，又能减轻城市硬化地面对大自然的破坏程度。

（二）侵入体对树木生长的危害及预防

1. 危害

土壤侵入体来源于多方面的，有的是战争或地震引起的房屋倒塌，有的是因为老城区的变迁，有的是因为市政工程，有的是因为兴修各种工程、建筑或填挖方等，以上这些都可能产生土壤侵入体。有的土壤侵入体对树木有利无害，如少量的砖头、石块、瓦砾、木块等，但数量要适度，这种侵入体太多会致使土壤量减少，会影响树木的生长。而有的土壤侵入体对树木生长非常有害，如被埋在土壤里面的大石块、老路面、经人工夯实过的老地基及建筑垃圾等，所有这些都会对种植在其土壤上面的树木生长不利，有的阻碍树木根系的伸展和生长，有的影响渗水与排水。下雨或灌水太多时会造成土壤积水，影响土壤通气，致使树木生长不良，甚至死亡。有的如石灰、水泥等建筑垃圾本身对树木生长就有伤害作用，轻者使树木生长不良，重者使树木很快致死。

2. 防治措施

将大的石块、建筑垃圾等有害物质清除，并换入好土。将老路面和老地基打穿并清除，彻底解决根系生长空间与排水的问题。

（三）土壤紧实度对树木生长的危害及预防

1. 危害

人为的践踏、车辆的碾压、市政工程和建筑施工时地基的夯实及低洼地长期积水等均是造成土壤紧实度增高的原因。在城市绿地中，由于人流的践踏和车辆的碾压等使土壤紧实度增加的现象是经常发生的，但机械组成不同的土壤压缩性也各异。在一定的外界压力下，粒径越小的颗粒组成的土壤体积变化越大，因而通气孔隙减少也越多。一般砾石受压时几乎无变化，沙性强的土壤变化很小，壤土变化较大，变化最大的是黏土。土壤受压后，通气孔隙度减少，土壤密实板结，园林树木的根系生长畸形，并因得不到足够的氧气而使根系霉烂，长势衰弱，以致死亡。

2. 预防措施

①做好绿地规划，合理开辟道路。很好地组织人流，使游人不乱穿行，以免践踏绿地。

②做好维护工作。在人们易穿行的地段，贴出告示或示意图，引导行人的走向。也可以做栅栏将树木围护起来，以免人流踩压。

③耕翻。将压实地段的土壤用机械或人工进行耕翻，将土壤疏松。耕翻的深度，根据压实的原因和程度决定，通常因人为的践踏使土壤紧实度增高的，压得不太坚实，耕翻的深度较浅。夯实和车辆碾压使土壤非常坚实，耕翻的程度要深。根据耕翻进行的时间又分为春耕、夏耕和秋耕。还可在翻耕时适当加入有机肥，既可增加土壤松软度，还能为土壤微生物提供食物，增

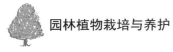

大土壤肥力。

④低洼地填平改土后再进行栽植。

二、酸雨对树木的危害及预防

酸雨是空气污染的另一种表现形式，通常将 pH 值小于 5.6 的雨雪或其他方式形成的大气降水（如雾、露、霜等）统称为酸雨。

酸雨的成因是一种复杂的大气化学和大气物理现象。酸雨中含有多种无机酸和有机酸，绝大部分是硫酸和硝酸。工业生产、民用生活燃烧煤炭排放出来的二氧化硫，燃烧石油以及汽车尾气排放出来的氮氧化物，经过"云内成雨过程"，即水汽凝结在硫酸根、硝酸根等凝结核上，发生液相氧化反应，形成硫酸雨滴和硝酸雨滴。又经过"云下冲刷过程"，即含酸雨滴在下降过程中不断合并吸附、冲刷其他含酸雨滴和含酸气体，形成较大的雨滴，最后降落在地面上，形成了酸雨。

（一）酸雨的危害

1. 酸雨对园林树木的直接危害

植物对酸雨反应最敏感的器官是叶片，叶片通常会出现失绿、坏死斑、失水萎蔫和过早脱落的症状。其症状与其他大气污染症状相比，伤斑小而分散，很少出现连成片的大块伤斑。多数坏死斑出现在叶上部和叶缘。由于叶部出现失绿、坏死的症状减少了叶部叶绿素的含量和光合作用的面积，影响了光合作用的效率。受酸雨危害的园林树木生理活性下降，长势较弱，抗病虫害能力减弱，导致树木生长缓慢或死亡。

2. 酸雨导致土壤酸化，间接伤害园林树木

酸雨能使土壤酸化，当酸性雨水降到地面而得不到中和时，就会使土壤酸化。首先，酸雨中过量氢离子的持久输入使土壤中营养元素（钙、镁、钾、锰等）大量转入土壤溶液并遭淋失，使土壤贫瘠，致使园林植物生长受害。其次，土壤微生物尤其是固氮菌，只生存在碱性条件下，而酸化的土壤影响和破坏土壤微生物的数量和群落结构，造成枯枝落叶和土壤有机质分解缓慢，养分和碱性阴离子返回到土壤有机质表面过程也变得迟缓，导致生长在这里的植物逐步退化。

（二）酸雨危害的预防措施

①使用低硫燃料。采用含硫量低的煤和燃油作燃料是减少 SO_2 污染最简单的方法。据有关资料介绍，原煤经过清洗之后，SO_2 排放量可减少

30% ～ 50%，灰分去除约 20%。改烧固硫型煤、低硫油，或以煤气、天然气代替原煤，也是减少硫排放的有效途径。政府部门应控制高硫煤的开采、运输、销售和使用，减少环境污染。

②调整能源结构。增加无污染或少污染的能源比例，发展太阳能、核能、水能、风能、地热能等不产生酸雨污染的能源。

③支持公共交通，减少尾气排放。减少车辆就可以减少汽车尾气排放，降低空气污染，汽车尾气中含有大量的一氧化碳、氮氧化物和碳氢化合物等污染气体。

④生物防治。在酸雨的防治过程中，生物防治可作为一种辅助手段。在污染重的地区可栽种一些对二氧化硫有吸收能力的植物，如山楂、洋槐、云杉、桃树、侧柏等。

三、煤气对树木的危害及预防

现在很多城市已经开始大规模地使用天然气，地下都埋有天然气管道。但由于不合理的管道结构、不良的管道材料、震动导致的管道破裂、管道接头松动等不同原因都会导致管道煤气泄漏，对园林树木造成伤害。

（一）煤气危害

天然气中的成分主要是甲烷，泄漏的甲烷被土壤中的某些细菌氧化变成二氧化碳和水。煤气发生泄露，会使土壤中的通气条件进一步恶化，二氧化碳浓度增加，氧的含量下降。影响植物生存。在煤气轻微泄漏的地方，植物受害轻，表现为叶片逐渐发黄或脱落，枝梢逐渐枯死。在煤气大量或突然严重泄漏的地方受害重，一夜之间几乎所有的叶片全部变黄，枝条枯死。如果不及时采取措施解除煤气的泄漏，其危害就会扩展到树干，并使树皮变松，真菌侵入，加重危害症状。

（二）煤气危害的防治

①立即修好渗漏的地方。

②如果发现煤气渗漏对园林树木造成的伤害不太严重，在离渗漏点最近的树木一侧挖沟，尽快换掉被污染的土壤。也可以用空气压缩机以 700 ～ 1000kPa 的压强将空气压入 0.6 ～ 1.0m 土层内，持续 1h 即可收到良好的效果。

③在危害严重的地方，要按 50 ～ 60cm 距离打许多垂直的透气孔，以保持土壤通气。

④给树木灌水有助于冲走有毒物质。

⑤合理的修剪、科学的施肥对于减轻煤气的伤害都有一定的作用。

四、融雪剂树木的危害及预防

在北方地区，冬季常常会下雪。在路上的积雪被碾压结冰后会影响交通的安全，所以常常用融雪剂来促进冰雪融化。我们目前普遍使用的融雪剂主要成分仍然是氯盐，包括氯化钠（食盐）、氯化钙、氯化镁等。冰雪融化后的盐水无论是溅到树木干、枝、叶上，还是渗入土壤侵入根系，都会对树木造成伤害。

（一）融雪剂的危害

城市园林树木受盐水伤害后，表现为春天萌动晚、发芽迟、叶片变小，叶缘，并叶片有枯斑，黑棕色，严重时叶片干枯脱落。秋季落叶早、枯梢，甚至整枝或整株死亡。

盐水会对树木根系的吸水产生影响，盐分能阻碍水分从土壤中向根内渗透，并破坏原生质吸附离子的能力，引起原生质脱水，使树木失水、萎蔫。氯化钠的积累还会削弱氨基酸和碳水化合物的代谢作用，阻碍根部对钙、镁、磷等基本养分的吸收，对树木的伤害往往要经过多年缓解才能恢复生长势。盐水会破坏土壤结构，造成土壤板结，通气不良，水分缺少，影响园林树木生长。

（二）融雪剂的危害预防

①选用耐盐植物。植物的耐盐能力因不同树种、树龄大小、树势强弱、土壤质地和含水率的不同而不同，一般来说，落叶树耐盐能力大于针叶树，当土壤中含盐量达 0.3% 时，落叶树才会被引起伤害，而土壤中含盐量达到 0.2% 时，就可引起针叶树伤害。大树的耐盐能力大于幼树，浅根性树种对盐的敏感性大于深根性树种。在土壤盐分种类和含盐量相同情况下，若土壤水分充足，则土壤溶液浓度小，另外土壤质地疏松，通气性好，则树木根系发达，也能相对减轻盐对树木的危害。

②控制融雪剂的用量。由于园林树木吸收盐量中仅一部分随落叶转移，多数贮存于树体内，次年春天，才会随蒸腾流重新被输送到叶片。植物这种对盐分贮存的特性更容易使植物受到盐的伤害。因此要严格控制融雪剂的用量。一般 15 ~ 25g/m² 就足够了，喷洒也不能超越行车道的范围。

③采取措施让融雪剂尽量不要与植物接触。要及时消除融化雪水，将融化过冰雪的盐连同雪一起运走，远离树木。树池周围筑高出地面的围堰，以免融雪剂溶液流入。融化的盐水会通过路牙缝隙渗透到植物的根区土壤而引

起伤害，所以将路牙缝隙封严以阻止植物受害。

　　④增施硝态氮、钾、磷等肥料，可以减少植物对氯化钠的吸收。增加灌水量可以把盐分淋溶到根系以下更深的土层中而减轻对植物的危害。

　　⑤开发环保的融雪剂。开发无毒的氯盐替代物，使其既能融解冰和雪，又不会伤害园林植物。

参考文献

[1] 罗锢，秦琴．园林植物栽培与养护 [M].3 版．重庆：重庆大学出版社，2016.

[2] 何国生．园林树木学 [M]．北京：机械工业出版社，2016.

[3] 王婷，高锡坤，涂慧玲，等．灌木与景观 [M]．北京：中国林业出版社，2016.

[4] 全国一级建造师考试研究中心．市政工程管理与实务 [M]．北京：中国水利水电出版社，2016.

[5] 刘琴．花木育苗实用技术 [M]．北京：化学工业出版社，2016.

[6] 郑志新．观赏乔木苗木繁育与养护 [M]．北京：化学工业出版社，2016.

[7] 陈发棣，房伟民．花卉栽培学 [M]．北京：中国农业出版社，2016.

[8] 佘远国．园林植物栽培与养护管理 [M]．北京：机械工业出版社，2016.

[9] 张小红，冯莎莎．图说园林树木栽培与修剪 [M]．北京：化学工业出版社，2016.

[10] 何浩．园林景观植物 [M]．武汉：华中科技大学出版社，2016.

[11] 陈煜初，周世荣，付彦荣，等．水生植物园林应用指南 [M]．武汉：华中科技大学出版社，2016.

[12] 王定江．贵州珍稀园林观赏植物图谱 [M]．贵阳：贵州科技出版社，2016.

[13] 白丹，闫煜涛．园林工程 [M]．武汉：武汉理工大学出版社，2016.

[14] 何国生．园林树木学 [M]．北京：机械工业出版社，2016.

[15] 张远群，穆亚平．园林工程制图 [M]．北京：中国林业出版社，2016.

[16] 刘波 . 园林景观设计与标书制作 [M]. 武汉：武汉理工大学出版社，2016.

[17] 胡长龙 . 园林景观手绘表现技法 [M]. 北京：机械工业出版社，2016.

[18] 杨赍丽 . 城市园林绿地规划 [M].4 版 . 北京：中国林业出版社，2016.

[19] 丛林林，韩冬 . 园林景观设计与表现 [M]. 北京：中国青年出版社，2016.